Prozessoptimierung unter Unsicherheiten

von
Prof. Dr.-Ing. Pu Li

Oldenbourg Verlag München Wien

Prof. Dr.-Ing. Pu Li studierte Automatisierungstechnik am Shenyang Institute of Chemical Technology, China, und erlangte 1986 den Master of Engineering an der Zhejiang University, China. Von 1982 bis 1986 und von 1989 bis 1994 war Pu Li als Wissenschaftlicher Mitarbeiter am Fushun Petroleum Institute, China, beschäftigt. 1998 schloss er seine Promotion zum Dr.-Ing. an der TU Berlin mit Auszeichnung ab. Von 1999 bis 2005 arbeitete er als Oberingenieur an der TU Berlin und habilitierte sich mit einer Arbeit zum Thema Prozessoptimierung. Seit 2005 ist Pu Li Universitätsprofessor an der TU Ilmenau am Institut für Automatisierungs- und Systemtechnik.

Bibliografische Information der Deutschen Nationalbibliothek

Die Deutsche Nationalbibliothek verzeichnet diese Publikation in der Deutschen Nationalbibliografie; detaillierte bibliografische Daten sind im Internet über <http://dnb.d-nb.de> abrufbar.

© 2007 Oldenbourg Wissenschaftsverlag GmbH
Rosenheimer Straße 145, D-81671 München
Telefon: (089) 45051-0
oldenbourg.de

Lektorat: Kathrin Mönch
Herstellung: Anna Grosser
Coverentwurf: Kochan & Partner, München
Gedruckt auf säure- und chlorfreiem Papier
Gesamtherstellung: Druckhaus „Thomas Müntzer" GmbH, Bad Langensalza

ISBN 978-3-486-58194-2

Inhalt

Vorwort

Die Arbeit am vorliegenden Buch entstand hauptsächlich während meiner Tätigkeit als Oberingenieur am Fachgebiet Dynamik und Betrieb technischer Anlagen der Technischen Universität Berlin zwischen 1999 und 2005. In diesen sechs Jahren gab es sowohl Zeiten der Frustration, in denen die Arbeit ohne nennenswerten Fortschritt verlief, aber auch sehr erfreuliche Phasen, welche durch die Erzielung neuer Erkenntnisse gekennzeichnet waren. Begleitet wurde die Forschungsarbeit stets von der Zusammenarbeit innerhalb der Forschungsgruppe Prozessoptimierung am Fachgebiet und der Unterstützung durch verschiedene Kollegen außerhalb des Fachgebietes.

Herrn Prof. G. Wozny, Leiter des Fachgebietes an der TU Berlin, danke ich ganz herzlich für seine dauerhafte Unterstützung meiner Forschungs- und Lehrtätigkeit. Seine Anregungen in zahlreichen Diskussionen haben nicht nur wesentlich zu meiner Arbeit beigetragen, sondern werden auch mein zukünftiges Leben nachhaltig beeinflussen.

Auch Herr Prof. L. T. Biegler, Carnegie Mellon University, brachte mir zu jeder Zeit seine Unterstützung entgegen. Das ist ein Glück, das man im Leben sehr selten hat. Daher mein herzlicher Dank an ihn.

Bei den Herren Prof. G. Gruhn, TU Hamburg-Harburg, und Prof. S. Engell, Universität Dortmund, bedanke ich mich herzlich für ihre konstruktiven Kommentare zur Verbesserung der Darstellungen.

Den Mitgliedern der ehemaligen Forschungsgruppe Prozessoptimierung am Fachgebiet Dynamik und Betrieb technischer Anlagen der TU Berlin, insbesondere Herren Dr.-Ing. M. Wendt, Dr.-Ing. Arellano-Garcia und Dipl.-Ing. R. Faber, sowie auch den Studenten, die in dieser Gruppe ihre Studien- und Diplomarbeiten angefertigt haben, gilt mein herzlicher Dank für die erfreuliche und erfolgreiche Zusammenarbeit. Für die Unterstützung durch die weiteren Mitarbeiter am Fachgebiet bedanke ich mich sehr.

Den Herren Dr. R. Henrion und Dipl.-Math. A. Möller aus dem Weierstraß-Institut Berlin sowie Herrn Dr. M. Steinbach aus dem Zuse-Institut Berlin danke für die Zusammenarbeit im Rahmen der theoretischen Untersuchungen. Bei Herrn Dr. C.-W. Hui und seinen Studenten von der Hongkong University of Science and Technology sowie bei Herrn Dr. L. Xie aus der Zhejiang University bedanke ich mich für die Zusammenarbeit.

Meine liebe Frau, Yang Yang, hat diese Arbeit als ihre eigene betrachtet: Sie war besorgt, als es Schwierigkeiten gab; sie war begeistert, als ein Fortschritt bei der Arbeit gemacht wurde. Sie hat für diese Arbeit viel Freizeit geopfert, die wir ansonsten mit einem Stück Familienleben hätten verbringen können. Ohne ihre Unterstützung wäre dieses Buch nicht zustande gekommen. Meine Frau ist am 14.05.06 von uns gegangen. Sie würde sich über die Erscheinung dieses Buchs sehr freuen. Leider kann sie das Buch nicht mehr sehen. Aber ihren Beitrag zu dieser Arbeit werde ich nie vergessen.

Ilmenau   Pu Li

Nomenklatur

a,b	Parameter in einer linearen Gleichung
a,b	Untere und obere Grenze
a,b,d,e,g	Parameter in den Bilanzgleichungen
$\mathbf{A},\mathbf{B}$	Parametermatrizen
A, B, C	Polynome eines SISO-Systems
$\mathbf{a},\mathbf{c}$	Parametervektoren in linearen Gleichungen
$\mathbf{b},\mathbf{c},\mathbf{d}$	Parametervektoren in relaxierten Gleichungen
B	Strom des Sumpfprodukts
c	Preisfaktor
cov	Kovarianz
C	Molarkonzentration
d	Störgröße
D	Operator zur Berechnung der Varianz
D	Destillatstrom
det	Operator der Determinante
E	Aktivierungsenergie
$\mathbf{E}$	Einheitsmatrix
f	Zielfunktion
F	Stoffstrom
F	Wahrscheinlichkeitsfunktion

g	Vektor der Gleichungsnebenbedingungen
h	Ungleichungsnebenbedingung
h	Koeffizient der Impulsantwort
h	Vektor der Ungleichungsnebenbedingungen
HU	Holdup
k	Stoßfaktor
k	Abtastschritt
L	Flüssigkeitsstrom
L	Dreieckmatrix bei Cholesky-Zerlegung
mod	Operator zur Berechnung des Modalwerts
N	Gesamtanzahl der Intervalle im Zeithorizont
N	Normalverteilung
na	Ordnung des Ausgangspolynoms
nb	Ordnung des Eingangspolynoms für die Stellgröße
nc	Ordnung des Eingangspolynoms für die Zufallsgröße
P	Stofflicher Produktstrom
Pr	Operator der Wahrscheinlichkeitsrechnung
q	Operator z-Transformation
Q	Energiestrom
r	Korrelationskoeffizienten
r	Reaktionsrate
R	Rohstoffstrom
R	Kovarianz
$rand$	Generation von Zufallszahlen mit Gleichverteilung
R_v	Rücklaufverhältnis
s	Koeffizient der Sprungantwort
$\mathbf{R}, S, Q$	symmetrische Matrizen

u	Vektor der Steuer- bzw. Stellgröße
U	Utility-Strom
V	Speichervolumen
V	Dampfstrom
W	Zu entsorgender Strom
x	Kontinuierlicher Variablen
x	Molenbruch in Flüssigkeit
x	Vektor der Zustandsvariablen
y	Ausgangsvariable
y	Integer-Variablen
x	Molenbruch in Dampf
z	Grenze einer Zufallsgröße

Griechische Symbole

α	Wahrscheinlichkeitsniveau
α	Relative Flüchtigkeit
β	Von der Belastung abhängige Kosten
γ	Von der Utility abhängige Kosten
Δ	Differenz
E	Operator der Berechnung des Erwartungswerts
Φ	Wahrscheinlichkeitsverteilungsfunktion
φ	Dichte Funktion der Standardnormalverteilung
ρ	Dichtefunktion
η	Entsorgungskosten eines Stroms
σ	Standardabweichung
λ	Einmalige Kosten beim In-Betrieb einer Anlage
μ	Erwartungswerte

$\boldsymbol{\eta}$	Vektor von Zufallsvariablen
Σ	Kovarianzmatrix der stochastischen Variablen
θ	Parameter im Korrelationskoeffizient
ω	Gewichtungsfaktor
ξ	Zufallsvariable

Tiefgestellte Indizes

0	Anfang
B	Sumpfprodukt
D	Destillat
f	Final
H	Hinreaktion
i $(i = 1, \cdots, I)$	Index der Zeitperioden
j $(j = 1, \cdots J)$	Index der Stoffprodukte
$jout$ $(jout = 1, \cdots, JOUT)$	Index der zu entsorgenden Stoffströme
jin $(jin = 1, \cdots, JIN)$	Index der Stofffeedströme
k $(k = 1, \cdots, K)$	Energieprodukte
j $(j = 1, \cdots, m_u)$	Index der Stellgrößen
l $(l = 1, \cdots, L)$	Index der Utilities
l $(l = 1, \cdots, n)$	Index der Ausgangsvariablen
$lout$ $(lout = 1, \cdots, LOUT)$	Index der zu entsorgenden Energieströme
lin $(lin = 1, \cdots, LIN)$	Index der Energiefeedströme
m $(m = 1, \cdots M)$	Index der Rohstoffe oder Index der Tanks
max	Obere Grenze
min	Untere Grenze
n $(n = 1, \cdots, N)$	Index der Anlagen

$q\ (q=1,\cdots,m_d)$ Index der Störgrößen

R Rückreaktion

s Standard

u Umschaltung

Hochgestellte Indizien

max   Maximaler Wert

min   Minimaler Wert

P Stofflicher Produktstrom

Q Energieproduktstrom

R Rohstoffstrom

RIN Stofflicher Eingangsstrom einer Anlage

$ROUT$ Stofflicher Ausgangsstrom einer Anlage

SP Sollwert

U Utility-Eingangsstrom

UIN Energischer Eingangsstrom einer Anlage

$UOUT$ Energischer Ausgangsstrom einer Anlage

W Zu entsorgender Strom

$\wedge$ Unsichere Variable

$\wedge$ Vorgegebenes Design

$-$ Indexe der unsicheren Ströme

$'$ Verteilter Strom der unsicheren Ströme an einer Anlage

$*$ Optimalwert

Abkürzungen

DT	Deterministisch
HF	Hauptfraktion
MILP	Mixed-Integer-Lineare Programmierung
MIMO	Multi-Input/Multi-Output
MPC	Model Predictive Control
NLP	Nichtlineare Programmierung
SISO	Single-Input/Single-Output
SQP	Sequentiell Quadratische Programmierung
ST	Stochastisch
ZF	Zwischenfraktion

1 Einleitung

1.1 Motivation

Aufgrund des zunehmenden weltweiten Wettbewerbs ist heute die Optimierung der Prozesse für die Industrie ein bedeutungsvolles Thema. Prozesse stellen die Gesamtheit der physikalischen, chemischen, biologischen Vorgänge unter Berücksichtigung der informationstechnischen Verknüpfung dar. Im vorliegenden Buch werden insbesondere Prozesse in der Chemieindustrie betrachtet, die Ergebnisse sind aber auch ohne weiteres übertragbar auf Prozesse in anderen Industrien, in denen Rohstoffe durch Produktionsprozesse in die gewünschten Produkte transformiert werden, also z.B. die Petrol-, Pharma- oder Lebensmittelindustrie. Dabei ist zwischen Prozessverbesserung und Prozessoptimierung zu unterscheiden. Natürlich findet eine permanente Prozessverbesserung z.B. durch Einsatz neuer Technologien, neuer Katalysatoren oder neuer Lösungsmittel statt. Eine Optimierung, wie sie in dieser Arbeit verstanden und im Folgenden näher erläutert wird, geht über die Verbesserung der Prozesse aber hinaus.

Die Notwendigkeit der Prozessoptimierung kann anhand der Entwicklung der Chemieindustrie erläutert werden (Cussler & Moggridge, 2001). Während der so genannten Goldenen Jahre (von 1950 bis 1970) verzeichnete die Chemieindustrie weltweit jährliche Wachstumsraten von 20%. In dieser Periode konnten alle Produkte der Chemieindustrie am Markt abgesetzt werden, daher herrschte kein großer Wettbewerb und für die Industrie bestand keine große Notwendigkeit zur Optimierung ihrer Produktionsprozesse. In der so genannten Überlebensperiode (von 1970 bis 1990) sank das Wachstum der Chemieindustrie um bis zu 5% pro Jahr. Der Wettbewerb verstärkte sich deutlich und infolgedessen wurde eine Optimierung der Produktionsprozesse unerlässlich. Um die Konkurrenzfähigkeit der Produkte eines Unternehmens zu gewährleisten, mussten die Anlagen- und Betriebskosten reduziert werden. Seit 1990 ist die Chemieindustrie nun in der Phase der Restrukturierung. Der Kundenbedarf für Chemieprodukte ist fast gesättigt und viele Unternehmen sind nicht mehr in der Lage, Gewinne zu erwirtschaften. In dieser Situation gilt die Regel: Wem es durch Prozessoptimierung gelingt, effizient zu produzieren, kann sein Unternehmen am Markt halten und dabei auch Gewinn erzielen.

Überall auf der Welt ist die Antriebskraft der heutigen Prozessindustrie der Bedarf des Kunden nach Produkten; die Industrie produziert nach dem Prinzip der marktbezogenen Produktion. Dabei müssen sich einerseits die Unternehmen an die sich ständig ändernden Marktbedingungen anpassen. Dem Kundenbedarf entsprechend müssen also immer neue und immer attraktivere Produkte entwickelt werden. Für die Produktentwicklung und die Produktionsplanung benötigt ein Unternehmen eine langfristige Investitionsstrategie. Dazu müssen im Voraus Entscheidungen unter zukünftigen Marktbedingungen getroffen werden, um in der Zukunft einen maximalen Gewinn zu erwirtschaften. Andererseits müssen die in der Herstellung der Produkte anfallenden Kosten auf ein möglichst niedriges Niveau gedrückt werden. Damit können die Preise der Produkte gesenkt werden, so dass eine hohe Konkurrenzfähigkeit am Weltmarkt gewährleistet werden kann.

Die Kosten einer Produktion setzen sich hauptsächlich zusammen aus den Anlagenkosten, also den Kosten der Bauteile der Anlagen, und den Betriebskosten, welche sich aus den Kosten der im Betrieb verbrauchten Energie und Rohstoffe ergeben. Daher stellen sich zur Reduktion der Produktionskosten zwei grundlegende Aufgaben: Zum einen müssen kostengünstigste Anlagen bzw. Produktionsprozesse entwickelt werden und zum anderen soll das Potential der bestehenden Produktionsanlagen im Hinblick auf eine kostengünstige Prozessführung ausgeschöpft werden.

Eine weitere Motivation zur Prozessoptimierung ergibt sich aus den steigenden Anforderungen an die Prozessindustrie bezüglich der Umweltverträglichkeit. Es werden immer strengere Vorschriften zur Reinheit der Abgase und Abwässer bzw. zur Reduzierung der Rückstände der Industrie eingeführt. Um die schärferen Vorgaben bei der Entsorgung der industriellen Abfälle einzuhalten und zugleich einen Gewinn zu erwirtschaften, müssen die Unternehmen neben der Wirtschaftlichkeit umweltfreundliche Lösungen für das Prozessdesign und den Anlagenbetrieb entwickeln. Hierzu müssen die vorhandenen Ressourcen an Anlagen, Stoffen und Energie mit der höchstmöglichen Effizienz ausgenutzt werden. Die Reststoffe sollen zu Nebenprodukten aufgearbeitet werden und die in den Prozessen generierte Energie soll durch Wärmeintegration wiederverwendet werden. Diese zur Reduktion der Umweltbelastungen eingeführten Maßnahmen erhöhen die Effizienz der Prozesse und fördern daher gleichzeitig die Senkung der Produktionskosten.

Beispielsweise soll nach dem Kioto-Protokoll der Ausstoß von Kohlendioxid (CO_2) drastisch gesenkt werden (Kyoto Protocol, 1997). Die entscheidenden Faktoren für den Rückgang der CO_2-Emissionen sind eine Verbesserung der Energieeffizienz sowie die Veränderung der Energieträgerstruktur zugunsten emissionsärmerer Brennstoffe. Hierzu müssen der Wirkungsgrad der Kraftwerke und die Kraft-Wärme-Kopplung durch Optimierung des Prozessdesigns und der Prozessführung maximiert werden. Diese Effizienzsteigerungen führen also auch zur Erhöhung der Wirtschaftlichkeit der Unternehmen.

Zur Herstellung wettbewerbsfähiger Produkte, die den strengen Umweltauflagen gerecht werden, sind innerhalb eines Unternehmens mehrstufige Entscheidungsprozesse notwendig. Wird beispielsweise ein spezielles Polymer zur Herstellung von Kaffeemaschinen benötigt, ist zu entscheiden, welche Rohstoffe für die Synthese des Polymers geeignet sind, wie groß der Reaktor für die Polymerisation sein soll und bei welcher Temperatur die Reaktion stattfinden soll. Fast jeder Entscheidungsprozess führt letztendlich zu einer Optimierungsaufgabe. Denn bei der Entscheidungsfindung existieren in den meisten Fällen Freiheitsgrade. Es besteht also die Möglichkeit, zum Erreichen des gewünschten Produktionsziels die besten bzw. die optimalen Werte der Entscheidungsgrößen auszuwählen. Kriterien für die Auswahl sind normalerweise die Wirtschaftlichkeit, die Umweltverträglichkeit und die Umsetzbarkeit. Weitere Aspekte betreffen z.B. die Sicherheit und die Betretbarkeit der Prozesse.

Typische in der Industrie anfallende Entscheidungsaufgaben betreffen das Produktdesign, die Prozessentwicklung, die Produktionsplanung und die Prozessführung. Außerdem hat auch die Auswertung von Prozessdaten ein erhebliches wirtschaftliches Potential, das sich ebenfalls durch Lösung eines Optimierungsproblems ausschöpfen lässt. Das Treffen von Entscheidungen auf der Basis besserer Grundlagen in den genannten Entscheidungsprozessen ist die Aufgabe der Prozessingenieure, die sich mit den Aufgabenstellungen der Produktentwicklung, der Prozessentwicklung und der Prozessführung innerhalb eines Unternehmens beschäftigen. Bis heute wird in der Industrie diese Aufgabe meistens basierend auf Erfahrungswerten gelöst. Heuristiken wurden anhand langjähriger Erfahrungen der Prozessingenieure entwickelt und in der Vergangenheit auch in vielen Fällen erfolgreich angewendet (siehe z.B. Blass, 1997).

Aufgrund der immer höheren Komplexität moderner Produktionsprozesse sind jedoch die daraus ermittelten Lösungen meist nicht optimal. Viele beim Design und Betrieb verwendete empirische Heuristiken sind qualitative Deduktionsregeln. Es werden häufig „wenn – dann"-Regeln zur Entscheidungsfindung herangezogen. Offensichtlich kann eine so ermittelte Entscheidung nicht die beste Lösung sein. Die aus Erfahrungen abgeleiteten quantitativen Regeln sind normalerweise lineare oder monotone Beziehungen. Da aber die meisten Prozesse sich nichtlinear und in vielen Fällen auch nichtmonoton verhalten, kann die Ermittlung einer Entscheidung anhand solcher Regeln nur zu einer Verbesserung des bisherigen Zustands führen. Der damit ermittelte Betriebspunkt wird zudem oft nahe an dem alten Betriebspunkt liegen, wodurch die Betriebskosten nur in geringem Maße reduziert werden können.

Darüber hinaus sind die meisten Entscheidungsprozesse hochdimensionale Optimierungsaufgaben. Ein Problem mit mehreren Entscheidungsgrößen, die sich zudem häufig gegenseitig beeinflussen, ist mittels Erfahrungen oder Heuristiken schwer zu lösen. Die Anzahl von Variablen zur Beschreibung von großen industriellen Prozessen kann bis zu 100.000 betragen. Ein dynamisch betriebener Prozess hat aufgrund der zeitlichen Veränderung sogar eine infinite Dimension, denn bei einer dynamischen Optimierungsaufgabe wird ein Zeithorizont betrachtet, für den es an jedem Zeitpunkt einen für den Prozess zu optimierenden Zustand gibt.

1.2   Durchführung der Prozessoptimierung

Aus den oben genannten Gründen ist ohne Einsatz einer systematischen Methodik die Herleitung einer optimalen und durchführbaren Entscheidung für große, komplizierte Prozesse unmöglich. Mit Hilfe der in den letzten Jahrzehnten entwickelten Prozessmodelle, Optimierungsalgorithmen und Computersysteme ist man heute aber in der Lage, die im vorigen Abschnitt genannten Optimierungsaufgaben zu bewältigen. Im Allgemeinen richtet sich eine systematische Prozessoptimierung nach folgender Vorgehensweise:

1. Prozessanalyse
Zunächst muss die Frage beantwortet werden, ob sich eine systematische Optimierung lohnt bzw. wie groß das wirtschaftliche Potential für eine Optimierung ist. Diese Frage bezieht sich auf die Abschätzung der Gewinn- oder Kostenverbesserung im Vergleich zum Zustand ohne Einsatz einer Optimierung. Da der Gewinn erst nach der Lösung des Optimierungsproblems ermittelt werden kann, ist das Potenzial schwer im Voraus abzuschätzen. Angesicht der sehr hohen Kapitalbasis von Unternehmen besteht jedoch in den meisten Fällen ein be-

achtliches wirtschaftliches Potenzial bei der Optimierung großer industrieller Prozesse. Die Kosten der Produktionsanlagen und ihres Betriebs sind sehr hoch, wodurch eine Einsparung von nur einigen Prozent dieser Kosten durch den Einsatz einer Prozessoptimierung eine große Kostenersparnis bewirkt.

Anschließend muss analysiert werden, ob überhaupt eine Optimierung durchgeführt werden kann, also ob in dem betrachteten Prozess ein Freiheitsgrad besteht. Fast bei allen, aber nicht bei jedem Entscheidungsprozess gibt es einen Freiheitsgrad. Zum Beispiel liegt beim stationären Betrieb einer Destillationskolonne bei vorgegebenen Feed-Bedingungen und unter vorgegebenem Betriebsdruck kein Freiheitsgrad vor, wenn sowohl das Kopfprodukt als auch das Sumpfprodukt spezifiziert werden. In diesem Fall sind die Prozessgrößen zur Einhaltung der Produktspezifikationen festgelegt, sie stehen also nicht mehr für Optimierungsmaßnahmen zur Verfügung. Wenn aber beim Betrieb dieser Kolonne nur eine Produktreinheit vorgegeben ist, gibt es zahllose Möglichkeiten anzusetzen bzw. zahlreiche Betriebspunkte zu ermitteln, bei denen diese Produktspezifikation eingehalten wird. In diesem Fall ist ein Freiheitsgrad vorhanden, d.h. man kann einen optimalen Arbeitspunkt ermitteln, um ein gewünschtes Betriebsziel wie z.B. Minimierung der Betriebsenergie zu erreichen.

2. Formulierung des Optimierungsproblems

Als Nächstes wird anhand der Prozesseigenschaften ein mathematisches Optimierungsproblem formuliert. Abb. 1.1 zeigt den allgemeinen Weg zur Formulierung eines Optimierungsproblems. Links sind die zu optimierenden Prozesse gezeigt, z.B. ein Reaktor oder eine Batchdestillationskolonne. In der mittleren Spalte sind die einzelnen Bauteile des Optimierungsproblems beschrieben, welche in der rechten Spalte mathematisch formuliert werden. Als Ziel einer Optimierung kann, je nach Produktionsaufgabe, entweder die Minimierung der

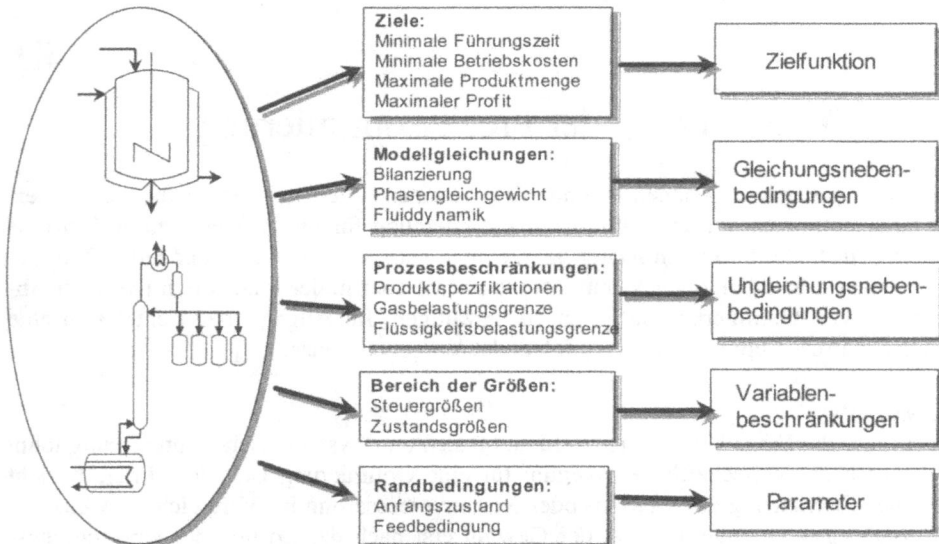

Abb. 1.1   Formulierung eines Optimierungsproblems

Betriebszeit eines Batchprozesses bzw. der Betriebskosten oder die Maximierung der Produktmenge bzw. des Gewinns definiert werden. Die für die Optimierung erstellten Modellgleichungen liegen als Gleichungsnebenbedingungen des Optimierungsproblems vor. Die Ungleichungsnebenbedingungen leiten sich aus den im Betrieb einzuhaltenden Prozessbeschränkungen ab.

Darüber hinaus gibt es noch Beschränkungen der Variablen. Diese müssen ebenfalls bei der Lösung des Problems eingehalten werden. Die Randbedingungen des Prozesses, wie z.B. der Anfangszustand und die Feedbedingungen, sowie die Modellparameter, die für die Optimierung vorgegeben sind, werden als Parameter bzw. Konstanten im Optimierungsproblem betrachtet.

An dieser Stelle muss darauf hingewiesen werden, dass ein industrieller Prozess häufig aus mehreren miteinander verschalteten Teilanlagen besteht. Aufgrund der Kopplungen zwischen den Teilanlagen ist es nicht möglich, die einzelnen Teile separat, eines nach dem anderen zu optimieren. Um das Gesamtoptimierungsziel zu erreichen, muss der Gesamtprozess, d.h. alle Teilanlagen, simultan optimiert werden. Dafür muss ein einziges Optimierungsproblem, das eine Gesamtzielfunktion und die Modellgleichungen aller Teilanlagen einschließt, formuliert werden. Dieses Problem ist offensichtlich viel größer und komplexer. Allerdings bleibt die Grundform des Problems, wie sie in Abb. 1.1 dargestellt ist, bestehen.

3. Lösung des Optimierungsproblems
Das formulierte mathematische Optimierungsproblem wird mit einem passenden Optimierungsalgorithmus gelöst. Es gibt viele leistungsfähige Optimierungsverfahren zur Lösung verschiedener Optimierungsprobleme. Die Umsetzung der Algorithmen erfolgt mit Hilfe geeigneter Software. Es existiert bereits auf Optimierungsalgorithmen basierende kommerzielle Software, mit der große komplizierte Optimierungsprobleme gelöst werden können. Die zur Optimierung durchzuführenden Berechnungen benötigen jedoch normalerweise eine große Rechengeschwindigkeit und eine hohe Speicherkapazität. Die Rechenzeit ist für die Lösung insbesondere von Online-Optimierungsproblemen besonders relevant, da solche Probleme in Echtzeit gelöst werden müssen. Aufgrund der rapiden Entwicklung der hochleistungsfähigen Computersysteme und der Entwicklung hocheffizienter Optimierungsalgorithmen kann diese Anforderung aber erfüllt werden. Beispielsweise können nichtlineare dynamische Optimierungsprobleme mit Millionen von Variablen mit einem modernen PC innerhalb einiger Minuten gelöst werden (Biegler et al., 2002).

In der Praxis wird man eine dem jeweiligen Algorithmus entsprechende Software auswählen und damit das formulierte Problem lösen. Es wird vielfach aus Unkenntnis behauptet, dass man das Optimierungsproblem nur „in die Software schmeißen" und danach einfach das Optimierungsergebnis abwarten müsse. Diese Vorgehensweise funktioniert jedoch für komplexe Anwendungen nicht! Denn um ein zufrieden stellendes Ergebnis zu erhalten, müssen noch weitere Aufgaben erledigt werden. So muss zunächst das Optimierungsproblem in die Software integriert werden: Es müssen die Zielfunktion und die Nebenbedingungen im Rahmen der Software kodiert werden. Zum Zweiten muss zum Ausführen der Software die Berechnung initialisiert werden. Drittens muss in vielen Fällen das Optimierungsproblem skaliert werden. Die Zielfunktion und die Nebenbedingungen haben eine eigene physikalische Bedeutung und daher unterschiedliche Einheiten. Für eine erfolgreiche numerische Berechnung müssen folglich die Größenordnungen der Werte der Zielfunktion und der Nebenbedingungen durch Skalierung angeglichen werden.

4. Auswertung und Implementierung der Ergebnisse

Die Lösungsergebnisse einer Optimierung stehen dann als Entscheidungsgrundlage für das Design oder den Betrieb zur Verfügung. Die Realisierbarkeit der Optimierungsergebnisse hängt von der Gültigkeit des Modells und den Randbedingungen ab, welche bei der Formulierung des Problems gesetzt wurden. Bei der Realisierung muss jedoch der gegenwärtige Prozesszustand berücksichtigt werden. Wenn sich der Zustand schlagartig ändert, muss das erstellte Optimierungsproblem daran angepasst und erneut gelöst werden. Für verschiedene Szenarien, d.h. mit unterschiedlichen Werten der Modellparameter und der Randbedingungen, kann man mehrere Lösungsergebnisse erhalten. Nach Auswertung dieser Ergebnisse kann daraus eine angemessene Lösung für die Implementierung ausgewählt werden. Allerdings liefert eine numerische Methode manchmal eine physikalisch unsinnige Lösung. Dies kann unterschiedliche Ursachen haben, wie z.B. eine fehlerhafte Definition der Zielfunktion, eine mangelhafte Modellierung oder eine ungeeignete Auswahl der Tuningparameter im Optimierungsalgorithmus. In diesen Fällen müssen sowohl die Formulierung des Optimierungsproblems als auch das Tuning der Parameter sorgfältig kontrolliert werden.

Die stetige Entwicklung der Prozessmodelle und die stetige Verbesserung der kommerziellen Optimierungssoftware und der Computersysteme eröffnen die Möglichkeit, industrielle Prozesse zu optimieren. Deshalb ist seit Jahren die Prozessoptimierung ein Anwendungsschwerpunkt in der Industrie. Lösungen für das Prozessdesign und die Prozessführung mit systematischen Optimierungsverfahren wurden entwickelt und erfolgreich auf die industriellen Prozesse angewendet. Dadurch wurde ein wesentlich höherer Gewinn erzielt als mit konventionellen Lösungsansätzen und Fahrweisen. Man kann somit erwarten, dass die Prozessoptimierung in näherer Zukunft zur Routinearbeit in der Industrie gehört.

Ein Beispiel hierfür ist die Realisierung einer Echtzeitoptimierung des Betriebs eines Steamcrackers der BASF AG. Zur Maximierung des Deckungsbeitrages wurde die nichtlineare Programmierung eingesetzt (Abel & Birk, 2002). In diesem Prozess gibt es häufige Änderungen der betrieblichen Randbedingungen, wie z.B. Variationen in der Konfiguration der sich in Betrieb befindlichen Spaltöfen oder Änderungen in der Zusammensetzung der Einsatzstoffe. Es wurde der Betriebspunkt anhand der sich ändernden Randbedingungen bezüglich des bestmöglichen wirtschaftlichen Ertrages online optimiert und dieser dann mit Hilfe des Prozessleitsystems implementiert. Im Vergleich zum früheren Betrieb, der ohne Optimierung durchgeführt wurde, konnte mit der realisierten Echtzeitoptimierung der Ertrag jährlich um 4,2 Millionen Euro gesteigert werden.

1.3   Deterministische und stochastische Optimierung

Bezüglich des Stands der Technik bei der Prozessoptimierung muss man unterscheiden zwischen den theoretischen Untersuchungen an den Universitäten bzw. Forschungsinstituten und der Umsetzung der theoretischen Ergebnisse in der Industrie. In der Theorie wurden verschiedene Verfahren zur Lösung *deterministischer* Optimierungsprobleme entwickelt. Für die Optimierung stationärer Prozesse existieren die Verfahren der linearen und nichtlinearen Programmierung. Mit diesen Methoden können heutzutage sehr große Probleme gelöst werden (Conn, et al., 1992; Vanderbei, 2001; Edgar et al., 2000). Für die Strukturoptimierung gibt es die Methoden der linearen und nichtlinearen Mixed-Integer-Programmierung (Floudas, 1995; Biegler et al., 1997). Mit gradientenbasierten Algorithmen kann man nur ein lokales Optimum erhalten, während mit stochastischen Suchverfahren, wie z.B. Simulated Annealing, die Möglichkeit besteht, das globale Optimum zu ermitteln (Kirkpatrick et al., 1983; Corana et al., 1987; Van Laarhoven & Aarts, 1987; Hanke & Li, 2000; Li et al., 2000a).

Für die Optimierung dynamischer Prozesse existieren direkte und indirekte Verfahren. Zu den indirekten Verfahren gehören das Maximum-Prinzip (Pontryagin et al., 1962) und die dynamische Programmierung (Bellman, 1957). Deren Anwendung auf große komplexe Prozesse ist jedoch angesichts der benötigten komplizierten mathematischen Beschreibungen begrenzt. Im Vergleich dazu wurden die direkten Verfahren, bei denen das dynamische System zunächst mit einem Diskretisierungsverfahren auf den betrachteten Zeitbereich diskretisiert und danach mit einem nichtlinearen Programmierungsverfahren optimiert wird, in den letzten zwei Jahrzehnten umfassend untersucht. Zur Diskretisierung werden entweder das Schießverfahren (Bock et al., 1995) oder das Kollokationsverfahren (Li & Wozny, 1997; Cervantes & Biegler, 1998) eingesetzt. Der Vorteil der direkten Verfahren liegt in der einfachen mathematischen Berechnung und einer hohen Effizienz bei der Lösung großer Probleme (Biegler et al., 2002; Diehl et al., 2001; Krosender et al., 2001).

Um die Theorie in die Praxis umsetzen zu können, sind die industriellen Prozesse in den meisten Fällen jedoch zu umfangreich und zu kompliziert (Grossmann & Morari, 1984; Shobrys & White, 2000); die Modelle zur Beschreibung der Prozesse sind häufig noch zu ungenau. Darüber hinaus sind die zukünftigen Betriebsbedingungen oft nur unzureichend bekannt. Die wesentliche Einschränkung der deterministischen Verfahren beruht auf der Tatsache, dass Unsicherheiten nur vereinfacht betrachtet werden. Es wird angenommen, dass alle unsicheren Größen vorgegebene fixe Werte haben. Das heißt, die stochastischen Eigenschaften der unsicheren Größen werden nicht berücksichtigt. Wenn die Erwartungswerte der unsicheren Größen in die Formulierung des Optimierungsproblems eingesetzt werden, ergeben sich Optimierungsergebnisse mit einer sehr niedrigen Zuverlässigkeit. Also werden bei der Implementierung dieser Ergebnisse die Prozessbeschränkungen sehr wahrscheinlich verletzt. Benutzt man hingegen die Grenzwerte der unsicheren Größen bei der Problemformulierung, dann wird damit eine konservative Lösung ermittelt. Die Zuverlässigkeit der Lösung ist zwar hoch, aber sie ist oft wirtschaftlich nicht realisierbar: Entweder sind die Kosten zu hoch oder der zu erzielende Gewinn ist zu gering.

Um einen optimalen Betriebspunkt bzw. eine optimale Führungsstrategie unter Unsicherheiten zu ermitteln, benötigt man die Methoden der stochastischen Optimierung. Es wurden in der Vergangenheit viele Untersuchungen über ein optimales *Prozessdesign* unter Unsicherheiten durchgeführt (Halemane & Grossmann, 1983; Grossmann & Sargent, 1978; Shah, & Pantelides, 1992; Straub & Grossmann, 1993; Diwekar & Rubin, 1994; Pistikopoulos & Ierapetritou, 1995; Diwekar & Kalagnanam, 1997; Petkov & Maranas, 1998; Acevedo & Pistikopoulos, 1998). In den Arbeiten von Rooney und Biegler (1999; 2001) wurden die Auswirkungen der Korrelationen zwischen den unsicheren Variablen auf das optimale Design untersucht. Die optimale *Betriebsplanung* für Prozesse unter unsicheren Marktbedingungen zur Gewinnmaximierung wurde ebenfalls untersucht (Clay & Grossmann, 1994; Subrahmanyam et al., 1994). Anhand des Charakters der Unsicherheiten können die Prozessführungsstrategien für verschiedene Zeithorizonte (Monate oder Jahre) geplant werden (Ierapetritou et al., 1996; Clay & Grossmann, 1997; Sand & Engell, 2004), wobei aber nur sehr wenige Untersuchungen hinsichtlich einer Planung des Betriebes in einem kurzen Zeithorizont (Tage oder Wochen) durchgeführt wurden. Die Ursache hiefür liegt darin begründet, dass bei der Betriebsplanung für einen kurzen Zeithorizont das Anlagenmodell betrachtet werden muss, welches zu einem wesentlich komplizierteren nichtlinearen dynamischen Optimierungsproblem unter Unsicherheiten führt. Die Prozessführung bzw. Prozessregelung unter stochastischen Störungen gehört ebenfalls zu dieser Problemklasse. Die Methodik für eine zufrieden stellende Lösung dieses Problems wurde in der Vergangenheit nicht ausreichend untersucht.

In fast allen stochastischen Lösungsansätzen wird die Methode der Zwei-Stufen-Programmierung verwendet, in der die Verletzungen der Beschränkungen durch Einsatz von Straftermen in der Zielfunktion formuliert werden. Diese Methode ist geeignet für die Lösung von Planungsproblemen bei unsicherem Produktbedarf von Kunden (Ahmed & Sahinidis, 1998; Gupta & Maranas, 2001). Ihr Nachteil besteht darin, dass die Straffunktion zur Beschreibung der Verletzung der einzuhaltenden Restriktionen bekannt sein muss. Diese Straffunktion ist aber normalerweise in der Praxis nicht vorhanden. Zum Beispiel ist es sehr schwer, den Schaden in Kosten zu beziffern, wenn die Reinheit die Produktspezifikation nicht erreicht wird. In derartigen Fällen ist die stochastische Programmierung unter Wahrscheinlichkeitsrestriktionen ein geeignetes Lösungsverfahren. Das Besondere dieser Methode besteht darin, dass die Lösung die Einhaltung der Ungleichungsnebenbedingungen mit einem vorgegebenen Wahrscheinlichkeitsniveau gewährleisten kann. Allerdings sind bisher nur Lösungsansätze für lineare Probleme vorhanden (Kall & Wallace, 1994; Prékopa, 1995). Obwohl die stochastische Optimierung in mehreren Industriezweigen angewendet wird (Uryasev, 2000), gibt es bis jetzt nur wenige Anwendungsfälle dieser Methode in der Chemieindustrie (Henrion et al., 2001). Eine wesentliche Erklärung hierfür liegt in der Komplexität sowohl der mathematischen Behandlung zur Lösung des Problems als auch der Modelle von industriellen Prozessen begründet (nichtlinear, dynamisch, hochdimensional). Es gilt also, diese Lücke zwischen der Mathematik und dem Ingenieurwesen zu schließen.

1.4   Zielsetzung des vorliegenden Buches

Die Verwendung deterministischer Optimierungsverfahren zur Offline- und Online-Prozessoptimierung ist heutzutage Stand der industriellen Technik. Die modernen industriellen Prozesse sind jedoch aufgrund der Integration bzw. Verkopplung mehrerer Teilanlagen wesentlich komplexer als früher. Dies führt zu Ungenauigkeiten bei der Modellierung solcher Prozesse. Darüber hinaus wechseln wegen der häufig veränderten Marktbedingungen ständig die Betriebsrandbedingungen. Demzufolge liegt die Herausforderung an die wissenschaftliche Forschung inzwischen in der Lösung großer und komplexer Optimierungsprobleme mit Unsicherheiten.

Ziel des vorliegenden Buches ist die Zusammenfassung und Strukturierung des Wissens über Prozessoptimierung unter Unsicherheiten. Hierzu erfolgt eine umfassende Darstellung des aktuellen Wissensstands. Zur Erweiterung der Anwendbarkeit war die Entwicklung eines neuen Ansatzes und der entsprechenden Algorithmen zur Optimierung großer und komplexer Prozesse unter Unsicherheiten erforderlich. In diesem Buch werden verschiedene Problemstellungen und Prozesse mit unterschiedlichen Modellen (linear oder nichtlinear, stationär oder dynamisch) beschrieben. Es handelt sich somit um verschiedene Optimierungsprobleme unter Unsicherheiten. Es wurde ein neues Konzept zur Bewältigung von Optimierungsproblemen mit unsicheren Randbedingungen und unsicheren Modellparametern entwickelt. Das stochastische Optimierungsproblem wird mit der Methode der *Optimierung unter Wahrscheinlichkeitsrestriktionen* gelöst. Dabei wird das Problem zunächst zu einem äquivalenten nichtlinearen Optimierungsproblem relaxiert und anschließend mit Hilfe der nichtlinearen Programmierung gelöst. Neue Lösungsansätze für lineare und nichtlineare, stationäre und dynamische Optimierungsprobleme mit Unsicherheiten wurden entwickelt und auf verschiedene Optimierungsaufgaben der chemischen Industrie angewendet. Das durch diese Ansätze erzielte Ergebnis liefert optimale und zuverlässige Entscheidungen für die Prozessführung mit Unsicherheiten. Durch die damit ermittelten optimalen Entscheidungen kann eine signifikante Steigerung sowohl der Wirtschaftlichkeit als auch der Zuverlässigkeit im Vergleich zu den konventionellen Entscheidungen erzielt werden.

In *Kapitel 2* erfolgt die Formulierung von verschiedenen Optimierungsproblemen unter Berücksichtigung von Unsicherheiten. Dabei handelt es sich um die Beschreibung von unsicheren Größen, um die Analyse der Wirkungen der Unsicherheiten auf die Ausgangsgrößen durch Simulation und um die Definition der Wahrscheinlichkeitsrestriktionen. In *Kapitel 3* werden lineare Optimierungsprobleme unter Wahrscheinlichkeitsrestriktionen betrachtet. Dieser Ansatz wird in *Kapitel 4* für die Ermittlung der optimalen Produktionsstrategien unter unsicheren Marktbedingungen eingesetzt. Die linearen Lösungsansätze werden in *Kapitel 5* auf die modellgestützte Mehrgrößenregelung unter unsicheren Störungen angewendet. Die nichtlineare Optimierung unter Unsicherheiten wird in *Kapitel 6* untersucht. Eine besondere Herausforderung hierbei ist die Berechnung der Wahrscheinlichkeit der Einhaltung von Grenzen der Ausgangsgrößen. Hierzu wurde ein neuer Lösungsansatz entwickelt und auf verschiedene praktische Prozesse angewendet. Es folgt die dynamische nichtlineare Prozessoptimierung unter Unsicherheiten und die Anwendung auf einen Batchdestillationsprozess. Ein weiteres schwieriges Problem bei der Optimierung unter Unsicherheiten liegt darin begründet, dass die Wahrscheinlichkeitsverteilungen der unsicheren Größen häufig nicht bekannt sind. Dieses Problem wird betrachtet und mit einem neuen Ansatz gelöst. In *Kapitel 7* wird neben der Zusammenfassung ein Ausblick bezüglich zukünftiger Untersuchungen zur Optimierung unter Unsicherheiten gegeben.

2 Optimierungsprobleme unter Unsicherheiten

2.1 Beschreibung von Unsicherheiten

Unsicherheiten existieren in vielen industriellen Prozessen. Die Unsicherheiten können in zwei Typen klassifiziert werden. Zum einen basieren die Unsicherheiten auf Ursachen von *außerhalb des Prozesses*, welche jedoch einen starken Einfluss auf den Betrieb haben. Diese Unsicherheiten beziehen sich auf die unsicheren Randbedingungen. Im Folgenden sind einige Beispiele solcher Unsicherheiten bei verfahrenstechnischen Prozessen angegeben:

- Der Feedstrom einer Anlage kommt z.B. aus den vorgeschalteten Anlagen und ist daher häufig unsicher: Die Strommenge und Konzentration sind vom Betrieb der vorgeschalteten Anlagen abhängig und stellen für den Betrieb der betrachteten Anlage unsichere Störungen dar.
- Die Produktmengen sowie die Produktkonzentrationen ändern sich aufgrund der sich ändernden Marktbedingungen. Es besteht keine Möglichkeit, diese Änderungen exakt vorauszusagen. Somit sind die zukünftigen Produktmengen und -konzentrationen ebenfalls unsichere Faktoren für den Betrieb.
- Die zukünftigen Liefermengen an Utilities wie z.B. elektrischer Strom, Heizdampf oder Erdgas hängen von der Produktion der anderen Unternehmen ab. Deshalb müssen sie als unsichere Größen betrachtet werden.
- Manche Prozesse reagieren sensitiv auf Veränderungen der Umgebungsbedingungen. Daher sind für sie der zukünftige Umgebungsdruck und die zukünftige Umgebungstemperatur externe unsichere Störungen.

Zum anderen existieren *innerhalb des Prozesses* Unsicherheiten, die nicht exakt bei der Modellierung beschrieben werden können. Diese Unsicherheiten beziehen sich auf die unsicheren Modellparameter. Es gibt folgende zwei Arten von Modellparametern:

- Parameter, die vom Prozesszustand *unabhängig* sind. Die Kinetikparameter einer chemischen Reaktion oder die Parameter des Phasengleichgewichts sind Beispiele solcher Parameter. Die Werte dieser Parameter werden durch Anpassung an Messdaten aus Laboranlagen ermittelt. Da die Kosten für solche Versuche sehr hoch sind, stehen häufig sehr wenig Messdaten zu Verfügung, wodurch die angepassten Parameter nur ungenau bestimmt werden können.
- Parameter, die vom Prozesszustand *abhängig* sind. Die Aktivität eines Katalysators in einem Festbettreaktor oder der Stufenwirkungsgrad einer Destillationskolonne sind Bei-

spiele solcher Parameter. Bei der Anpassung dieser Parameter benötigt man die Messdaten direkt an den Produktionsanlagen. Da die Messdaten aus den industriellen Anlagen unvermeidbar Fehler beinhalten und in vielen Fällen nicht vollständig sind, sind die dadurch angepassten Parameter häufig ungenau.

All diese unsicheren Größen werden als Zufallsvariablen bezeichnet. Eine Zufallsvariable ξ ist eine Variable, die einen bestimmten Bereich hat, in dem die Variable einen zufälligen Wert annimmt. Das heißt, man kann nicht vorhersagen, welchen Wert die Variable hat, bevor sie gemessen oder durch Beobachtung ermittelt wurde. Mathematisch betrachtet gibt es zwei Arten von Zufallsvariablen: diskrete und kontinuierliche Zufallsvariablen. Diskrete Zufallsvariablen haben eine bestimmte Anzahl von möglichen Werten, d.h. man kann die möglichen Realisierungen der Zufallsgröße aufzählen (z.B. hat eine Münze zwei mögliche Realisierungen, ein Würfel hat sechs). Die oben genannten unsicheren Größen können die Werte stetig in ihrem gegebenen Bereich annehmen und sind daher kontinuierliche Zufallsvariablen. Da die meisten Zufallsgrößen in industriellen Prozessen kontinuierlich sind, werden in diesem Buch lediglich kontinuierliche Zufallsvariablen betrachtet.

Die in der Vergangenheit realisierten Werte der unsicheren Größen, die von außerhalb des Prozesses stammen, sind aufgrund der experimentellen Daten oder der Betriebsprotokolle vorhanden. Die mathematische Beschreibung einer solchen Zufallsvariablen (Erwartungswert μ, Standardabweichung σ und Dichtefunktion ρ) kann anhand der statistischen Analyse vorliegender historischer Daten ermittelt werden (Sachs, 1968; Turky, 1977; Jobson, 1991). Bei der Ermittlung der Werte der unsicheren Größen innerhalb des Prozesses, d.h. der unsicheren Modellparameter, müssen nach dem Verfahren der Parameteranpassung diese Charakterisierungsgrößen (μ, σ und ρ) ebenfalls vorhanden sein (Bates & Watts, 1988). Die Ermittlung dieser Größen ist nicht Gegenstand dieses Buchs. Es wird also in der weiteren Analyse und Methodenentwicklung angenommen, dass die stochastischen Eigenschaften der Zufallsvariablen bekannt sind.

Wenn sich die stochastischen Eigenschaften einer Zufallsvariable zeitlich nicht verändern, kann jene mit konstanten Werten von μ und σ sowie mit einer konstanten Dichtefunktion ρ dargestellt werden. In vielen praktischen Problemen treten mehrere Zufallsvariablen auf, welche gleichzeitig berücksichtigt werden müssen. Man nennt die Methoden zur Behandlung mehrdimensionaler Zufallsvariablen multivariate Stochastik. In diesem Fall behandelt man also einen Vektor von Zufallsvariablen

$$\boldsymbol{\xi} = [\xi_1 \cdots \xi_m]^T \tag{2.1}$$

Dabei müssen nicht nur die Eigenschaften der einzelnen Zufallsvariablen, sondern auch die Beziehungen zwischen ihnen berücksichtigt werden. Man definiert die Wahrscheinlichkeitsverteilungsfunktion

$$F(z_1, \cdots, z_m) = \Pr\{\xi_1 < z_1, \cdots, \xi_m < z_m\} \tag{2.2}$$

und die Dichtefunktion $\rho(\xi_1, \cdots, \xi_m) \geq 0$, damit gilt

$$\int_{-\infty}^{\infty} \cdots \int_{-\infty}^{\infty} \rho(\xi_1, \cdots, \xi_m) d\xi_1 \cdots d\xi_m = 1$$

Dann wird die Wahrscheinlichkeitsverteilungsfunktion durch

$$F(z_1,\cdots,z_m) = \int\limits_{-\infty}^{z_1}\cdots\int\limits_{-\infty}^{z_m} \rho(\xi_1,\cdots,\xi_m)d\xi_1\cdots d\xi_m \qquad (2.3)$$

beschrieben. Für dieses mehrdimensionale Problem hat jede Zufallsvariable einen Erwartungswert und eine Standardabweichung, also

$$\boldsymbol{\mu} = [\mu_1\cdots\mu_m]^T, \qquad \boldsymbol{\sigma} = [\sigma_1\cdots\sigma_m]^T$$

Die Varianzen des multivariaten Systems werden durch eine so genannte Kovarianzmatrix beschrieben (Stoyan, 1993):

$$\Sigma = \begin{bmatrix} R_{11} & R_{12} & \cdots & R_{1m} \\ R_{21} & R_{22} & \cdots & R_{2m} \\ \cdots & \cdots & \cdots & \cdots \\ R_{m1} & R_{m2} & \cdots & R_{mm} \end{bmatrix} \qquad (2.4)$$

mit

$$R_{i,j} = \text{cov}(\xi_i,\xi_j) = E[(\xi_i - \mu_i)\ (\xi_j - \mu_j)] \qquad (2.5)$$

Somit ist Σ eine symmetrische Matrix. Die Stärke der Interaktion zwischen den Zufallsvariablen wird mit den Korrelationskoeffizienten

$$r_{i,j} = \frac{\text{cov}(\xi_i,\xi_j)}{\sigma_i\sigma_j} \qquad (2.6)$$

beschrieben. Die Standardisierung einer multivariaten Verteilung kann wie folgt durchgeführt werden

$$\xi_{S,i} = \frac{\xi_i - \mu_i}{\sigma_i}, \qquad i = 1,\cdots,m \qquad (2.7)$$

so dass $E(\xi_{S,i}) = 0$. Die entsprechende Kovarianzmatrix in der Standardform wird mit

$$\Sigma_s = \begin{bmatrix} 1 & r_{12} & \cdots & r_{1m} \\ r_{21} & 1 & \cdots & r_{2m} \\ \cdots & \cdots & \cdots & \cdots \\ r_{m1} & r_{m2} & \cdots & 1 \end{bmatrix}$$

beschrieben. Nach Gl. (2.5) und Gl. (2.6) ergibt sich $r_{i,j} = 1$, wenn $i = j$. Zusätzlich gilt

$$-1 \le r_{i,j} \le 1 \qquad \text{für } i \ne j$$

Wenn $r_{i,j} = 0$, dann sind ξ_i und ξ_j voneinander unabhängig, ansonsten gibt es eine Korrelation zwischen ξ_i und ξ_j. $r_{i,j} > 0$ bedeutet eine positive Korrelation, d.h. wenn $\xi_i > \mu_i$, wird sehr wahrscheinlich auch $\xi_j > \mu_j$ sein. Eine negative Korrelation $r_{i,j} < 0$ hingegen bedeutet, dass, falls $\xi_i > \mu_i$ ist, wird sehr wahrscheinlich $\xi_j < \mu_j$ sein. Aus Gl. (2.6) und Gl. (2.7) ergibt sich $\text{cov}(\xi_i, \xi_j) = 0$, wenn die beiden Zufallsvariablen voneinander unabhängig sind. Falls *alle* Zufallsvariablen voneinander unabhängig sind, reduziert sich die Kovarianzmatrix zu einer diagonalen Matrix.

2.1.1   Multivariate Normalverteilung

Die häufigste stochastische Verteilung mehrdimensionaler Zufallsvariablen ist die multivariate Normalverteilung. Jedes Element in Vektor (2.1) stellt also eine normalverteilte Zufallsvariable dar. Die Wahrscheinlichkeitsdichte einer solchen Verteilung wird durch

$$\rho(\xi_1, \cdots, \xi_m) = \frac{1}{\sqrt{(2\pi)^m \det(\boldsymbol{\Sigma})}} \exp\left[-\frac{1}{2}(\boldsymbol{\xi} - \boldsymbol{\mu})^T \boldsymbol{\Sigma}^{-1}(\boldsymbol{\xi} - \boldsymbol{\mu})\right] \tag{2.8}$$

beschrieben. Hierbei ist $\boldsymbol{\mu}$ der Vektor der Erwartungswerte und $\boldsymbol{\Sigma}$ die Kovarianzmatrix mit der Form

$$\boldsymbol{\mu} = \begin{bmatrix} \mu_1 \\ \mu_2 \\ \cdots \\ \mu_m \end{bmatrix}, \quad \boldsymbol{\Sigma} = \begin{bmatrix} \sigma_1^2 & \sigma_1\sigma_2 r_{12} & \cdots & \sigma_1\sigma_m r_{1m} \\ \sigma_1\sigma_2 r_{12} & \sigma_2^2 & \cdots & \sigma_2\sigma_m r_{2m} \\ \cdots & \cdots & \cdots & \cdots \\ \sigma_1\sigma_m r_{1m} & \sigma_2\sigma_m r_{2m} & \cdots & \sigma_m^2 \end{bmatrix}$$

wobei σ_i und $r_{i,j}$, $(i, j = 1, \cdots, m)$ die Standardabweichung der einzelnen Variablen bzw. die Korrelationskoeffizienten zwischen den Variablen darstellen. Man bezeichnet diese Verteilung als $\boldsymbol{\xi} \sim N(\boldsymbol{\mu}, \boldsymbol{\Sigma})$. Nach Gl. (2.3) wird die Wahrscheinlichkeitsfunktion durch die Mehrfachintegration

$$F(z_1, \cdots, z_m) = \frac{1}{\sqrt{(2\pi)^m \det(\boldsymbol{\Sigma})}} \int_{-\infty}^{z_1} \cdots \int_{-\infty}^{z_m} \exp\left[-\frac{1}{2}(\boldsymbol{\xi} - \boldsymbol{\mu})^T \boldsymbol{\Sigma}^{-1}(\boldsymbol{\xi} - \boldsymbol{\mu})\right] d\xi_1 \cdots d\xi_m$$

$$\tag{2.9}$$

berechnet. Aufgrund der komplizierten Form der Integralfunktion kann diese Berechnung nur durch numerische Integration erfolgen. Eine wichtige Eigenschaft einer solchen Verteilung besteht darin, dass eine lineare Transformation der multivariat normalverteilten Zufallsvariablen wieder auf multivariat normalverteilte Zufallsvariablen zurückführt. Das heißt, wenn $\boldsymbol{\xi} \sim N(\boldsymbol{\mu}, \boldsymbol{\Sigma})$ und für die lineare Beziehung $\boldsymbol{\eta} = \mathbf{A}\boldsymbol{\xi} + \mathbf{b}$, gilt

$$\boldsymbol{\eta} \sim N(\mathbf{A}\boldsymbol{\mu} + \mathbf{b}, \mathbf{A}\boldsymbol{\Sigma}\,\mathbf{A}^T) \tag{2.10}$$

wobei $\mathbf{A}$ und $\mathbf{b}$ in der linearen Transformation eine bekannte Matrix bzw. ein bekannter Vektor sind.

2.1.2 Stochastische Prozesse

Manche Zufallsvariablen, wie z.B. Parameter in der Phasengleichgewichtsberechnung, sind nicht zeitabhängig, während andere, wie etwa die Umgebungstemperatur, sich mit der Zeit ändern. Abb. 2.1 zeigt das Verhalten einer konstanten, einer sprunghaften und einer schwingenden Zufallsvariable. Jede Kurve in den einzelnen Fällen bedeutet eine mögliche Realisierung der Zufallsvariable, d.h. sie *kann* im betrachteten zukünftigen Zeitbereich $t \in [t_0, t_f]$ wie diese verlaufen. Im Voraus kann jedoch nicht festgelegt werden, welche Kurve in der Zukunft realisiert wird.

Solche zeitabhängigen Zufallsvariablen nennt man stochastische Prozesse. Da sie zeitlich kontinuierlich sind, besitzen sie eine unendliche Dimension, d.h. an jedem Zeitpunkt verhält sich die Variable als Zufallsgröße. Dies führt zu Schwierigkeiten bei der numerischen Behandlung. Aus diesem Grund werden in der folgenden Simulation und Optimierung solche Zufallsvariablen zeitlich diskretisiert. Der betrachtete Zeitbereich wird also in Zeitintervalle unterteilt und in *jedem* Zeitintervall wird eine zeitabhängige Zufallsvariable mit einer Zufallsgröße beschrieben. So beschreibt man eine zeitabhängige Zufallsvariable beispielsweise in m Zeitintervallen mit m Zufallsgrößen. Dadurch kann sie anhand der zuvor vorgestellten Methode der multivariaten Stochastik behandelt werden.

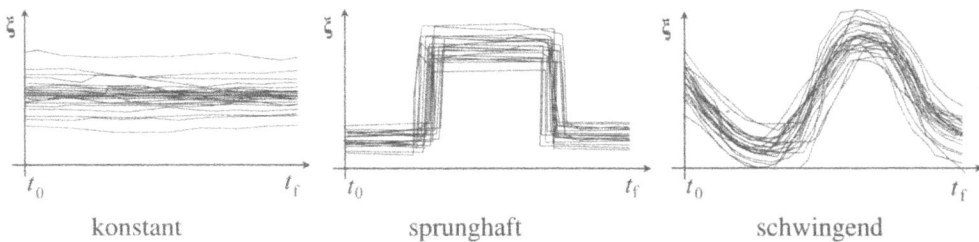

konstant   sprunghaft   schwingend

Abb. 2.1 Beispiele verschiedener Zufallsvariablen

Verschiedene Zufallsvariablen praktischer Prozesse haben verschiedene stochastische Verteilungen. Viele Zufallsvariablen können jedoch mit der Normalverteilung approximiert beschrieben werden (Maybeck, 1994). Außerdem führt nach dem Zentral-Limit-Theorem das Zusammenwirken mehrerer Zufallsgrößen, die unterschiedliche Verteilungen besitzen, zu einer Zufallsvariablen mit der Normalverteilung (Loeve, 1963). Papoulis (1965) zeigt in einem Beispiel eine erstaunlich gute Darstellung einer Zufallsvariablen durch die Normalverteilung, die durch die Summe von drei unterschiedlichen gleichverteilten Zufallsgrößen abgebildet ist. Aus diesem Grund werden in diesem Buch hauptsächlich Zufallsgrößen mit der Normalverteilung betrachtet.

Es werden auch mehrere unsichere zeitlich abhängige Zufallsvariablen berücksichtigt. In solchen Fällen wird jedoch angenommen, dass Korrelationen lediglich zwischen den Werten verschiedener Zeitintervalle der *gleichen* Variable existieren, nicht jedoch zwischen den Werten unterschiedlicher Variablen. Des Weiteren wird, wie erwähnt, für den dynamischen Fall angenommen, dass alle zeitintervallbezogenen Werte der Zufallsvariablen normalverteilt sind und ihre zeitlich abhängigen Erwartungswerte μ und ihre auf die Zeitintervalle bezogene Kovarianzmatrix Σ bekannt sind.

2.2 Stochastische Simulation

2.2.1 Simulation einer normalverteilter Zufallsvariablen

Zunächst wird eine standardnormalverteilte Zufallsvariable, also $\xi_s \sim N(0, 1)$, betrachtet. Hierzu benutzt man zunächst einen Zufallszahlen-Generator, welcher auf Basis einer Gleichverteilung zwei Werte v_1, v_2 generiert (in kommerzieller Software ist ein solcher Generator meist vorhanden), und zwar

$$v_1 = rand(-1, 1), \qquad v_2 = rand(-1, 1)$$

Die beiden Werte sind also in $[-1, 1]$ gleichverteilt. Durch die Formel (Fishman, 1999)

$$\xi_s = v_1 \sqrt{\frac{-2\log(v_1^2 + v_2^2)}{(v_1^2 + v_2^2)}} \tag{2.11}$$

ergibt sich die gewünschte Zufallsgröße $\xi_s \sim N(0, 1)$. Eine Zufallsgröße $\xi \sim N(\mu, \sigma^2)$ kann dann durch eine lineare Transformation

$$\xi = \sigma \xi_s + \mu \tag{2.12}$$

erzeugt werden. Diese Vorgehensweise nennt man das Stichprobenverfahren. Da $\Pr\{|\xi - \mu| < 3\sigma\} \approx 0,9973$, kann man feststellen, dass eine normalverteilte Zufallsvariable *fast immer* im Bereich $(\mu - 3\sigma, \ \mu + 3\sigma)$ liegt.

2.2.2 Simulation mehrerer normalverteilter Zufallsvariablen

Simuliert man einen Vektor normalverteilter Zufallsvariablen $\xi \sim N(\mu, \Sigma)$, wird zuerst ein Vektor unkorrelierter standardnormalverteilter Zufallsgrößen $\xi_s \sim N(0, E)$ nach Gl. (2.11) erzeugt. Hierbei ist E eine Einheitsmatrix. Da die Kovarianzmatrix Σ eine symmetrische Matrix ist, kann sie durch die Cholesky-Zerlegung in eine Dreiecksmatrix zerlegt werden (siehe Anhang A.1), also

$$\Sigma = L \ L^T \tag{2.13}$$

Durch die lineare Transformation

$$\xi = L \ \xi_s + \mu \tag{2.14}$$

und nach Gl. (2.10) folgt

$$\xi \sim N(\mu, \ L \ E L^T) = N(\mu, \ L L^T) = N(\mu, \ \Sigma) \tag{2.15}$$

Somit wird anhand der generierten Stichproben die gewünschte Wahrscheinlichkeitsverteilung erzeugt bzw. simuliert. Das folgende Beispiel zeigt die Simulation von zwei Zufallsvariablen (z.B. zwei Feedströmen einer Anlage) mit der Verteilung

$$\begin{bmatrix} \xi_1 \\ \xi_2 \end{bmatrix} \sim N\left(\begin{bmatrix} \mu_1 \\ \mu_2 \end{bmatrix}, \begin{bmatrix} \sigma_1^2 & r_{12}\sigma_1\sigma_2 \\ r_{12}\sigma_1\sigma_2 & \sigma_2^2 \end{bmatrix} \right) = N\left(\begin{bmatrix} 300 \\ 400 \end{bmatrix}, \begin{bmatrix} 100 & 140 \\ 140 & 400 \end{bmatrix} \right)$$

Hierbei ist bereits angenommen worden, dass zwischen den beiden Zufallsvariablen eine positive Korrelation ($r_{12} = 0,7$) besteht. Das bedeutet, wird ξ_1 größer als der Erwartungswert, dann wird mit einer hohen Wahrscheinlichkeit ξ_2 ebenfalls größer als der Erwartungswert. Abb. 2.2 (links) zeigt diese Verteilung bei 1000 Stichproben. Abb. 2.2 (rechts) zeigt das gleiche Beispiel, jedoch mit einer negativen Korrelation ($r_{12} = -0,7$).

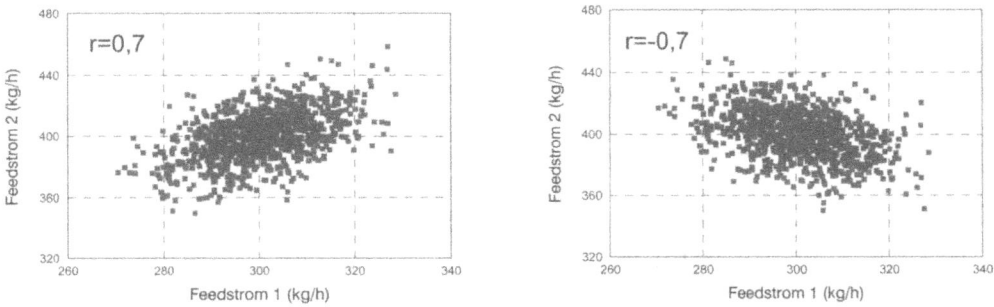

Abb. 2.2 *Simulation zweier gekoppelter Zufallsvariablen mit Normalverteilung*

Das folgende Beispiel stellt die Simulation einer zeitabhängigen normalverteilten Zufallsvariable dar. Es wird hier angenommen, dass sich z.B. der Feedstrom einer Anlage dynamisch stochastisch verhält. Es wird ein Zeitraum von zwei Monaten betrachtet, der zur numerischen Simulation in 60 einzelne Tage unterteilt wird. Der Erwartungswert $\mu(k)$, die Standardabweichungen $\sigma(k)$ sowie der Korrelationskoeffizient $r(k,k+i)$ des Feedstroms an einem einzelnen Tag k, ($k = 1,\cdots,60$) sind mit

$$\mu(k) = 320 - 200(k/60 - 0,5)^2$$
$$\sigma(k) = 20$$
$$r(k,k+i) = 1 - 0,05 \ i, \ i = 1,\cdots,(60-k)$$

beschrieben. Die Darstellung der Korrelationskoeffizienten, $r(k,k+i) = 1 - 0,05 \ i$, bedeutet, je weiter entfernt voneinander zwei Tage liegen, desto unabhängiger werden die Realisierungen des Feedstroms voneinander sein. Abb. 2.3 zeigt zehn mögliche Verläufe des zukünftigen Feedstroms anhand von Stichproben. Es ist zu sehen, dass an einem bestimmten Tag (wie z.B. $k = 20$) die Realisierungen des Feedstroms eine Normalverteilung widerspiegeln. Die fette Kurve stellt das Erwartungsprofil im betrachteten Zeitraum dar; sie entspricht dem mittleren Profil des stochastischen Prozesses. Die Varianzen repräsentieren die zu erwartenden Abweichungen der Verläufe von diesem mittleren Profil.

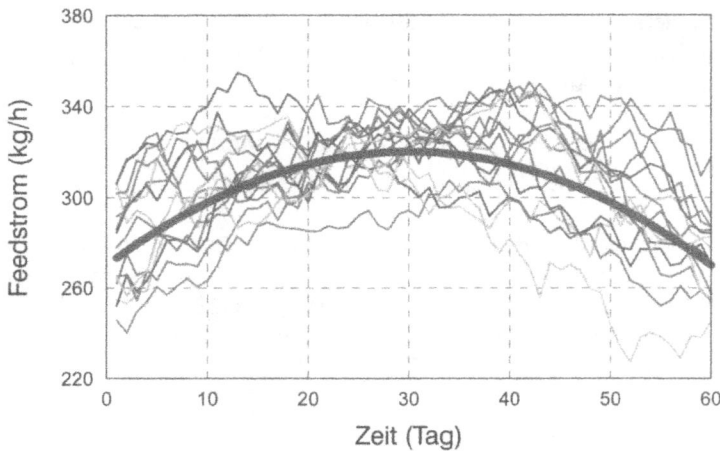

Abb. 2.3   *Simulation eines Feedstroms als dynamische Zufallsvariable*

2.2.3   Berechnung der Wahrscheinlichkeit normalverteilter Zufallsvariablen

Für einen Prozess mit Unsicherheiten ist es bedeutsam, die Wahrscheinlichkeit der Zufallsvariablen in bestimmten Bereichen zu kennen, weil diese eine Information über die Zuverlässigkeit liefert. Zum Beispiel fragt man bei dem in Abb. 2.2 gezeigten Beispiel, wie hoch die Wahrscheinlichkeit ist, dass Feedstrom 1 kleiner als 320 kg/h und Feedstrom 2 kleiner als 400 kg/h ist. Nach Gl. (2.3) folgt die Berechnung dieser Wahrscheinlichkeit durch eine Mehrfachintegration der Dichtefunktion. Da eine analytische Lösung in den meisten Fällen unmöglich ist, muss man diese numerisch berechnen. Für die bivariate Normalverteilung ist die Wahrscheinlichkeitsfunktion wie folgt dargestellt

$$\Pr\{\xi_1 < z_1, \xi_2 < z_2\} = F(z_1, z_2) = \frac{1}{2\pi\sigma_1\sigma_2\sqrt{(1 - r_{12}^2)}}$$

$$\times \int_{-\infty}^{z_1}\int_{-\infty}^{z_2} \exp\left[-\frac{1}{2(1 - r_{12}^2)} \left(\frac{(\xi_1 - \mu_1)^2}{\sigma_1^2} - 2r_{12}\frac{(\xi_1 - \mu_1)(\xi_2 - \mu_2)}{\sigma_1\sigma_2} + \frac{(\xi_2 - \mu_2)^2}{\sigma_2^2} \right) \right] d\xi_1 d\xi_2$$

$$(2.16)$$

In Anhang A.2 ist eine Methode zur numerischen Berechnung von $F(z_1, z_2)$ gegeben. Der Einfluss der Korrelation zwischen den beiden Zufallsvariablen ist in Abb. 2.2 deutlich zu sehen. Abb. 2.4 zeigt die Wahrscheinlichkeitsverteilungen in den extremen Fällen ($r_{12} \to -1$ und $r_{12} \to 1$). Bei einer sehr starken Korrelation, d.h. $|r_{12}| \to 1$, nähert sich die Verteilung einer Linie. Der Wert der Integration entlang dieser Linie steigt schnell an, während der Funktionswert weiter entfernt von dieser Linie deutlich langsamer wächst.

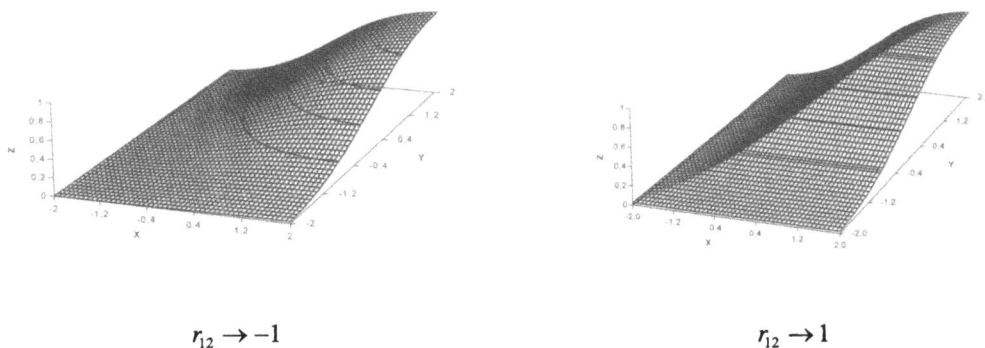

$$r_{12} \to -1 \qquad\qquad\qquad\qquad r_{12} \to 1$$

Abb. 2.4 *Wahrscheinlichkeitsverteilung zweier normalverteilter Zufallsvariablen*

Im Fall einer korrelierten multivariaten Normalverteilung (mehr als drei Zufallsvariablen) ist die Wahrscheinlichkeitsberechnung wesentlich rechenaufwendiger. Das Monte-Carlo-Verfahren mittels Stichproben und die numerische Integration anhand approximierter Polynome mit dem Kollokationsverfahren sind zwei Ansätze zur Berechnung von Wahrscheinlichkeiten in mehrdimensionalen Systemen. Auf dieses Problem und dessen Lösung wird in Kapitel 3 detailliert eingegangen.

Falls in Gl. (2.16) keine Korrelation zwischen den Zufallsvariablen besteht, d.h. $r_{12} = 0$, dann vereinfacht sich die Berechnung deutlich. Sie lässt sich wie folgt umformen:

$$
\begin{aligned}
F(z_1, z_2) &= \frac{1}{\sqrt{2\pi}\sigma_1} \int_{-\infty}^{z_1} \exp\left[-\frac{1}{2}\frac{(\xi_1 - \mu_1)^2}{\sigma_1^2}\right] d\xi_1 \; \frac{1}{\sqrt{2\pi}\sigma_2} \int_{-\infty}^{z_2} \exp\left[-\frac{1}{2}\frac{(\xi_2 - \mu_2)^2}{\sigma_2^2}\right] d\xi_2 \\
&= \Phi\left(\frac{z_1 - \mu_1}{\sigma_1}\right) \Phi\left(\frac{z_2 - \mu_2}{\sigma_2}\right)
\end{aligned}
\tag{2.17}
$$

wobei Φ die Wahrscheinlichkeitsfunktion der Standardnormalverteilung einer Zufallsvariablen darstellt. Das bedeutet, dass nur die Wahrscheinlichkeiten der einzelnen Zufallsvariablen für die Berechnung benötigt werden, wenn die Variablen miteinander unkorreliert sind. Diese Beziehung gilt ebenfalls für die Fälle mit unkorrelierten mehrdimensionalen Zufallsvariablen.

2.2.4   Stochastische Simulation von Prozessen mit Unsicherheiten

Bisher wurde nur auf die Beschreibung von Zufallsgrößen eingegangen. Um ihre Wirkung auf den Prozess zu erkennen, muss man den Prozess bei verschiedenen Realisierungen der Zufallsvariablen simulieren. Mit den in den Abschnitten 2.2.1 und 2.2.2 dargestellten Verfahren werden Werte von den Zufallsgrößen generiert. Mit diesen Werten als Eingangsgrößen kann die Simulation auf Basis eines Modells des Prozesses durchgeführt werden.

Nicht nur physikalische, sondern auch mathematische Anforderungen müssen bei der Erstellung von Modellgleichungen berücksichtigt werden. Die mathematischen Anforderungen an ein Modell beziehen sich auf die Lösbarkeit der aufgestellten Modellgleichungen. Im Allgemeinen lassen sich die Modellgleichungen eines Prozesses wie folgt darstellen:

$$\mathbf{g}(\mathbf{x}, \mathbf{u}, \boldsymbol{\xi}) = \mathbf{0} \qquad\qquad (2.18)$$

wobei $\mathbf{g}$ ein Vektor ist, der alle Gleichungen umfasst. $\mathbf{u}$, $\boldsymbol{\xi}$ sind Vektoren der Steuervariablen und der Zufallsvariablen; beide sind Eingangsgrößen des Prozesses. $\mathbf{x}$ ist der Vektor der Zustandsvariablen bzw. der Ausgangsgrößen, da diese von den Eingangsgrößen beeinflusst werden. Entsprechend den physikalischen Eigenschaften des betrachteten Prozesses kann das Gleichungssystem linear oder nichtlinear, stationär oder dynamisch sein. Daher kann Gl. (2.18) je nach Prozess ein algebraisches, ein differentielles, oder ein algebra-differentielles Gleichungssystem liefern. Aufgrund der Anforderung, dass mit vorgegebenen Werten der Eingangsgrößen ($\mathbf{u}$, $\boldsymbol{\xi}$) sich die Werte der Ausgangsgrößen $\mathbf{x}$ durch die Prozessdynamik ergeben, müssen die Werte der Zustandsgrößen, und zwar der Unbekannten, durch Lösung der Modellgleichungen berechnet werden können. Hierfür muss Gl. (2.18) zwei Bedingungen erfüllen. Zum einen muss die Anzahl der Gleichungen N_g gleich der Anzahl der Zustandsgrößen N_x sein, also

$$N_g = N_x \qquad\qquad (2.19)$$

Zum anderen müssen die Modellgleichungen miteinander linear unabhängig sein. Dies bedeutet, dass durch Umstellung der Unbekannten und der Gleichungen die mit Gl. (2.19) dargestellte Beziehung nicht verändert werden darf.

Abb. 2.5 zeigt das Schema der Simulation eines Prozesses mit Unsicherheiten. Die Werte der Steuervariablen $\mathbf{u}$ werden vorgegeben, während bei jeder Iteration die mit Stichproben generierten Werte für die Zufallsvariablen $\boldsymbol{\xi}$ eingesetzt werden. Durch die Lösung der Modellgleichungen lassen sich die Zustandsgrößen $\mathbf{x}$ berechnen. Nach mehreren Iterationen lässt sich die Wirkung der einzelnen Stichproben der Zufallsvariablen auf die Ausgangsgrößen

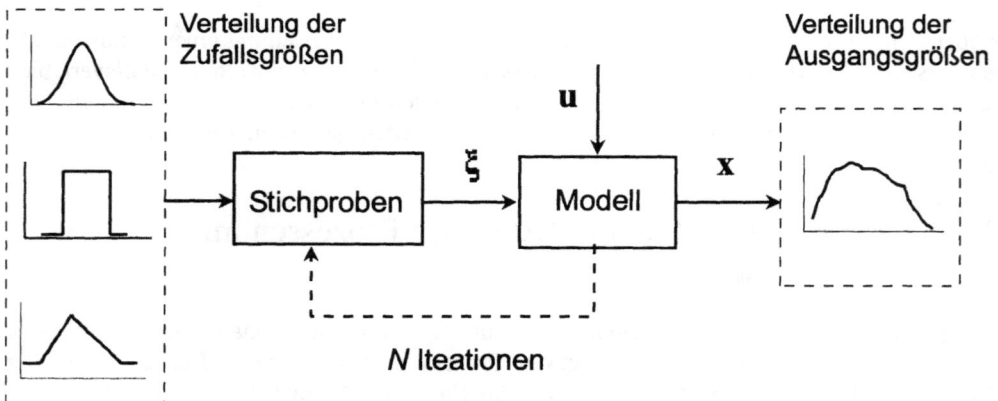

Abb. 2.5   Schema der stochastischen Prozesssimulation unter Unsicherheiten

erkennen. Anhand der Ergebnisse (für die statistische Analyse wird eine große Menge von Proben benötigt) kann man die Wahrscheinlichkeitsverteilung der Ausgangsgrößen erzielen. Diese Vorgehensweise nennt man auch Monte-Carlo-Simulation (Hengartner & Theodorescu, 1978).

Hierbei ist zu beachten, dass die stochastische Verteilung der Ausgangsvariablen x von der Verteilung der Zufallsvariablen ξ abweichen wird, wenn sich der Prozess nichtlinear verhält. Demzufolge ist es sehr schwierig, die Wahrscheinlichkeitsverteilung der Ausgangsvariablen, die von den Zufallsvariablen durch eine nichtlineare Übertragung beeinflusst werden, zu erfassen. Aus diesem Grund stellt im Fall eines nichtlinearen Prozesses die Berechnung der Wahrscheinlichkeit der Ausgangsvariablen in einem gegebenen Bereich eine schwierige Aufgabe dar. Dieses Problem wird in Kapitel 6 analysiert und mit einem neuen Verfahren gelöst.

2.3 Simulation einer Batchkolonne mit Unsicherheiten

2.3.1 Darstellung des Prozesses

Die Batchdestillation ist ein seit langem bekannter Prozess. Sie findet heute insbesondere für teure Produkte und kleine Chargenmengen immer häufiger Anwendung. In den letzten Jahren ist ein zunehmendes Interesse in Forschung und Entwicklung an Batchprozessen feststellbar. Ein Vorteil vieler Batchdestillationsprozesse, der zum vermehrten Einsatz in der chemischen Industrie führt, liegt in der im Vergleich zu kontinuierlichen Trennprozessen höheren Produktflexibilität und niedrigen Investitionskosten begründet. Mit Hilfe der Batchdestillation lassen sich also die Art und Menge der Produkte entsprechend den Marktbedingungen einfach verändern. Mit nur einer Batchkolonne wird es möglich, mehrere unterschiedliche Fraktionen aus einem Feedgemisch abzutrennen. Aufgrund des zeitvarianten und nichtlinearen Verhaltens stellt jedoch die Prozessführung der Batchdestillation eine schwierige Aufgabe dar. In den letzten Jahren wurden zahlreiche Untersuchungen mit deterministischen Ansätzen durchgeführt (Dewekar, 1995; Li, 1998; Wendt et al., 2000; Mujtaba, 2004).

Als Beispiel wird hier eine Batchkolonne mit einem vereinfachten Modell simuliert. Ziel dieser Voruntersuchung ist es, die Art der Prozessführung unter Unsicherheiten zu erkennen. Die Auswirkungen der unsicheren Anfangskonzentration und eines unsicheren Modellparameters auf die Produktspezifikationen werden mit Hilfe der stochastischen Simulation untersucht (Rachmat, 2000).

Abb. 2.6 zeigt den betrachteten Prozess, der sich aus einer Sumpfblase, einer Trennkolonne mit zehn Böden, einem Kondensator und zwei Destillatvorlagen zusammensetzt. In der Bodenkolonne wird ein Gemisch aus zwei Komponenten aufgetrennt. Der Betrieb dieses Prozesses beinhaltet die Zugabe des zu trennenden Gemisches in die Sumpfblase, die Startup-Phase, die Produktphase und das Abfahren des Prozesses. Meist schließt sich eine Reinigungsphase an. In der Startup-Phase wird die Kolonne oft mit vollständigem Rücklauf betrieben, um den Arbeitspunkt mit dem Betriebs-Holdup der Trennstufen und des Kondensa-

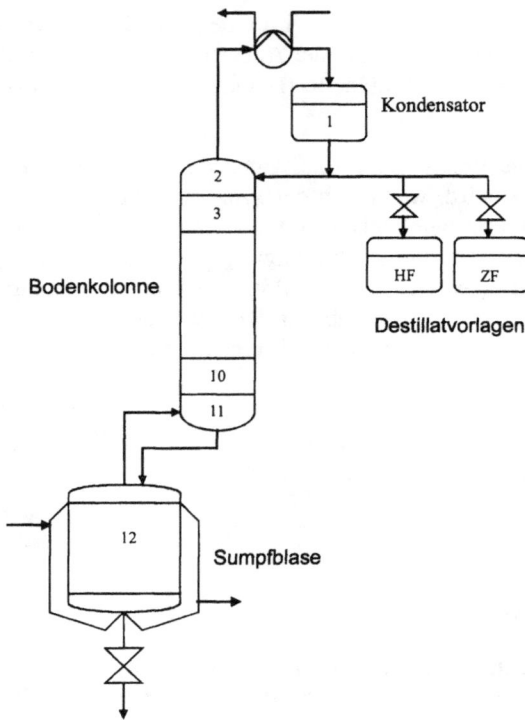

Abb. 2.6   *Ein konventioneller Batchdestillationsprozess*

tors zu erreichen. Zugleich wird für die Produktphase ein Zustand mit einer hohen Konzentration der leichtestsiedenden Komponente vorbereitet. Die in der Startup-Phase benötigte Zeit ist ein relativ kleiner Teil der gesamten Chargenzeit. Während der Produktphase ändert sich die Konzentration des Destillats und verschiedene Fraktionen werden in unterschiedlichen Destillatvorlagen gesammelt. Die Hauptfraktionen (HF) liefern die gewünschten Produkte, während die Zwischenfraktionen (ZF) gesammelt und der Sumpfblase in der nächsten Charge zugegeben werden.

Die Aufgabe des betrachteten Prozesses ist es, eine gegebene Menge des Gemisches mit der Anfangskonzentration in der Sumpfblase innerhalb einer Chargenzeit in die Komponenten mit vorgegebener Reinheit aufzutrennen. Der abgetrennte Leichtsieder wird als das erste Produkt als Hauptfraktion in der ersten Destillatvorlage aufgefangen. Der Schwersieder bleibt in der Sumpfblase als das zweite Produkt zurück. In der zweiten Destillatvorlage befindet sich die Zwischenfraktion mit einem geringen Anteil am Leichtsieder.

2.3.2   Deterministische Prozessoptimierung

Zunächst wird eine deterministische Optimierung durchgeführt, d.h. die Erwartungswerte der unsicheren Größen werden in die Problemformulierung eingesetzt. Die Optimierung liefert eine zulässige und optimale Führungsstrategie, die im nächsten Abschnitt als Basis der stochastischen Simulation dient. Als Ziel der Optimierungsaufgabe wird vorgegeben, dass die Führung des Prozesses innerhalb einer Charge durch ein optimales Rücklaufverhältniss einen maximalen Gewinn erreichen soll. Dabei müssen insbesondere die Spezifikationen der Produkte am Ende der Charge eingehalten werden. Am Anfang wird die Sumpfblase mit einem Gemisch (Konzentration: 0,5 mol/mol) gefüllt. Es wird angenommen, dass während des Betriebs der Dampfstrom in der Kolonne an der maximalen Belastungsgrenze konstant bleibt und dass die Gleichgewichtsbeziehung zwischen der Flüssigkeit und dem Dampf mit einer konstanten relativen Flüchtigkeit beschrieben werden kann. Im Folgenden wird das Optimierungsproblem zusammen mit den Modellgleichungen des Prozesses dargestellt. Die Zielfunktion lautet

$$\max \; \text{Profit}(R_V, t_f) = \frac{c_1 HU_{HF}(t_f) + c_2 HU_{12}(t_f)}{t_f} - c_3 \qquad (2.20)$$

als Gleichungsnebenbedingungen mit den Stoffbilanzen:

Totalkondensator:

$$\frac{dx_1}{dt} = \frac{V}{HU_1}(y_2 - x_1) \qquad (2.21)$$

Bodenstufe:

$$\frac{dx_j}{dt} = \frac{V}{HU_j}(y_{j+1} - y_j) + \frac{L}{HU_j}(x_{j-1} - x_j) \quad j = 2, \cdots, 11 \qquad (2.22)$$

Sumpfblase:

$$\frac{dx_{12}}{dt} = \frac{L}{HU_{12}}(x_{11} - x_{12}) + \frac{V}{HU_{12}}(x_{12} - y_{12}) \qquad (2.23)$$

Die totale Massenbilanz liefert:

$$\frac{dHU_{12}}{dt} = -\frac{V}{1 + R_V} \qquad (2.24)$$

Die Phasengleichgewichtsbeziehung für jede Stufe unter Annahme konstanter relativer Flüchtigkeit lautet:

$$y_j = \frac{\alpha x_j}{1 + (\alpha - 1)x_j}, \qquad j = 2, \cdots, 12 \qquad (2.25)$$

Als Ungleichungsnebenbedingung folgt aufgrund der Spezifikationen der zwei Produkte in den Destillatvorlagen für das Kopfprodukt:

$$x_{HF}^{SP} \le \frac{\int_0^{t_f} \frac{x_1 V}{1 + R_V} dt}{\int_0^{t_f} \frac{V}{1 + R_V} dt} \le 1.0 \qquad (2.26)$$

Für das Sumpfprodukt gilt:

$$x_{12}^{SP} \le x_{12}(t_f) \le 1 \tag{2.27}$$

In Tabelle 2.1 sind die benötigten Prozessdaten des Modells gegeben. In diesem Beispiel werden zwei Zufallsgrößen betrachtet: die Anfangskonzentration in der Sumpfblase mit dem Erwartungswert 0,5 mol/mol und die relative Flüchtigkeit mit dem Erwartungswert 1,5. Die Anfangsbedingungen des Gleichungssystems werden unter der Annahme, dass am Anfang die Kolonne mit dem totalen Rücklauf zu einem stationären Zustand in einer vernachlässigbaren Zeit gefahren wird, ermittelt.

Gl. (2.20) bis Gl. (2.27) formulieren ein dynamisches, nichtlineares deterministisches Optimierungsproblem. Zur Lösung des Problems wird zunächst das dynamische System mit dem Kollokationsverfahren diskretisiert. Dadurch ergibt sich ein hochdimensionales nichtlineares Optimierungsproblem, das mit der sequentiell quadratischen Programmierung (dem SQP-Verfahren) gelöst werden kann. Für die detaillierte Vorgehensweise des hier verwendeten Lösungsverfahrens siehe Li et al. (1998a; 1998b). Die Gesamtchargenzeit wird in 16 Zeitintervalle unterteilt. Die Optimierungsvariablen sind die Größe des Rücklaufverhältnisses in jedem Zeitintervall und die Länge jedes Zeitintervalls.

Tab. 2.1   *Prozessdaten und Produktspezifikationen*

Kondensator:	Holdup (HU_1)	5 mol
Bodenkolonne:	Holdup einer Stufe (HU_j)	1 mol
Sumpfblase:	Start-Holdup ($HU_{12}(0)$)	100 mol
	Anfangskonzentration $x_{12}(0)$	0,5 mol/mol
Dampfstrom (V):		120 mol/h
Relative Flüchtigkeit (α):		1,5
Produktspezifikationen		
Destillatvorlage 1:	x_{HF}^{SP}	0,95 mol/mol
Sumpfblase:	x_{12}^{SP}	0,05 mol/mol
Preisfaktoren		
c_1, c_2, c_3		60, 15, 150

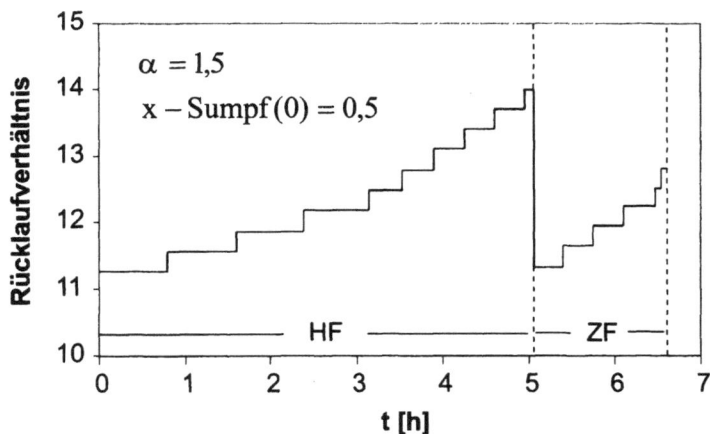

Abb. 2.7   *Optimale Strategie des Rücklaufverhältnisses*

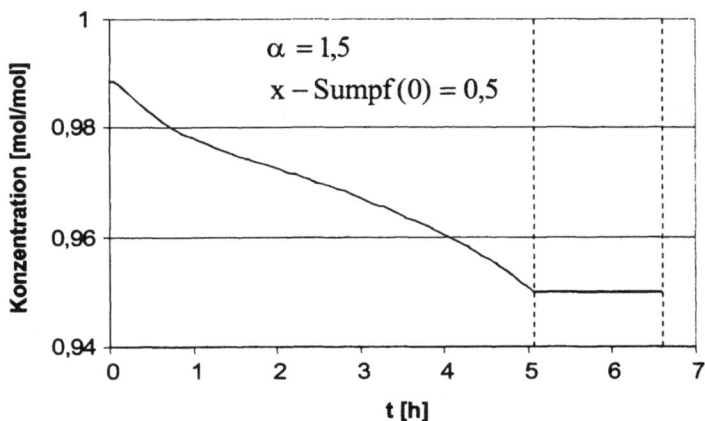

Abb. 2.8   *Optimaler Verlauf der Konzentration der Hauptfraktion*

Das Ergebnis der deterministischen Optimierung (d.h. die Erwartungswerte der beiden Zu-fallsgrößen werden bei der Optimierung eingesetzt) ist in Abb. 2.7 bis Abb. 2.9 dargestellt. Aus Abb. 2.7 ist zu sehen, dass vor dem Umschalten von der Hauptfraktion zu der Zwischen-fraktion das Rücklaufverhältnis allmählich ansteigen muss, um eine hohe Konzentration der Leichtkomponente am Kopf der Kolonne zu erzielen. Nach dem Umschalten muss das Rück-laufverhältnis verkleinert werden, um die Produktspezifikation in der Sumpfblase schnell zu erreichen. Abb. 2.8 und Abb. 2.9 zeigen die entsprechenden Verläufe der Kopf- und Sumpf-konzentration. Es ist hier zu beachten, dass nach der Optimierung die Produktspezifikationen am Ende der Charge exakt erfüllt werden.

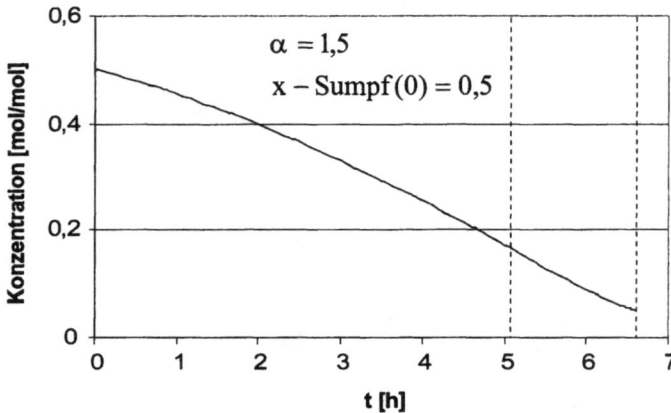

Abb. 2.9   *Optimaler Verlauf der Konzentration des Sumpfprodukts*

2.3.3   Stochastische Simulation des Prozesses

Bei der deterministischen Optimierung wurde angenommen, dass alle Größen, d.h. die Randbedingungen und die Modellparameter, feste (sog. deterministische) Werte besitzen. Sie verändern sich jedoch in der Realität, d.h. die Werte dieser Größen sind eigentlich unsicher. Beispielsweise ändert sich die Anfangskonzentration von Charge zu Charge, da die Einsatzstoffe aus anderen Anlagen kommen. Als Folge unterschiedlicher Zusammensetzungen in der Kolonne wird sich die mittlere relative Flüchtigkeit während des Betriebs ebenfalls verändern. Es handelt sich also um unsichere Größen. Diese Unsicherheiten sind in der Simulation und Optimierung zu betrachten. Es stellt sich z.B. die Frage, wie hoch die Zuverlässigkeit der Einhaltung der Produktspezifikationen ist, also mit welcher Wahrscheinlichkeit $x_{HF}(t_f) \geq 0,95$, $x_{12}(t_f) \leq 0,05$ eingehalten werden kann, wenn die in Abschnitt 2.3.2 ermittelte optimale Führungsstrategie implementiert wird. Diese Frage kann durch stochastische Simulation beantwortet werden. Hierzu werden die relative Flüchtigkeit (α) und die Anfangskonzentration des Gemisches in der Sumpfblase (x-Sumpf(0)) als unsichere Parameter betrachtet. Nach dem in Abb. 2.5 dargestellten Schema erfolgt die stochastische Simulation bei optimaler Rücklaufverhältnisstrategie und mit 1000 Zufallswerten von α und x-Sumpf(0), die durch die in Abschnitt 2.2 vorgestellte Methode generiert werden. Es wird hier angenommen, dass die beiden Zufallsgrößen einer Normalverteilung unterliegen. Abb. 2.10 zeigt die stochastische Verteilung zweier Zufallsvariablen mit den Erwartungswerten 1,5 und 0,5 sowie der Standardabweichung 5% bzw. 10% für die relative Flüchtigkeit und die Anfangskonzentration.

Nach der stochastischen Simulation können die berechneten 1000 Werte der Produktkonzentrationen ausgewertet werden. Abb. 2.11 und Abb. 2.12 zeigen die stochastischen Verteilungen der Kopf- und Sumpfproduktkonzentrationen, die sich durch die unsichere relative Flüchtigkeit bzw. die unsichere Anfangskonzentration ergeben. Es ist deutlich zu sehen, dass unter den Unsicherheiten die zu erreichenden Produktkonzentrationen in der Destillatsvorlage und in der Sumpfblase um die Produktspezifikationen (0,95 und 0,05 mol/mol) schwan-

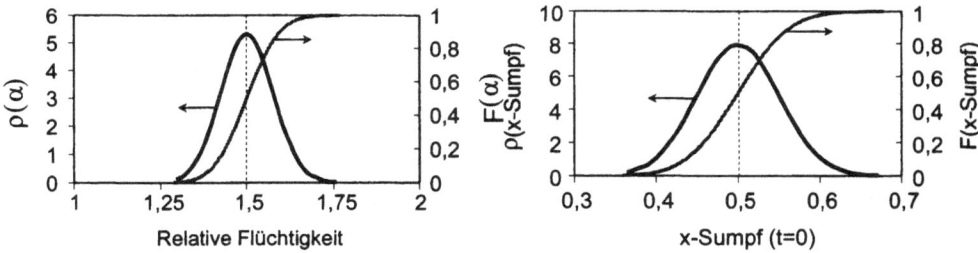

Abb. 2.10   Stochastische Verteilung zweier Zufallsvariablen

ken werden. Das heißt, die Produktspezifikation wird mit einer sehr hohen Wahrscheinlich-keit (ca. 50%) verletzt, wenn die in Abb. 2.7 dargestellte optimale Strategie des Rücklauf-verhältnisses angewendet wird. Das bedeutet, dass das Ergebnis der deterministischen Opti-mierung, wenn die unsicheren Größen einfach durch die Erwartungswerte ersetzt werden, eine viel zu geringe Zuverlässigkeit hat. Also ist in diesem Fall das Ergebnis der determinis-tischen Optimierung keine für praktische Anwendungen nutzbare Strategie.

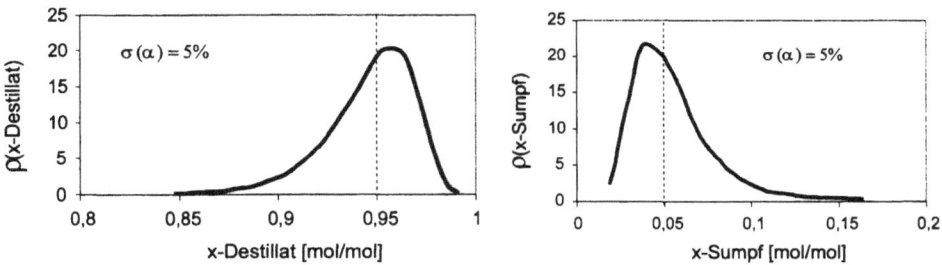

Abb. 2.11   Stochastische Verteilung der Produktkonzentrationen mit unsicherer relativer Flüchtigkeit

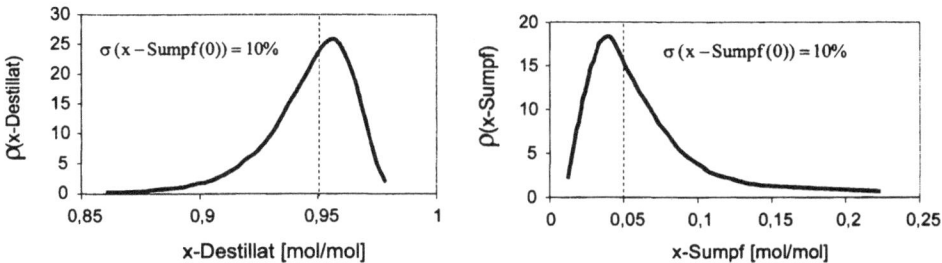

Abb. 2.12   Stochastische Verteilung der Produktkonzentrationen mit unsicherer Anfangskonzentration

Darüber hinaus ist aus Abb. 2.12 deutlich zu erkennen, dass durch die nichtlineare Übertra-gung die stochastische Verteilung der Produktkonzentrationen (d.h. die Ausgangsgrößen) stark von der Normalverteilung abweicht, obwohl diese für die unsicheren Eingangsgrößen vorgegeben wurden. Dies liegt daran, dass es sich um einen nichtlinearen Prozess handelt. Es ist daher schwierig, die Verteilung der Ausgangsgrößen mit einer Standarddichtefunktion darzustellen.

Wenn die Unsicherheiten der Eingangsgrößen deutlich geringer sind, wird sich der Prozess aufgrund der kleineren Änderungen jedoch linear verhalten. In dieser Situation nähert sich die Verteilung der Ausgangsgrößen an die der Eingangsgrößen an. Dies kann mit dem folgenden Ergebnis verdeutlicht werden. Mit einer Unsicherheit bei einer 1%-Standardabweichung der relativen Flüchtigkeit, wie in Abb. 2.13 dargestellt, ergeben sich die in Abb. 2.14 gezeigten Verteilungen der Produktkonzentrationen. Sie stellen fast eine Normalverteilung dar.

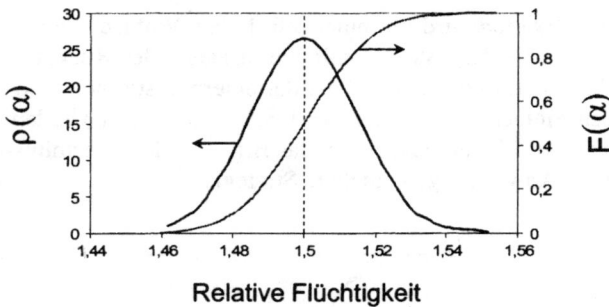

Abb. 2.13   *Stochastische Verteilung der relativen Flüchtigkeit mit einer 1%-Standardabweichung*

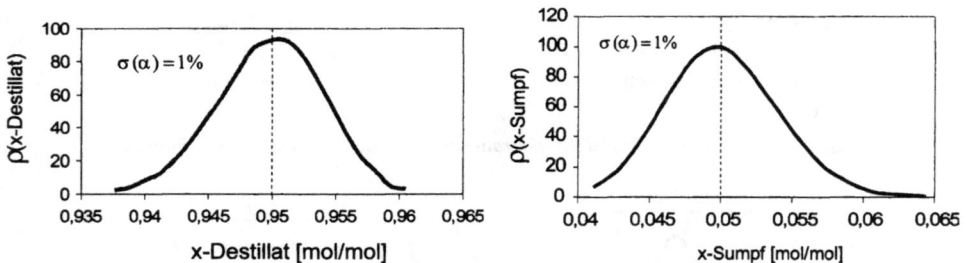

Abb. 2.14   *Stochastische Verteilung der Produktkonzentrationen mit unsicherer relativer Flüchtigkeit*

2.3.4   Nutzung der Grenzwerte zur Optimierung

Eine weitere Maßnahme zur Behandlung der Unsicherheiten bei der deterministischen Optimierung ist die Nutzung der Grenzwerte der unsicheren Größen in der Problemformulierung. Diese Vorgehensweise bezeichnet man als „Worst-Case-Analyse". Sie wird häufig in der Praxis verwendet, um unter den Unsicherheiten eine hohe Zuverlässigkeit zu erlangen. Es wird durch die Optimierung eine Entscheidung bzw. eine Führungsstrategie ermittelt, die aufgrund der Betrachtung des schlimmsten Falls zu einem niedrigen Gewinn oder hohen Kosten führt. Daher nennt man diese Vorgehensweise auch konservative Strategie.

Im Beispiel der Batchkolonne stellt die untere Grenze der unsicheren relativen Flüchtigkeit den ungünstigsten Fall in Bezug auf die Einhaltung der Produktspezifikationen dar. Je kleiner die relative Flüchtigkeit ist, umso niedriger ist die Trennwirkung in der Destillationskolonne und desto schlechter werden die Produkte sein. Wird z.B. $\alpha = 1,39$ als untere Grenze in das deterministische Optimierungsproblem eingesetzt, erhält man eine Strategie des Rücklaufverhältnisses, wie sie in Abb. 2.15 gezeigt ist. Vergleicht man dieses Ergebnis mit der in Abb. 2.7 gezeigten Rücklaufverhältnisstrategie, ist zu erkennen, dass beim Fall $\alpha = 1,39$ aufgrund der schlechten Trennwirkung die Phase für die Hauptfraktion deutlich verkürzt werden muss. Die Phase für die Zwischenfraktion hingegen muss wesentlich verlängert werden, um die Spezifikation des Sumpfprodukts erfüllen zu können. Verwendet man die in Abb. 2.15 dargestellte konservative Strategie für die Prozessführung, werden mit Sicherheit die Produktspezifikationen eingehalten, weil in der Realität die relative Flüchtigkeit $\alpha \geq 1,39$ sein wird.

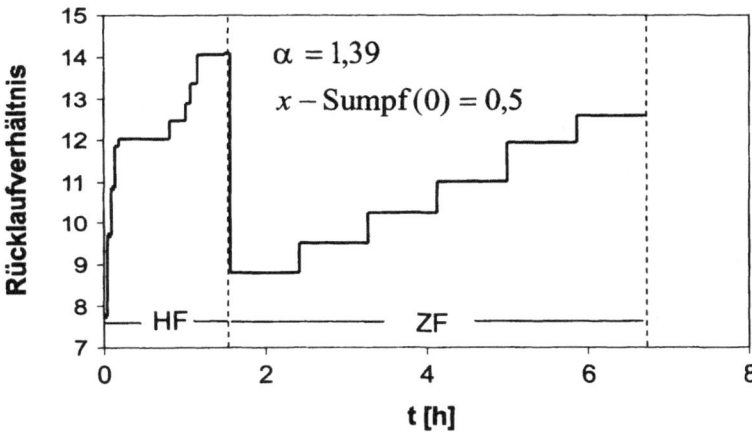

Abb. 2.15   *Optimale Strategie des Rücklaufverhältnisses bei Einsatz der unteren Grenze der relativen Flüchtigkeit*

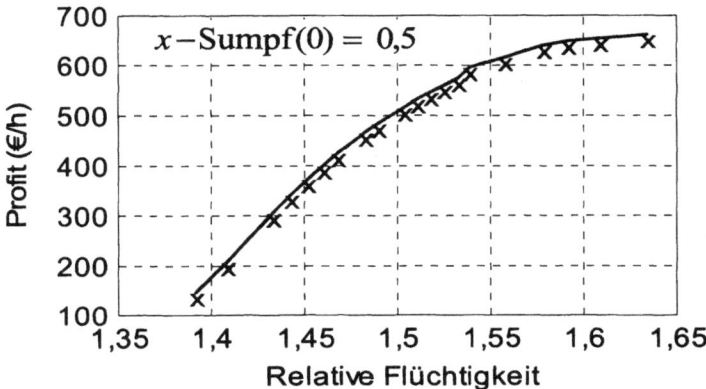

Abb. 2.16   *Profil des Profits im Bereich der unsicheren relativen Flüchtigkeit*

Auf der anderen Seite führt diese Führungsstrategie zu einem niedrigen Gewinn, denn man erhält dadurch deutlich kleinere Mengen der gewünschten Produkte. Wenn in der Realität immer $\alpha > 1{,}39$ gilt, werden die Produkteinheiten größer als die Spezifikationen sein. Die Preise der Produkte sind allerdings unverändert. Zum Testen wurde im Bereich von $1{,}39 \leq \alpha \leq 1{,}64$ mit 20 ausgewählten Werten jeweils das entsprechende Optimierungsproblem gelöst. Abb. 2.16 zeigt die Abhängigkeit des maximalen Gewinns von der relativen Flüchtigkeit. Der Gewinn an der oberen Grenze ($\alpha = 1{,}64$) ist um ein Vierfaches höher als der Gewinn an der unteren Grenze ($\alpha = 1{,}39$). Der Verlust bei kleiner relativer Flüchtigkeit ist wesentlich größer. Daher stellt die in Abb. 2.15 gezeigte Strategie eine konservative Führungsstrategie dar.

2.4   Optimierung unter Unsicherheiten

2.4.1   Bisherige Lösungsansätze in der Industrie

In den vorangegangenen Abschnitten wurden unsichere Eingangsvariablen charakterisiert und deren Wirkungen auf Ausgangsvariablen analysiert. Aufgrund der unsicheren Eingangsvariablen sind also die Ausgangsvariablen ebenfalls unsicher. Durch die stochastische Simulation kann man die stochastische Verteilung der Ausgangsvariablen erkennen. Bei der Simulation werden die Steuergrößen, die als Freiheitsgrad des Prozesses bezeichnet werden, mit fixen Werten vorgegeben. Für eine optimale Auslegung oder einen optimalen Betrieb sind die Steuergrößen zu optimieren. Dabei müssen die Zufallsvariablen berücksichtigt werden. Ein allgemeines Optimierungsproblem unter Unsicherheiten kann wie folgt beschrieben werden:

$$\min\ f(\mathbf{x}, \mathbf{u}, \boldsymbol{\xi})$$
$$\text{mit}\ \ \mathbf{g}(\dot{\mathbf{x}}, \mathbf{x}, \mathbf{u}, \boldsymbol{\xi}) = \mathbf{0} \qquad\qquad (2.28)$$
$$\mathbf{h}(\dot{\mathbf{x}}, \mathbf{x}, \mathbf{u}, \boldsymbol{\xi}) \geq \mathbf{0}$$

wobei f, $\mathbf{g}$ und $\mathbf{h}$ die Zielfunktion, Vektoren von Gleichungs- und Ungleichungsnebenbedingungen darstellen. $\mathbf{x}, \mathbf{u}, \boldsymbol{\xi}$ sind die Vektoren von Zustands-, Steuer- bzw. Zufallsvariablen. Die Zustandsvariablen (Ausgangsvariablen) sind abhängig von den Steuer- und Zufallsvariablen (Eingangsvariablen). Üblicherweise schreibt man hier „min", also die Minimierung der Zielfunktion. Eine Maximierung kann selbstverständlich ebenfalls durchgeführt werden. Im Fall der stationären Optimierung sind die zeitlichen Veränderungen in Gl. (2.28) $\dot{\mathbf{x}} = \mathbf{0}$. Im Fall der linearen Optimierung repräsentieren f, $\mathbf{g}$, $\mathbf{h}$ lineare Funktionen. Man bezeichnet Gl. (2.28) als stochastisches Optimierungsproblem. Wegen der Zufallsvariablen (d.h. man hat keinen konkreten Wert für diese Variablen) ist dieses Problem nicht unmittelbar lösbar.

Die einfachste und am häufigsten verwendete Maßnahme zur Lösung dieses stochastischen Optimierungsproblems ist, die Zufallsvariablen in Gl. (2.28) durch die Erwartungswerte zu ersetzen, d.h. die Variation der unsicheren Variablen wird nicht betrachtet. Man nennt dies *Base-Case-Analyse*. Dadurch wird das Problem determiniert und kann mit einem deterministischen Lösungsverfahren gelöst werden. Ohne die Berücksichtigung der Variation der unsicheren Größen wird der mit diesem Ansatz erzielte Gewinn größer. Wie bereits am Beispiel der Batchkolonne gezeigt wurde, werden die Prozessrestriktionen durch die so ermittelte Produktionsstrategie jedoch sehr wahrscheinlich verletzt. Das hat zur Folge, dass beim Betrieb entweder der Prozess abgefahren werden muss oder starke Veränderungen vorgenommen werden müssen. Deshalb kann diese Lösung als eine „aggressive" Produktionsstrategie bezeichnet werden.

Im Gegensatz dazu ist ein anderer häufig in der Industrie benutzter Ansatz die *Worst-Case-Analyse*, d.h. die Grenzwerte, also die schlimmsten Fälle der unsicheren Größen, werden in Gl. (2.28) berücksichtigt. Besonders in Fragestellungen, bei denen die Prozessdaten nicht vorhanden sind, benutzt man Intervalle, um die unsicheren Größen zu beschreiben. Zum Beispiel bleibt in der Phase der Auslegung einer Anlage die stochastische Verteilung der Feedbedingungen unbekannt. Hier wird verlangt, dass die Prozessrestriktionen unter allen Umständen, also für *alle* denkbaren, im Voraus jedoch nicht bekannten Realisierungen der unsicheren Größen, eingehalten werden. Offensichtlich führt diese Vorgehensweise zu einer konservativen Entscheidung bzw. Produktionsstrategie. Mit dieser konservativen Strategie werden die Prozessrestriktionen zwar sehr sicher eingehalten, es verringert sich aber auch der Produktionsgewinn stark.

Die Wirkung der beiden Strategien kann mit Abb. 2.17 anschaulich dargestellt werden. Eine aggressive Strategie führt einerseits zu einem hohen Erwartungswert für den Gewinn und anderseits zu einem gewissen Risiko, die Prozessrestriktionen zu verletzen. Eine konservative Strategie hat eine umgekehrte Wirkung. Unter Berücksichtigung der Nachteile der Base-Case-Analyse und der Worst-Case-Analyse werden in der Industrie mehrere Szenarios der unsicheren Größen studiert, um unter den Unsicherheiten eine sowohl robuste als auch profitable Strategie zu ermitteln. Hierzu werden Stichproben durch einen Zufallzahlengenerator für die unsicheren Größen erzeugt und als Eingangsgrößen für die Simulation oder Optimierung eingesetzt (Diwekar & Kalagnanam, 1997; Xin & Whiting, 2000). Durch die Auswertung der Szenarien (Werte des Gewinns und der beschränkten Größen) erkennt man die Wirkung der unsicheren Größen und kann somit einen Kompromiss zwischen der aggressiven und der konservativen Strategie eingehen. Diese Methode heißt *Szenario-Analyse*, d.h. sie betrachtet und analysiert nicht alle, sondern nur einige Fälle der unsichern Größen.

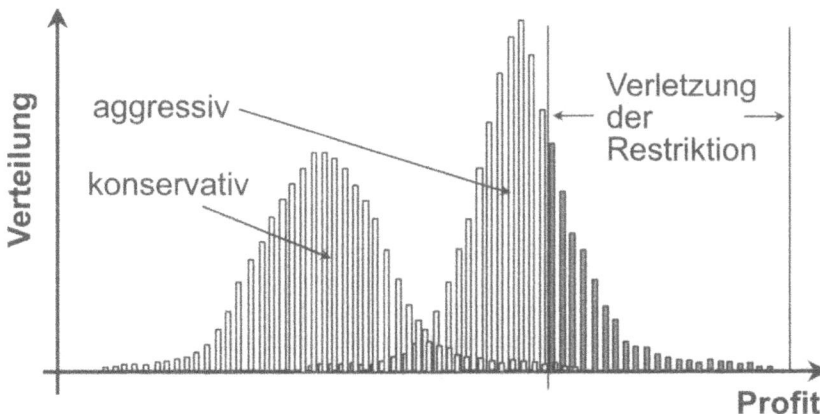

Abb. 2.17 Wirkung der aggressiven und der konservativen Strategie

Zusammenfassend sind die bisherigen, in der Industrie eingesetzten Maßnahmen für Optimierungsaufgaben unter Unsicherheiten nicht zufrieden stellend. Daher wird eine systematische Untersuchung zur Entwicklung einer Lösungsmethodik für die Prozessoptimierung unter Unsicherheiten benötigt.

2.4.2   Optimierung unter Wahrscheinlichkeitsrestriktionen

Die Optimierung unter Unsicherheiten mit einer mathematischen Lösungsmethode wird seit Jahren untersucht (siehe Abschnitt 1.3). Fast alle der stochastischen Optimierungsansätze basieren auf der Methode der Zwei-Stufen-Programmierung, in der die Verletzungen der Ungleichungsnebenbedingungen (Prozessrestriktionen) durch Einsatz von Straftermen in die Zielfunktion formuliert werden. Der Nachteil dieser Methode ist, dass die Straffunktion, mit der die mögliche Verletzung der in der Prozessführung einzuhaltenden Restriktionen beschrieben wird, bekannt sein muss. Diese Straffunktion ist jedoch in der Praxis selten vorhanden. Zum Beispiel ist es sehr schwer, den Schaden in Kosten zu beziffern, wenn etwa die Sicherheitsbedingungen nicht eingehalten werden. Denn normalerweise müssen dann die betroffenen Anlagen abgeschaltet werden, so dass in dieser Situation die Verletzung der Restriktionen nicht durch Kosten kompensiert werden kann.

In solchen Fällen ist die stochastische Programmierung unter Wahrscheinlichkeitsrestriktionen (Kall & Wallace, 1994; Prékopa, 1995; Birge & Louveaux, 1997) ein geeignetes Lösungsverfahren. Das Besondere dieser Methode ist, dass die Lösung sicherstellen kann, dass Ungleichungsnebenbedingungen mit einem vorgegebenen Wahrscheinlichkeitsniveau eingehalten werden. In einigen Industriebranchen ist dieses stochastische Optimierungsverfahren bereits mehrfach angewendet worden(Uryasev, 2000). In der chemischen Industrie wurden allerdings bisher nur selten Anwendungen realisiert (Schwarm & Nikolaou, 1999; Henrion et al., 2001). Der Grund dafür liegt in der Komplexität der mathematischen Behandlung bzw. der numerischen Berechnung zur Lösung des Optimierungsproblems.

Wie vorher erwähnt, kann das mit Gl. (2.28) dargestellte Optimierungsproblem aufgrund der Zufallsvariablen ξ mit den vorhandenen deterministischen Optimierungsverfahren nicht direkt gelöst werden. Spezielle mathematischen Berechnungen bzw. Transformationen werden benötigt, um zunächst das Problem Gl. (2.28) zu einem äquivalenten, deterministischen Problem umzuformen. Diesen Schritt nennt man die „Relaxation" des Problems. Das relaxierte Problem kann dann mit einem vorhandenen Optimierungsverfahren gelöst werden. Zur Relaxation einer Zielfunktion, die die unsicheren Größen beeinflusst, wird häufig die folgende Umformung benutzt (Torvi and Herzberg, 1997; Acevedo et al., 1998):

$$\min \ E\big[f(\mathbf{x},\mathbf{u},\xi)\big]+\omega \ D\big[f(\mathbf{x},\mathbf{u},\xi)\big] \qquad (2.29)$$

Hierbei sind E und D die Operatoren für den Erwartungswert und die Varianz. ω ist ein Gewichtungsfaktor, der den Einfluss der Varianz gegenüber dem Erwartungswert steuert. In dieser Formulierung sollen sowohl der Erwartungswert als auch die Varianz der Zielfunktion minimiert (bzw. maximiert) werden. Im Sinne der Relaxation kann man sagen, dass durch Gl. (2.29) die Zielfunktion determiniert wird. Es ist zu beachten, dass die Formulierung von Gl. (2.29) auch benötigt wird, wenn nur Zustandsvariablen explizit in der Zielfunktion auftauchen, denn die Zustandsvariablen $\mathbf{x}$ hängen von den Zufallsvariablen ξ ab. Wenn aber die Zielfunktion nur eine Funktion der Steuervariablen ist, also $f(\boldsymbol{u})$, dann gilt $E[f(\mathbf{u})] = f(\mathbf{u})$ und $D[f(\mathbf{u})] = 0$. In diesem Fall braucht daher die Zielfunktion nicht umgeformt zu werden.

Die Gleichungsnebenbedingungen in Gl. (2.28) sind die Modellgleichungen des betrachteten Prozesses. Sie beschreiben die physikalischen Beziehungen des Prozesses und sind daher immer zu erfüllen. Sie müssen also stimmen, egal bei welcher Realisierung der Zufallsvariablen. Eigentlich ist die Wirkung der Modellgleichungen, bei bestimmten Steuervariablen $\mathbf{u}$, die Projizierung des Bereiches der Zufallsvariablen ξ auf einen Bereich der Ausgangsvariablen $\mathbf{x}$ (siehe Abb. 2.5). Diese Projizierung erfolgt durch eine stochastische Simulation. Bei der Simulation werden die Gleichungen erfüllt. Das bedeutet, dass durch den Schritt der stochastischen Simulation die Gleichungsnebenbedingungen „eliminiert" werden können. Es ist also dann nicht nötig, die Gleichungsnebenbedingungen explizit in der Problemformulierung zu betrachten.

Zur Behandlung der Ungleichungsnebenbedingungen in Gl. (2.28), d.h. zur Einhaltung der Prozessrestriktionen unter Unsicherheiten, existieren im Wesentlichen zwei Methoden. Zum einen die Kompensation, bei der Verletzungen der Ungleichungsnebenbedingungen erlaubt sind und durch Einführung eines Strafterms in der Zielfunktion kompensiert werden. Die Anwendungsmöglichkeiten dieser Methode sind in vielen praktischen Prozessen jedoch beschränkt, da eine geeignete mathematische Beschreibung der Kompensation fehlt. Zum anderen wendet man die Wahrscheinlichkeitsrestriktion an. Dabei wird eine vorgegebene bzw. gewünschte Wahrscheinlichkeit zur Einhaltung der Ungleichungsnebenbedingungen garantiert, nämlich

$$\Pr\{\mathbf{h}(\dot{\mathbf{x}}, \mathbf{x}, \mathbf{u}, \xi) \geq \mathbf{0}\} \geq \alpha \qquad (2.30)$$

wobei der Wert $\alpha \in (0, 1)$ vordefiniert wird. Ein größerer Wert von α bedeutet eine hohe Zuverlässigkeit zur Erfüllung der Ungleichungsnebenbedingungen. Pr ist der Operator zur Wahrscheinlichkeitsberechnung. Da $\mathbf{h}$ ein Vektor ist, bedeutet Gl. (2.30) die Einhaltung aller Ungleichungsnebenbedingungen *simultan* mit der Wahrscheinlichkeit α. Eine andere Darstellungsform der Wahrscheinlichkeitsrestriktion ist die Betrachtung der Wahrscheinlichkeit, dass einzelne bzw. separate Ungleichungsnebenbedingungen eingehalten werden. In diesem Fall existieren mehrere Wahrscheinlichkeitsrestriktionen. Es kann sein, dass sie mit unterschiedlichem Wahrscheinlichkeitsniveau einzuhalten sind, also

$$\Pr\{h_i(\dot{\mathbf{x}}, \mathbf{x}, \mathbf{u}, \xi) \geq 0\} \geq \alpha_i, \qquad i = 1, 2, \cdots \qquad (2.31)$$

Das stochastische Optimierungsproblem ist nun relaxiert: die Relaxation der Zielfunktion mit Gl. (2.29), die Elimination der Gleichungsnebenbedingungen mit einer stochastischen Simulation und die Umformung der Ungleichungsnebenbedingungen entweder mit Gl. (2.30) oder mit Gl. (2.31). Das Problem Gl. (2.28) wird determiniert und hat die folgende Form:

$$\min \ E[f(\mathbf{x}, \mathbf{u}, \xi)] + \omega \ D[f(\mathbf{x}, \mathbf{u}, \xi)]$$

$$\text{mit} \qquad \Pr\{\mathbf{h}(\dot{\mathbf{x}}, \mathbf{x}, \mathbf{u}, \xi) \geq \mathbf{0}\} \geq \alpha \qquad (2.32)$$

$$\text{oder} \qquad \Pr\{h_i(\dot{\mathbf{x}}, \mathbf{x}, \mathbf{u}, \xi) \geq 0\} \geq \alpha_i, \qquad i = 1, 2, \cdots$$

Dies ist das Optimierungsproblem unter Wahrscheinlichkeitsrestriktionen. Die Auswahl zwischen simultanen und separaten Nebenbedingungen hängt vom Kontext ab. Es scheint auf den ersten Blick einfacher, Gl. (2.30) zu behandeln, da hier im Gegensatz zu Gl. (2.31) nur eine einzige Ungleichung auftritt. Im Allgemeinen ist jedoch Gl. (2.31) sehr viel einfacher zu behandeln, weil hier die Verteilung von den unsicheren Größen in erheblich elementarerer Weise in die Auswertung der Wahrscheinlichkeiten eingeht als bei der Ungleichung Gl. (2.30) (Henrion, 2002). Der Unterschied der Wirkungen zwischen den beiden Formulierungen wird in den nachfolgenden Kapiteln erläutet.

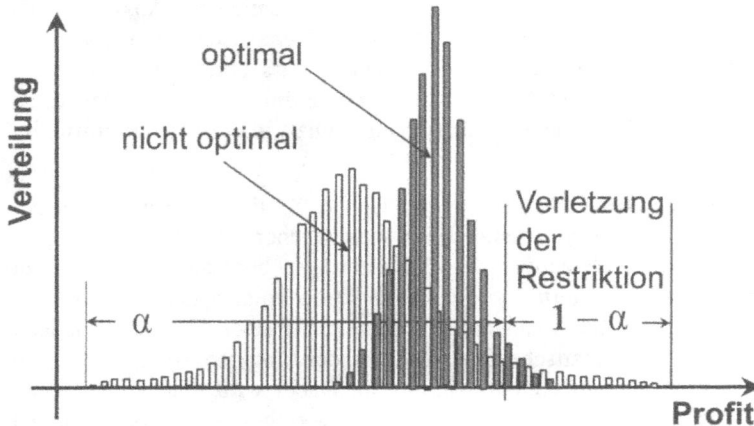

Abb. 2.18   *Wirkung der optimalen und der nicht optimalen Strategie*

Die Bedeutung der Lösung des Optimierungsproblems Gl. (2.32) kann mit Abb. 2.18 dargestellt werden. Die dadurch ermittelte optimale Führungsstrategie wird die Prozessrestriktionen mit dem gewünschten Wahrscheinlichkeitsniveau (α) einhalten. Zugleich wird die relaxierte Zielfunktion optimiert (im gezeigten Fall wird beispielsweise der erwartete Gewinn bei der zukünftigen Produktion maximiert). Es ist hier zu beachten, dass nur die Einhaltung des Wahrscheinlichkeitsniveaus nicht unbedingt optimal ist. Die Lösung des Optimierungsproblems Gl. (2.32) liefert also eine sowohl zuverlässige als auch optimale Strategie, d.h. sie wird weder konservativ noch aggressiv sein.

Auf die Lösungsverfahren dieses Problems für lineare und nichtlineare Prozesse wird in den nachfolgenden Kapiteln eingegangen.

3 Lineare Prozessoptimierung unter Unsicherheiten

3.1 Separate und simultane Wahrscheinlichkeitsrestriktionen

In diesem Kapitel werden lineare stochastische Optimierungsprobleme unter Wahrscheinlichkeitsrestriktionen betrachtet. Zunächst wird der einfache Fall, und zwar das lineare Problem mit einzelnen bzw. *separaten* Wahrscheinlichkeitsrestriktionen (single probability constraints) untersucht. Das Optimierungsproblem ist also wie folgt formuliert:

$$\min \ f(\mathbf{x}) = \mathbf{c}^T \mathbf{x}$$
$$\text{mit} \ \Pr\left\{ \mathbf{a}_i^T \mathbf{x} + b_i \geq \xi_i \right\} \geq \alpha_i, \qquad i = 1, \cdots, m \tag{3.1}$$

wobei $\mathbf{x}$ ein Vektor mit n zu suchenden Entscheidungsvariablen ist. $\mathbf{c}$, $\mathbf{a}_i$ sind bekannte Vektoren und b_i, α_i bekannte Konstanten. α_i ist das vordefinierte Wahrscheinlichkeitsniveau mit $\alpha_i \in (0, 1)$. Definiert man $z_i = \mathbf{a}_i^T \mathbf{x} + b_i$, werden die Ungleichungsnebenbedingungen in Gl. (3.1) zu

$$\Pr\left\{ \xi_i \leq z_i \right\} \geq \alpha_i, \qquad i = 1, \cdots, m \tag{3.2}$$

umgeformt. Sind die Zufallsvariablen normalverteilt, d.h. $\xi_i \sim N(\mu_i, \sigma_i^2)$, ergibt sich

$$\Phi(z_i) = \Pr\left(\frac{\xi_i - \mu_i}{\sigma_i} \leq \frac{z_i - \mu_i}{\sigma_i} \right) \geq \alpha_i \tag{3.3}$$

wobei Φ die Wahrscheinlichkeitsfunktion der Standardnormalverteilung einer Zufallsgröße ist, deren Wert mit Standardroutinen, die in kommerzieller Software meist enthalten sind, ermittelt werden kann. Umgekehrt lässt sich ebenfalls bei einem vorgegebenen Wahrscheinlichkeitsniveau α_i die entsprechende Integrationsgrenze $\frac{z_i - \mu_i}{\sigma_i} = \Phi^{-1}(\alpha_i)$ berechnen. Da die Wahrscheinlichkeitsfunktion eine monotone Funktion aufweist, folgt aus Gl. (3.3) für jede der Wahrscheinlichkeitsrestriktionen die folgende äquivalente Form:

$$z_i - \mu_i - \sigma_i \Phi^{-1}(\alpha_i) \geq 0 \tag{3.4}$$

Gl. (3.4) stellt eine deterministische lineare Ungleichung dar. Das mit Gl. (3.1) dargestellte stochastische Optimierungsproblem ist nun zu einem deterministischen linearen Programmierungsproblem umgeformt. Dieses Problem kann daher unmittelbar mit einem vorhandenen Verfahren zur linearen Optimierung wie z.B. dem Simplex-Verfahren gelöst werden. Es ist hierbei zu beachten, dass in diesem Fall die Wirkung der Korrelation zwischen den Zufallsvariablen nicht berücksichtigt werden kann.

Die Lösung von linearen Optimierungsproblemen mit separaten Wahrscheinlichkeitsrestriktionen ist also unproblematisch. Komplizierter wird der für die Prozessoptimierung relevantere Fall der *simultanen* Wahrscheinlichkeitsrestriktion (joint probability constraints). Solche Optimierungsprobleme lassen sich wie folgt beschreiben:

$$\min \ f(\mathbf{x}) = \mathbf{c}^T\mathbf{x}$$
$$\text{mit} \ \Pr\left\{ \mathbf{a}_i^T\mathbf{x} + b_i \geq \xi_i, \ i = 1,\cdots,m \right\} \geq \alpha \tag{3.5}$$

In Gl. (3.5) gibt es nur eine Ungleichungsnebenbedingung, d.h. alle Ungleichungen sollen mit dem Wahrscheinlichkeitsniveau α simultan eingehalten werden. Die Zufallsgrößen in dieser Ungleichungsnebenbedingung können durch die Umformung

$$z_i = \frac{\mathbf{a}_i^T\mathbf{x} + b_i - \mu_i}{\sigma_i} \geq \frac{\xi_i - \mu_i}{\sigma_i} = \xi_{s,i}, \qquad i = 1,\cdots,m \tag{3.6}$$

standardisiert werden. Daher entspricht die Ungleichungsnebenbedingung in Gl. (3.5) der Form

$$\Phi(z_1,\cdots,z_m) = \Pr\left\{ \xi_{s,i} \leq z_i, \ i = 1,\cdots,m \right\} \geq \alpha \tag{3.7}$$

Der Unterschied zwischen den separaten (Gl. (3.2)) und den simultanen (Gl. (3.7)) Wahrscheinlichkeitsrestriktionen lässt sich etwa anhand Abb. 3.1 erläutern. Hierbei werden zwei

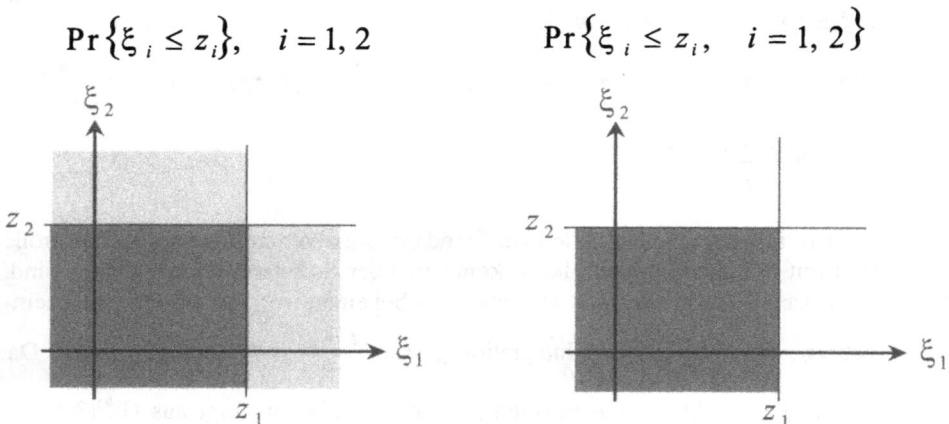

Abb. 3.1 *Zulässige Bereiche der separaten und simultanen Wahrscheinlichkeitsrestriktion*

Zufallsgrößen betrachtet. Die grauen Bereiche stellen die zulässigen Bereiche der separaten Wahrscheinlichkeitsrestriktionen, die schwarzen die der simultanen Wahrscheinlichkeitsrestrektion dar. Dadurch, dass bei der simultanen Formulierung die Wahrscheinlichkeit zur Einhaltung *aller* Restriktionen betrachtet wird, ist die Restriktion in dieser Formulierung strenger als in der Formulierung der separaten Wahrscheinlichkeitsrestriktionen. In der Praxis ist eine simultane Wahrscheinlichkeit erwünscht, denn man kann dadurch das Zuverlässigkeitsniveau zur Erfüllung aller Restriktionen gleichzeitig garantieren. Außerdem ist aus Gl. (3.7) zu sehen, dass sich die Wirkung der Korrelation zwischen den Zufallsvariablen mit der simultanen Formulierung berücksichtigen lässt.

Optimale Betriebsplanung eines Prozesses mit unsicheren Feedströmen
Zur Erläuterung der Problemformulierung und der Bedeutung der Lösung von linearen Optimierungsproblemen unter Wahrscheinlichkeitsrestriktionen wird hier ein konkretes Beispiel gegeben. Bei einem Betrieb werden zwei Produkte P_1, P_2 durch die Umsetzung von drei Rohstoffen R_1, R_2, R_3 hergestellt. Das Prozessschema ist in Abb. 3.2 dargestellt, wo die Betriebsrandbedingungen angegeben sind. Die für die Produktion zur Verfügung stehenden Rohstoffmengen sind begrenzt. Die Verhältnisse zwischen den Produktmengen und den dafür benötigten Rohstoffmengen sind bekannt. Zum Beispiel werden zur Produktion je Kilogramm P_1 ein Kilogramm von R_1 und zwei Kilogramm von R_2 benötigt. Außerdem kennt man die Verkaufspreise beider Produkte. Bei der Produktionsplanung sind die Produktmengen so festzulegen, dass der Gewinn des Betriebs maximiert werden kann. Als Nebenbedingungen sollen die Beschränkungen der einzelnen Rohstoffmengen eingehalten werden. Daher lautet das Optimierungsproblem:

$$\begin{aligned} \max \quad & f(x_1, x_2) = 150x_1 + 100x_2 \\ \text{mit} \quad & x_1 + x_2 \leq 300 \\ & 2x_1 + x_2 \leq 400 \\ & x_1 \geq 0, \ x_2 \geq 0 \end{aligned} \tag{3.8}$$

Dieses deterministische lineare Optimierungsproblem ist einfach zu lösen (siehe Vanderbei, 2001). Der Lösungspunkt befindet sich an den optimalen Produktmengen $x_1^* = 100$ kg/h, $x_2^* = 200$ kg/h und damit erzielt man das Gewinnmaximum $f^* = 35000$ €/h. Abb. 3.3 (links) zeigt den zulässigen Bereich des Problems, wobei der Lösungspunkt B an der Kreuzung der beiden Linien liegt.

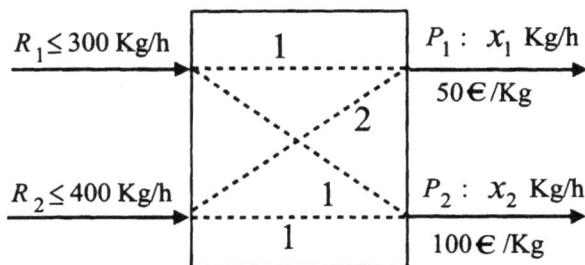

Abb. 3.2 *Betrieb eines Prozesses*

Nun werden Unsicherheiten berücksichtigt, nämlich die Lieferbarkeit der beiden Rohstoffe. Falls die Obergrenzen der beiden Feedstrommengen sich zufällig ändern, dann gilt die deterministische Lösung nicht mehr. Die Änderungen verschieben parallel die Grenze des zulässigen Bereiches, wie in Abb. 3.3 (rechts) dargestellt ist.

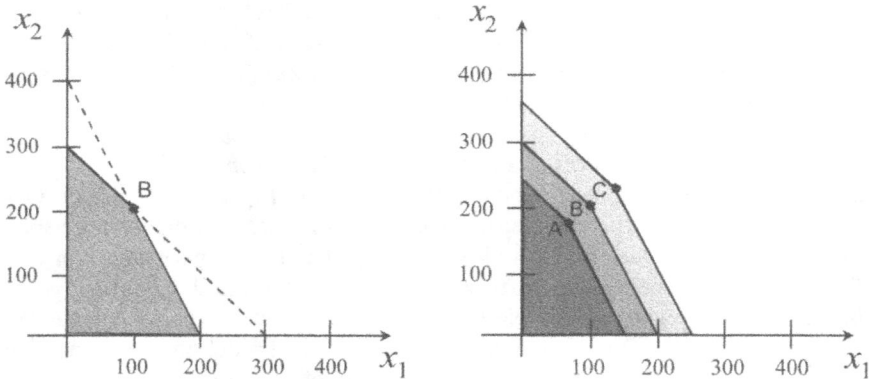

Abb. 3.3   *Zulässiger Bereich des Problems: deterministisch (links) und stochastisch (rechts)*

Es ist daher wahrscheinlich, dass der Lösungspunkt aufgrund unsicherer Werte der lieferbaren Feedströme bei A, B oder C liegt. Leider kann man bei der Planung nicht vorhersagen, welcher dieser Werte tatsächlich realisiert wird. Entscheidet man sich für den Betrieb an Punkt A, wird der Gewinn zu niedrig. Es handelt sich also um eine konservative Strategie. Wenn man den Punkt C auswählt, dann erwartet man einen hohen Gewinn, aber sehr wahrscheinlich werden beim Betrieb die Feedmengen nicht ausreichend sein, d.h. es besteht das Risiko, dass die Anlage abgefahren werden muss. Diese Wahl stellt also eine aggressive Strategie dar. Um eine optimale Lösung zu erzielen, lässt sich entsprechend Gl. (3.8) ein Optimierungsproblem mit separaten Wahrscheinlichkeiten formulieren:

$$
\begin{aligned}
\max \quad & f(x_1, x_2) = 150 x_1 + 100 x_2 \\
\text{mit} \quad & \Pr\{x_1 + x_2 \le \xi_1\} \ge \alpha_1 \\
& \Pr\{2 x_1 + x_2 \le \xi_2\} \ge \alpha_2 \\
& x_1 \ge 0, \ x_2 \ge 0
\end{aligned}
\tag{3.9}
$$

Hier wird angenommen, dass die Verfügbarkeit beider zufälliger Feedströme normalverteilt ist, nämlich, $\xi_1 \sim N(300, 10^2)$ und $\xi_2 \sim N(400, 20^2)$. Wenn für beide Restriktionen eine 90%-Zuverlässigkeit gefordert wird, also $\alpha_1 = \alpha_2 = 0{,}9$, kann dieses Problem nach Gl. (3.4) wie folgt umgeformt werden:

$$
\begin{aligned}
\max \quad & f(x_1, x_2) = 150 x_1 + 100 x_2 \\
\text{mit} \quad & x_1 + x_2 \le 300 - 10 \ \Phi^{-1}(0{,}9) \\
& 2 x_1 + x_2 \le 400 - 20 \ \Phi^{-1}(0{,}9) \\
& x_1 \ge 0, \ x_2 \ge 0
\end{aligned}
\tag{3.10}
$$

mit $\Phi(0,9) \approx 1,28$. In Gl. (3.10) taucht keine Zufallsgröße auf. Das stochastische Optimierungsproblem Gl. (3.9) ist also determiniert. Der Lösungspunkt ist nun an $x_1^* = 87,2$, $x_2^* = 200$ mit $f^* = 33080$. Im Vergleich zu der zuvor ermittelten deterministischen Lösung fällt der Wert des erzielbaren Gewinns bei der stochastischen Lösung ab. Aber man kann dadurch einen hoch zuverlässigen Betrieb, d.h. eine 90%-Wahrscheinlichkeit zur Einhaltung der beiden Liefergrenzen, erhalten. Die Erhöhung der Zuverlässigkeit geht also auf Kosten des Gewinns.

Soll eine simultane Wahrscheinlichkeitsrestriktion erlangt werden, wird das folgende stochastische Optimierungsproblem formuliert:

$$\max \ f(x_1, x_2) = 150x_1 + 100x_2$$

$$\text{mit} \quad \text{Pr}\begin{Bmatrix} x_1 + x_2 \le \xi_1 \\ 2x_1 + x_2 \le \xi_2 \end{Bmatrix} \ge \alpha \tag{3.11}$$

$$x_1 \ge 0, \ x_2 \ge 0$$

Bei der Lösung dieses Problems bestehen zwei Schwierigkeiten. Zum einen ist die Wahrscheinlichkeit nicht einfach zu berechnen, da zwei Ereignisse simultan berücksichtigt werden müssen. Durch die Standardisierung nach Gl. (3.6) ergibt sich die in Gl. (3.11) zu berechnende Wahrscheinlichkeitsfunktion zu:

$$\Phi(z_1 \le \xi_{S1}, z_2 \le \xi_{S2}) = \int_{z_1}^{\infty}\int_{z_2}^{\infty} \rho(\xi_{S1}, \xi_{S2})\, d\xi_{S1} d\xi_{S2}$$

$$= \frac{1}{2\pi\sqrt{(1-r_{12}^2)}} \int_{z_1}^{\infty}\int_{z_2}^{\infty} \exp\left[-\frac{1}{2(1-r_{12}^2)}\left(\xi_{S1}^2 - 2r_{12}\xi_{S1}\xi_{S2} + \xi_{S2}^2\right)\right] d\xi_{S1} d\xi_{S2} \tag{3.12}$$

Diese muss mit einer numerischen Integration berechnet werden. Hierbei sind die Untergrenzen z_1 und z_2 Funktionen von x_1 und x_2. Zum anderen stellt Gl. (3.11), aufgrund der nichtlinearen Beziehung bei der Wahrscheinlichkeitsberechnung, ein nichtlineares Optimierungsproblem dar. Ein nichtlineares Optimierungsverfahren wie z.B. sequentiell-quadratische Programmierung (das SQP-Verfahren) wird also benötigt. Daher müssen zum Lösen dieses Problems nicht nur die Wahrscheinlichkeit, sondern auch die Gradienten der Wahrscheinlichkeit berechnet werden.

Für die bivariate Standardnormalverteilung Gl. (3.12) gilt

$$\frac{\partial\Phi(z_1, z_2)}{\partial z_1} = \Phi\left(\frac{z_2 - r_{12}z_1}{\sqrt{1-r_{12}^2}}\right)\rho(z_1) \tag{3.13}$$

Die Gradienten der simultanen Wahrscheinlichkeit lassen sich somit durch Auswertung der Wahrscheinlichkeitsfunktion Φ und der Dichtefunktion ρ der einzelnen Zufallsvariablen berechnen. Abb. 3.4 zeigt beispielsweise die Gradientenfunktion mit unterschiedlichen Korrelationskoeffizienten. Es folgt die Gradientenberechnung der simultanen Wahrscheinlichkeit nach den Entscheidungsvariablen x_1 und x_2 durch

$$\frac{\partial\text{Pr}}{\partial x_i} = \frac{\partial\Phi(z_1, z_2)}{\partial z_1}\frac{\partial z_1}{\partial x_i} + \frac{\partial\Phi(z_1, z_2)}{\partial z_2}\frac{\partial z_2}{\partial x_i} \tag{3.14}$$

Nun kann das Problem Gl. (3.11) mit dem SQP-Verfahren (Schittkowski, 1985; Nocedal & Wright, 1999) gelöst werden. Zum Vergleich wurde hier das Problem mit einem Wahrscheinlichkeitsniveau $\alpha = 0,9$ und mit verschiedenen Korrelationen wischen den beiden Zufallsvariablen gelöst. Die Ergebnisse sind in Tabelle 3.1 aufgelistet. Im Vergleich zu dem Wert des erreichbaren Gewinns bei der separaten Wahrscheinlichkeitsrestriktion ($f^* = 33080$) wird aufgrund der strengeren Restriktion der Gewinn bei der simultanen Wahrscheinlichkeitsrestriktion niedriger sein.

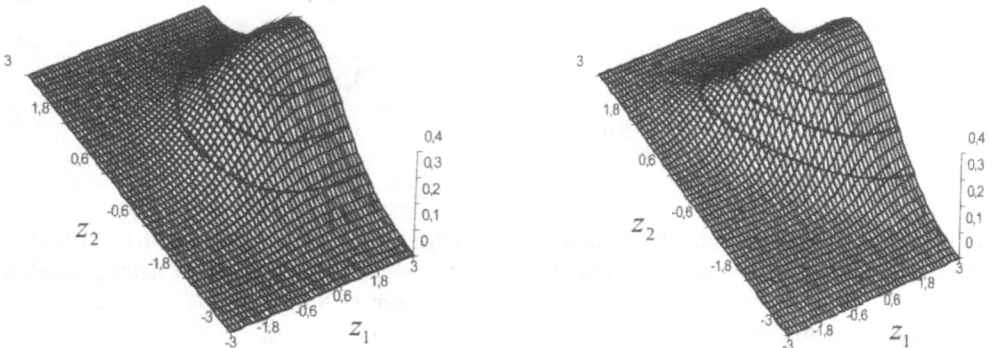

Abb. 3.4   *Gradientenfunktion bivarianter Zufallsgrößen mit Normalverteilung mit* $r_{12} = 0$ *(links) und* $r_{12} \rightarrow -1$
(rechts)

Tab. 3.1   *Ergebnisse bei simultaner Wahrscheinlichkeitsrestriktion*

r_{12}	x_1^*	x_2^*	f^*
-0.7	89.4	191.7	32584
0.0	89.2	192.2	32600
0.7	88.5	194.7	32739
0.9	88.0	196.6	32861
0.99	87.4	198.8	33003

Aus der Tabelle ist ein interessantes Phänomen abzulesen, nämlich dass der erreichbare Gewinn höher wird, wenn der Korrelationskoeffizient steigt. Dies liegt darin begründet, dass ein größerer Korrelationskoeffizient zu einem schmaleren Verteilungsbereich der Zufallsvariablen führt. Für den Extremfall, also wenn $r_{12} \rightarrow 1$, nähert sich der Lösungspunkt an den durch die Lösung mit separaten Wahrscheinlichkeitsrestriktionen ermittelten Punkt an. In diesem Fall liegen die Zufallsvariablen auf einer Linie. Dann sind die Wirkungen der separaten und der simultanen Wahrscheinlichkeitsrestriktionen identisch. Diese Eigenschaft ist in Abb. 2.4 (rechts) deutlich erkennbar.

3.2 Wahrscheinlichkeitsberechnung für multivariate Systeme

Wie erwähnt, fordert die Praxis die Optimierung unter einer simultanen Wahrscheinlichkeits-restriktion, d.h. das mit Gl. (3.5) dargestellte Problem ist zu formulieren und zu lösen. Um ein nichtlineares Optimierungsverfahren anwenden zu können, müssen sowohl die Wahrscheinlichkeit in der Form von Gl. (3.7) als auch ihre Gradienten berechnet werden. Es handelt sich hierbei um die simultane Betrachtung mehrerer Ereignisse normalverteilter Zufallsvariablen. Die Schwierigkeit bei der Wahrscheinlichkeitsberechnung liegt in der Mehrfachintegration der Dichtefunktion der multivariaten, korrelierten Normalverteilung (siehe Gl. (2.8) und Gl. (2.9)). Leider gibt es bislang keine effiziente Methode zur exakten Berechnung dieser Mehrfachintegration, wenn im zu behandelnden System mehr als drei Zufallsvariablen vorliegen.

Von Szántai (1988) wurde eine ausgezeichnete Approximation dieser Integration herausgearbeitet. Aus Gl. (3.7) ist die simultane Wahrscheinlichkeit von m Ereignissen $A_1, A_2, \ldots, A_m$ (d.h. $A_i : \xi_i \leq z_i$, $i = 1, \ldots, m$) zu berechen:

$$\Pr(A) = \Pr(A_1 \cap A_2 \cap \ldots \cap A_m) = 1 - \Pr(\bar{A}_1 \cup \bar{A}_2 \cup \ldots \cup \bar{A}_m) \qquad (3.15)$$

wobei $\bar{A}_1, \bar{A}_2, \ldots, \bar{A}_m$ die Komplemente bzw. die Verletzungen der Ereignisse sind. Anhand der Inklusion-Exklusion-Formel gilt

$$\Pr(A) = 1 - \bar{S}_1 + \bar{S}_2 - \bar{S}_3 + \cdots + (-1)^m \bar{S}_m \qquad (3.16)$$

mit

$$\bar{S}_k = \sum_{i \leq i_1 < \cdots < i_k \leq m} \Pr(\bar{A}_{i_1} \cap \cdots \cap \bar{A}_{i_k}) \qquad (3.17)$$

Hierbei sind $\bar{S}_1$ und $\bar{S}_2$ die Kombinationen der Wahrscheinlichkeiten der einzelnen und bivariaten normalverteilten Zufallsgrößen. Sie können exakt berechnet werden (Prékopa, 1995). Allerdings ist die Berechnung von $\bar{S}_k$ für $k \geq 3$ sehr schwierig. Die grundlegende Idee von Szántai (1988) zur Berechnung von Gl. (3.16) ist, auf Basis der exakten Werte von $\bar{S}_1$ und $\bar{S}_2$ die übrigen Terme der Inklusion-Exklusion-Formel zu approximieren. Hierzu wird eine Stichproben-Methode zur Generierung der Zufallsgrößen verwendet. Mit N_T generierten Werten kann man die Anzahl der Verletzungen, $A_i : \xi_i \leq z_i$, $i = 1, \ldots, m$, , beobachten. Definiert man die Anzahl der Verletzungen k_S entsprechend jeder Stichprobe s, dann ergibt die folgende Formel eine gute Annährung von $\bar{S}_k$ (Prékopa & Szántai, 1978; Prékopa, 1995):

$$\bar{S}_k \approx \frac{1}{N_T} \sum_{S=1}^{N_T} \binom{k_S}{k} \qquad (3.18)$$

Damit können folgende drei Annährungen für $\Pr(A)$ berechnet werden:

$$\hat{P}_0 = v_0, \qquad \hat{P}_1 = 1 - \bar{S}_1 + v_1, \qquad \hat{P}_2 = 1 - \bar{S}_1 + \bar{S}_2 + v_2 \qquad (3.19)$$

mit

$$v_0 = \frac{1}{N_T} \sum_{S=1}^{N_T} k_S$$

$$v_1 = \frac{1}{N_T} \sum_{S=1}^{N_T} \max(k_S - 1,\ 0)$$

$$v_2 = \frac{-1}{N_T} \sum_{S=1}^{N_T} k_S' \quad \text{und} \quad k_S' = \begin{cases} \begin{pmatrix} k_S - 1 \\ 2 \end{pmatrix} & \text{wenn} \quad k_S \geq 2 \\ 0 & \text{wenn} \quad k_S < 2 \end{cases}$$

Die zu erzielende Wahrscheinlichkeit $\Pr(A)$ kann also mit einer gewichteten Summe approximiert werden

$$\hat{P} = \omega_0 \hat{P}_0 + \omega_1 \hat{P}_1 + \omega_2 \hat{P}_2 \tag{3.20}$$

wobei $\omega_0 + \omega_1 + \omega_2 = 1$. Die Gewichtungsfaktoren $\omega_0, \omega_1, \omega_2$ sollen so ausgewählt werden, dass die Varianz von $\hat{P}$ minimiert wird. Definiert man C als die Kovarianzmatrix der in Gl. (3.19) dargestellten drei Annäherungen, lässt sich diese Matrix ebenfalls durch die Stichproben berechnen. Dann kann die Varianz der approximierten Wahrscheinlichkeitsberechnung von Gl. (3.20) durch $\omega^T C \omega$ dargestellt werden. Nun können die Gewichtungsfaktoren $\omega = (\omega_0, \omega_1, \omega_2)^T$ durch Lösen des folgenden Problems ermittelt werden

$$\begin{aligned} \min \quad & \omega^T C \omega \\ \text{mit} \quad & \omega_0 + \omega_1 + \omega_2 = 1 \\ & \omega_0, \omega_1, \omega_2 \geq 0 \end{aligned} \tag{3.21}$$

Zur Lösung des Optimierungsproblems unter simultanen Wahrscheinlichkeitsrestriktionen ist neben der Berechnung der Wahrscheinlichkeit auch die Berechnung der Ableitungen nach den Entscheidungsgrößen erforderlich. Prékopa and Szántai (1978) nutzten hierfür das Prinzip, dass die Gradienten einer m-dimensionalen Normalverteilung zu einer bedingten $m - 1$-dimensionalen Normalverteilung zurückführen. Das heißt, man muss zur Berechnung der Gradienten m Wahrscheinlichkeiten auswerten. Jede davon wird mit oben genanntem Verfahren, also Gl. (3.16) — Gl. (3.21), berechnet. Der Rechenaufwand wird daher sehr hoch sein, so dass diese Vorgehensweise für Systeme mit mehreren Zufallsgrößen kaum geeignet ist, insbesondere bei einer Echtzeitanwendung.

In der Arbeit von Li et al. (2002a) wurde ein Ansatz zur einfachen Berechnung der Gradienten herausgearbeitet. Anhand Gl. (3.16) sind zunächst die Gradienten von $\overline{S}_1$ und $\overline{S}_2$ zu berechnen. Im Fall der Normalverteilung können sie ebenfalls exakt berechnet werden (siehe Abb. 3.4). Anschließend werden die Gradienten der übrigen Terme in der Inklusion-Exklusion-Formel evaluiert. Aus Gl. (3.18) ist also die Ableitung von k_S zu berechnen. Hierzu werden kleine Störungen für die Entscheidungsgrößen ε aufgegeben und dann die Anzahl der Verletzungen, also $\xi_i \leq z_i + \varepsilon$, $i = 1, \ldots, m$, anhand von Stichproben ermittelt. Das bedeutet, dass sich mit diesem Ansatz sowohl die Wahrscheinlichkeit als auch ihre Gradienten durch einen Lauf von Stichproben berechnen lassen. Dadurch kann der Rechenaufwand schlagartig reduziert werden.

Der Algorithmus zur Lösung des mit Gl. (3.5) formulierten Problems
Nach dem zuvor dargestellten Berechnungsverfahren für Wahrscheinlichkeit und Gradienten ist nun der Algorithmus zur Implementierung der numerischen Berechnung bei der Lösung des mit Gl. (3.5) formulierten Problems gegeben:

Schritt 1: Vorbereitung
- gegeben der Schätzwerte von $\mathbf{x}^0$
- gegeben von ξ mit μ und Σ

Schritt 2: Berechnung der Wahrscheinlichkeit und ihrer Gradienten
- Berechne $\bar{S}_1$, $\bar{S}_2$ und deren Gradienten
  - Berechne die Wahrscheinlichkeiten der einzelnen und bivariaten normalverteilten Größen
- Berechne $\hat{P}$ und die Gradienten mit N_C Schleifen von Stichproben
  - Generiere ξ mit N_T Stichproben
    - Generiere Hammersley-Punkte (effiziente Stichproben)
    - Übertrage auf multivariate Normalverteilung
    - Implementiere die Korrelation mit dem Cholesky-Verfahren
  - Berechne v_0, v_1, v_2 durch Beobachtung der Anzahl der Verletzungen k_s
  - Berechne $\hat{P}_0, \hat{P}_1, \hat{P}_2$ und ihre Gradienten
  - Berechne $\omega_0, \omega_1, \omega_2$

Schritt 3: Lösung des Problems mit einem NLP-Verfahren in Iteration l
- Berechne den Wert der Zielfunktion und ihre Gradienten
  - Update $\mathbf{x}^l$ mit z.B. dem SQP-Verfahren
  - $l = l + 1$, zurück zu Schritt 1.

Zur Implementierung dieses Algorithmus ließ sich ein FORTRAN-Programm kodieren (Li et al., 2002). Ein Unterprogramm für das SQP-Verfahren in der IMSL-Bibliothek (IMSL, 1987) wurde zur Lösung des relaxierten NLP-Problems verwendet. Zur Berechnung sind noch zwei Parameter vorzudefinieren: N_T, die Länge der Stichproben, und N_C, die Anzahl der Schleifen der Stichproben zur Bestimmung der Kovarianzmatrix C der drei approximierten Wahrscheinlichkeiten (siehe Gl. (3.20)). In Bezug auf die statistische Analyse ist klar, dass die Berechnung umso genauer wird, je größere Zahlen gewählt werden. Dadurch erhöht sich allerdings auch die Rechenzeit. Je nach betrachtetem System soll bei der Wahl von N_T und N_C ein geeigneter Kompromiss zwischen diesen beiden Aspekten eingegangen werden.

Effiziente Stichproben
Bei der Berechnung der Wahrscheinlichkeit und der Gradienten werden zahlreiche Stichproben zur Ermittlung der Zufallsgrößen benötigt. Daher soll zur weiteren Reduktion der Rechenzeit ein effizientes Verfahren für die Generierung der Stichproben eingesetzt werden. In der Vergangenheit wurde in vielen Untersuchungen das Monte-Carlo-Verfahren benutzt (Fishman, 1999). Es ist allerdings allgemein bekannt, dass die Recheneffizienz dieses Verfahrens sehr niedrig ist. Daher wird seit kurzem das HSS-Verfahren (*Hammersley Sequence Sampling*) eingesetzt (Diwekar & Kalagnanam, 1997). Im Vergleich zum Monte-Carlo-Verfahren steigt hier die Recheneffizienz um das bis zu 100fache. Dieses Verfahrens basiert

auf der Idee, dass die Hammersley-Punkte, die durch einen Quasi-Zufallsgenerator erzeugt werden, für die Stichproben herangezogen werden:

Zur Erzeugung k-dimensionaler Zufallsvariablen $z = (z_1, ..., z_k)$ werden $k - 1$ Primzahlen R benötigt. Jede Zahl n kann geschrieben werden in der Form

$$n = n_m n_{m-1} ... n_2 n_1 n_0 = n_0 + n_1 R + n_2 R^2 + ... + n_m R^m \qquad (3.22)$$

wobei $m = mod\ [\log_R n] = mod\ [(\ln n)/(\ln R)]$ und R ein Integer ist. Ein eindeutiger Bruch zwischen 0 und 1 kann konstruiert werden, indem man die Ordnung der Ziffer von n über das Dezimalkomma schreibt:

$$\phi_R(n) = 0, n_0 n_1 n_2 ... n_m = n_0 R^{-1} + n_1 R^{-2} + ... + n_m R^{-m-1} \qquad (3.23)$$

Die Hammersley-Punkte z im k-dimensionalen euklidischen Raum werden durch die folgende Reihenfolge gegeben:

$$z_k(n) = \left(\frac{n}{N}, \phi_{R_1}(n), \phi_{R_2}(n), ..., \phi_{R_{k-1}}(n) \right), \qquad n = 1, 2, ..., N \qquad (3.24)$$

$R_1, R_2, ..., R_{k-1}$ sind die $k - 1$ Primzahlen und N ist die Anzahl der Stichproben. Die Hammersley-Zufallszahlen im Intervall $[0,1]$ sind dann

$$\xi_k(n) = 1 - z_k(n) \qquad (3.25)$$

Der Grund für die hohe Effizienz der Hammersley-Punkte ist, dass sie sich gleichmäßig verteilen. Abb. 3.5 und Abb. 3.6 zeigen beispielhaft den Unterschied zwischen dem Monte-Carlo- und dem HSS-Verfahren bei Stichproben für zwei Zufallsvariablen, jeweils mit korrelierter Normalverteilung (Korrelationskoeffizient $r_{12} = 0,9$) sowie Gleichverteilung. Es zeigt sich, dass mit dem HSS-Verfahren die Anzahl der Stichproben signifikant reduziert werden kann, um die gleiche Genauigkeit wie beim Monte-Carlo-Verfahren zu erzielen.

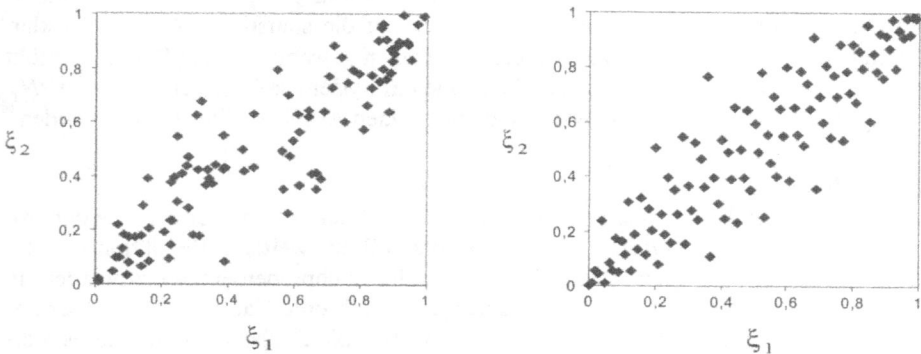

Abb. 3.5   Stichproben für zwei Zufallsgrößen mit korrelierter Normalverteilung mit dem Monte-Carlo- (links) und dem HSS-Verfahren (rechts)

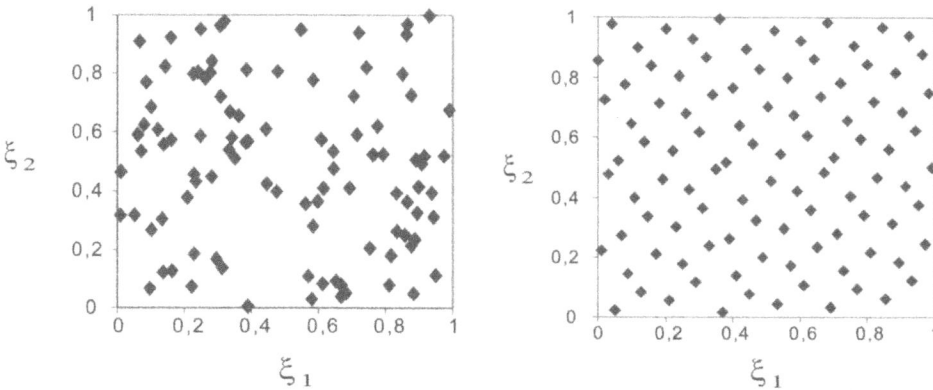

Abb. 3.6 *Stichproben für zwei Zufallsgrößen mit Gleichverteilung mit dem Monte-Carlo- (links) und dem HSS-Verfahren (rechts)*

3.3   Optimale Prozessführung für Destillationskolonnen unter unsicheren Feedströmen

3.3.1   Problemdefinition

Die Destillation ist einer der wichtigsten Trennprozesse und zugleich der größte Energieverbraucher in der Chemieindustrie. Für kontinuierliche Destillationsprozesse mit einem konstanten Feedstrom und mit vordefinierten Destillat- sowie Sumpfproduktspezifikationen ergibt sich aufgrund des thermodynamischen Prinzips ein stationärer Betriebspunkt. Während des Betriebs wird dieser Betriebspunkt mit einem Regelungssystem eingehalten; kleine Störungen werden somit kompensiert. Es ist allgemein bekannt, dass in diesem Fall kein Freiheitsgrad für eine Optimierung besteht. Allerdings kommt der Feedstrom bei solchen Destillationskolonnen häufig aus mehreren vorgeschalteten Anlagen. Oft werden diese Ströme zunächst in einem Feedtank bzw. einem Puffertank gesammelt und danach der Destillationskolonne zugeführt, wie in Abb. 3.7 dargestellt ist. Aufgrund des Betriebs der vorgeschalteten Anlagen verändern sich diese Feedströme z.T. erheblich. So ist etwa der Gesamtfeedstrom F_ξ an normalen Betriebstagen groß und in der Nacht und am Wochenende klein.

Ein hierfür typischer Prozess in der Chemieindustrie ist eine Anlage zur Trennung eines Methanol-Wasser-Gemisches. Abb. 3.8 zeigt die an einer industriellen Anlage gemessenen Verläufe der Gesamtstrommenge, der Temperatur und der Zusammensetzung des Feedstroms innerhalb von 24 Stunden. Es handelt sich um Zufallsgrößen bzw. Störungen im Betrieb der Destillationskolonne.

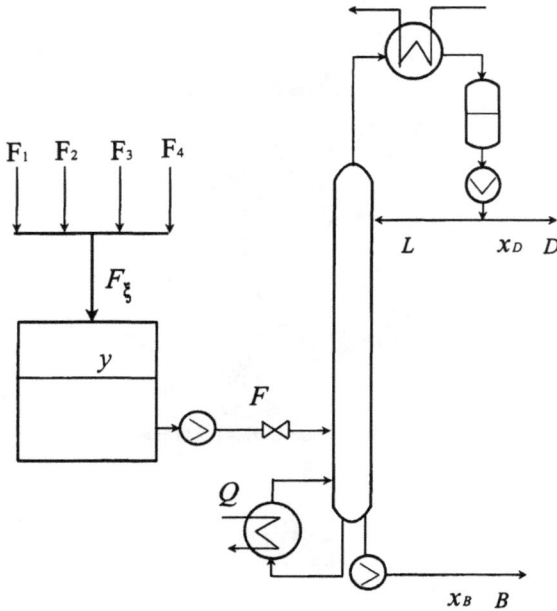

Abb. 3.7   *Destillationsprozess mit unsicherem Feedstrom*

In diesem Beispiel wird nur der Einfluss der unsicheren Feedstrommenge berücksichtigt. Die Oszillation der Feedstrommenge hat einerseits zur Konsequenz, dass der Füllstand des Feedtanks die Obergrenze übersteigt. Demzufolge werden zusätzliche Kesselwagen benötigt, um eine entsprechende Menge vom Feedstrom umzupumpen. Wenn andererseits die Gesamt-

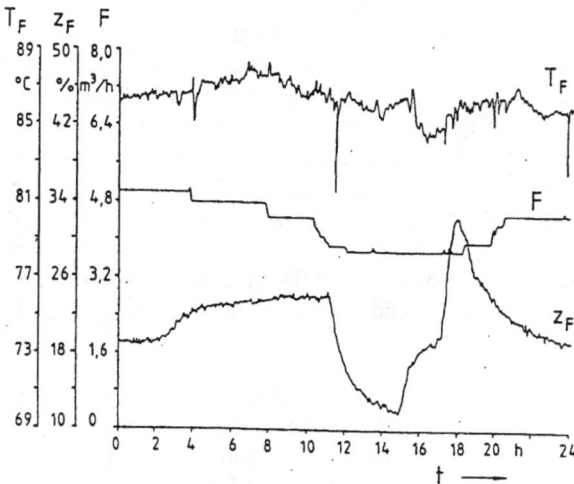

Abb. 3.8   *Gemessene Verläufe des Feedstroms einer industriellen Methanol-Wasser-Anlage*

feedmenge zu klein ist, fällt der Füllstand unter die Untergrenze. In diesem Fall wird die Kolonne im Kreislauf betrieben. Da beide Fälle für den Betrieb ungünstig sind, braucht man eine geeignete Betriebsstrategie, um sie zu vermeiden. Die Strategie muss bei der Betriebsplanung, also vor der Realisierung des unsicheren Feedstroms, ermittelt werden. Diese Aufgabe stellt daher ein typisches Optimierungsproblem unter Unsicherheiten dar.

In der industriellen Praxis wird zur Lösung dieses Betriebsproblems ein Regelkreis (mit dem Füllstand y als Regelgröße und dem Ausgangsstrom F als Stellgröße) verwendet. Der Regelkreis kann den Füllstand innerhalb der Ober- und Untergrenze zwar weitgehend garantieren. In Ausnahmefällen kommt es aufgrund der Kolonnenbelastungsgrenzen und der stochastischen Zuläufe jedoch immer wieder zu unerwünschten Kreisläufen und zum kostenträchtigen Einsatz von Kesselwagen wegen der Gefahr überlaufender Tanks. Als weiterer Nachteil der Füllstandsregelung ergibt sich eine verstärkte Oszillation des Feedstroms zur Kolonne durch den Regelkreis. Diese pflanzt sich fort, d.h. der Ausgangsstrom aus dem Feedtank, der gleich dem Feedstrom der Kolonne ist, wird erheblich schwanken. Dies hat es zur Folge, dass der Betrieb der nachgeschalteten Destillationskolonne signifikant gestört wird. Um trotz dieser Störung die Produktspezifikationen, also die Konzentration des Kopf- und Sumpfprodukts (x_D und x_B), einzuhalten, muss man einen konservativen Betriebspunkt für die Kolonne wählen. Dadurch erhält man häufig eine höhere Produktreinheit als bei der Spezifikation. Allerdings sind die Betriebskosten aufgrund des größeren Energieverbrauches auch wesentlich höher.

In der Arbeit von Li et al. (2002b) wurde zur Lösung dieses Betriebsproblems eine zweistufige Optimierungsstrategie ausgearbeitet. Wegen des Feedtanks besteht für die Optimierung ein Freiheitsgrad, nämlich der Ausgangsstrom aus diesem Puffertank F (d.h. der Feedstrom der Destillationskolonne). Zunächst wurde eine stochastische Optimierung für den Betrieb des Feedtanks durchgeführt. Ziel ist hierbei die Ermittlung einer optimalen Betriebsstrategie für den Ausgangsstrom: Dieser soll so glatt wie möglich sein, um den Betrieb der Destillationskolonne möglichst wenig zu stören. Zugleich soll mit dieser Strategie der Füllstand des Feedtanks innerhalb der Ober- und Untergrenze als Restriktionen eingehalten werden. Da die Gesamt-Feedmenge F_ζ eine Zufallsvariable darstellt, wird für den Betrieb des Feedtanks ein Optimierungsproblem unter Wahrscheinlichkeitsrestriktionen formuliert.

Aus dieser Optimierung ergibt sich eine deterministische Strategie des Feedstroms für die Destillationskolonne. Anhand dieses vordefinierten Feedstroms lässt sich dann eine deterministische dynamische Optimierung für den Betrieb der Destillationskolonne durchführen. Ziel dieser deterministischen Optimierung ist die Minimierung des Energieverbrauches der Destillationskolonne unter der Einhaltung der Produktspezifikationen. Da ein detailliertes Stufenmodell für die Beschreibung der Kolonne herangezogen wurde, handelt es sich hierbei um ein großes dynamisches nichtlineares Optimierungsproblem. Dieses Problem wurde mit einem quasi-sequentiellen Verfahren (Li, 1998, Hong et al., 2006) gelöst und die dadurch ermittelten Ergebnisse an einer Pilotanlage realisiert bzw. verifiziert (Li et al., 2002b).

3.3.2   Stochastische Optimierung für den Betrieb des Feedtanks

In diesem Abschnitt werden die Definition des Optimierungsproblems unter Wahrscheinlichkeitsrestriktionen und die Ermittlung einer optimalen Führungsstrategie für den Feedtank dargelegt. Die betrachteten Restriktionen sind die Ober- und Untergrenze des Füllstands, die während eines zukünftigen Zeithorizonts eingehalten werden sollen. Zur Beschreibung der kontinuierlichen unsicheren Gesamtfeedstrommenge F_ξ wird diese zeitlich diskretisiert und in jedem Zeitintervall als eine unsichere Zufallsgröße beschrieben. Da F_ξ eine Summe mehrerer unsicherer Ströme ist, stellt sie nach dem Zentral-Limit-Theorem (Loeve, 1963; Papoulis, 1965) eine Zufallsvariable mit Normalverteilung dar. Der Zeithorizont wird in N Zeitintervalle unterteilt und in jedem Zeitintervall ist F_ξ als eine normalverteilte Zufallsvariable zu behandeln. Die unsicheren Zufallsvariablen in unterschiedlichen Zeitintervallen sind gekoppelt bzw. korreliert. Die Dichtefunktion dieser multivariaten Normalverteilung lässt sich wie folgt beschreiben:

$$\varphi_N(\mathbf{F}_\xi) = \frac{1}{\sqrt{(2\pi)^N \det(\Sigma)}} e^{-\frac{1}{2}(\mathbf{F}_\xi - \mu)^T \Sigma^{-1}(\mathbf{F}_\xi - \mu)} \tag{3.26}$$

wobei $\mathbf{F}_\xi = [F_\xi(1), \cdots, F_\xi(N)]^T$ der Vektor des unsicheren Feedstroms in den einzelnen Intervallen ist. Die Erwartungswerte μ sowie die Kovarianzmatrix Σ der Zufallsvariablen sind bekannt, nämlich

$$\mu = \begin{bmatrix} \mu_1 \\ \mu_2 \\ \cdots \\ \mu_N \end{bmatrix}, \quad \Sigma = \begin{bmatrix} \sigma_1^2 & \sigma_1\sigma_2 r_{12} & \cdots & \sigma_1\sigma_N r_{1N} \\ \sigma_1\sigma_2 r_{12} & \sigma_2^2 & \cdots & \sigma_2\sigma_N r_{2N} \\ \cdots & \cdots & \cdots & \cdots \\ \sigma_1\sigma_N r_{1N} & \sigma_2\sigma_N r_{2N} & \cdots & \sigma_N^2 \end{bmatrix} \tag{3.27}$$

Hierbei ist σ_i die Standardabweichung der einzelnen Zufallsvariablen und $r_{i,j} \in (-1, 1)$ der Korrelationskoeffizient zwischen $F_\xi(i)$ und $F_\xi(j)$. Es ist darauf zu achten, dass bei zeitabhängigen Zufallsvariablen normalerweise eine starke Korrelation zwischen unterschiedlichen Zeitpunkten besteht. Je stärker die Korrelation ist, desto größeren Einfluss haben die Zufallsvariablen auf den Prozess. Abb. 3.9 zeigt sechs Szenarien mit jeweils zehn Stichproben mit unterschiedlichen Standardabweichungen und Korrelationskoeffizienten in 60 Intervallen. Die schwarze Kurve stellt das Erwartungsprofil dar. Der in den Szenarien angegebene Korrelationskoeffizient r ist der erste Korrelationswert neben den diagonalen Elementen der Kovarianzmatrix (siehe Gl. (3.27)). Es ist zu sehen, dass eine größere Standardabweichung und eine stärkere Korrelation zu einer höheren Abweichung der realisierten Kurven von dem Erwartungsprofil führen. Unter einem solch unsicheren Feedstrom zum Feedtank ist es sehr schwierig, mit einer empirischen Betriebsstrategie die Grenzen des Füllstands einzuhalten. Daher wird das folgende Optimierungsproblem definiert, um eine optimale Betriebsstrategie zu ermitteln und die Grenzen mit einer simultanen Wahrscheinlichkeitsrestriktion einzuhalten.

$$\min \sum_{i=0}^{N-1} [F(i) - F_0]^2$$

$$\text{mit} \quad y(i+1) = a\, y(i) + b[F_\xi(i) - F(i)], \qquad y(0) = y_0$$

$$\Pr \left\{ \begin{array}{l} y_{min} \leq y(1) \leq y_{max} \\ y_{min} \leq y(2) \leq y_{max} \\ \cdots \\ y_{min} \leq y(N) \leq y_{max} \end{array} \right\} \geq \alpha \tag{3.28}$$

$$F_{min} \leq F(i) \leq F_{max}, \qquad i = 0, \cdots, N-1$$

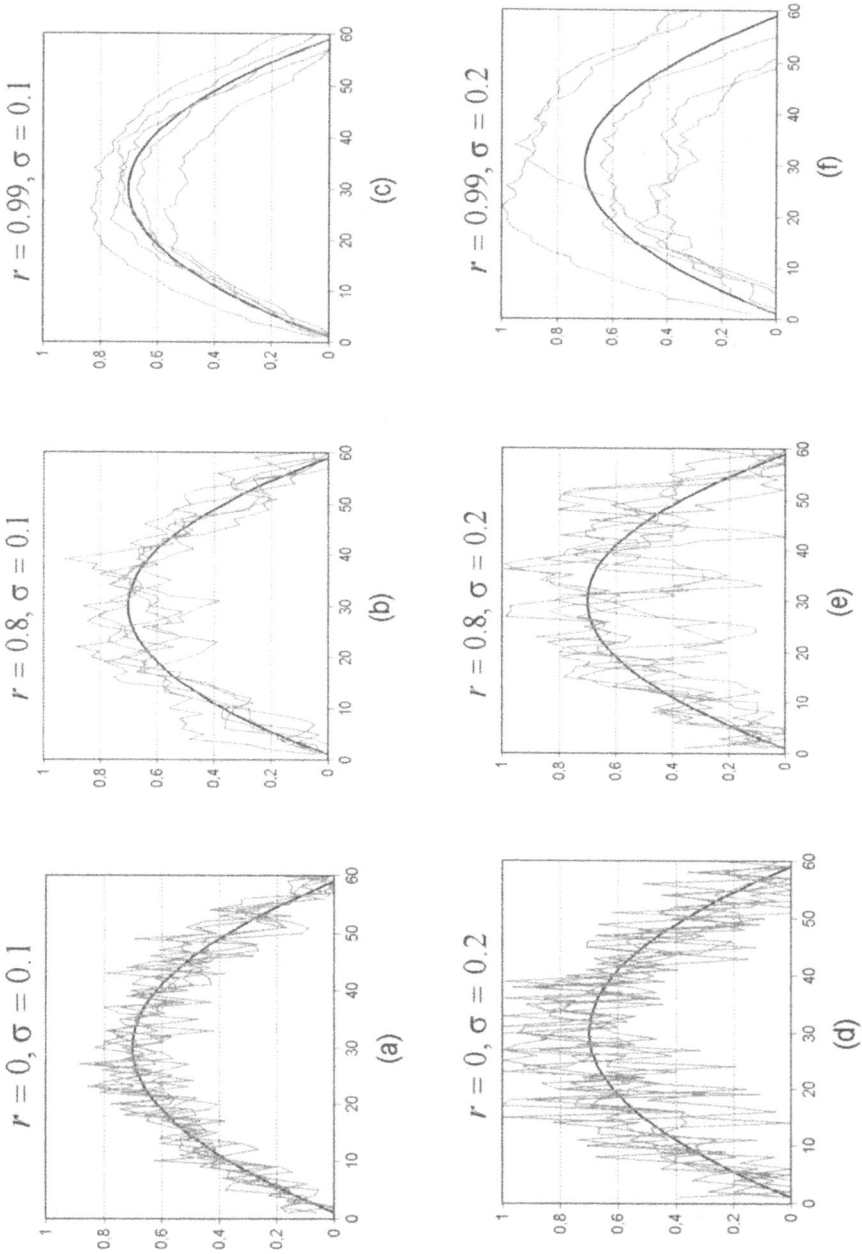

Abb. 3.9 *Simulierte Szenarien der unsicheren Gesamt-Feedmenge*

In diesem Problem sind $F(i)$ die Entscheidungsgrößen, $y(i)$ die Zustandsgrößen und $F_\xi(i)$ die Zufallsgrößen. In Gl. (3.28) ist F_0 der gewünschte Wert des Feedstroms der Destillationskolonne, der anhand des Kolonnendesigns vordefiniert ist. a und b sind Konstanten, die aus der Tankfläche und der Länge der Zeitintervalle bestimmt werden. y_0 ist der Anfangswert des Füllstands. Die simultane Wahrscheinlichkeitsrestriktion bedeutet die Einhaltung der Füllstandsgrenzen gleichzeitig in *allen* Zeitintervallen mit dem vorgegebenen Zuverlässigkeitsniveau α. Das Problem wurde mit dem im letzten Abschnitt vorgestellten Verfahren gelöst. Beispielhaft werden hier $a = b = 1$, $y_{min} = 0,25$, $y_{max} = 0,75$, $F_{min} = 0$, $F_{max} = 1$ als Parameter in Gl. (3.28) eingesetzt.

Abb. 3.10 (links) zeigt zehn Stichproben des unsicheren Feedstroms. Das Optimierungsergebnis, d.h. die optimale Betriebsstrategie für den Ausgangsstrom ist in Abb. 3.10 (rechts) dargestellt. Es ist zu sehen, dass die Schwankung des Ausgangsstroms im Vergleich zu der Schwankung des Feedstroms schlagartig reduziert wird. Mit diesem Feedstrom wird also der Betrieb wesentlich weniger gestört. Darüber hinaus ist zu erkennen, dass der Ausgangsstrom sich dem Erwartungswert, nämlich dem Betriebspunkt der Kolonne, annähert, wenn das geforderte Zuverlässigkeitsniveau verkleinert wird. Umgekehrt wird sich der Ausgangsstrom tendenziell dem Profil des Feedstroms anpassen, wenn man eine 100%ige Zuverlässigkeit fordert.

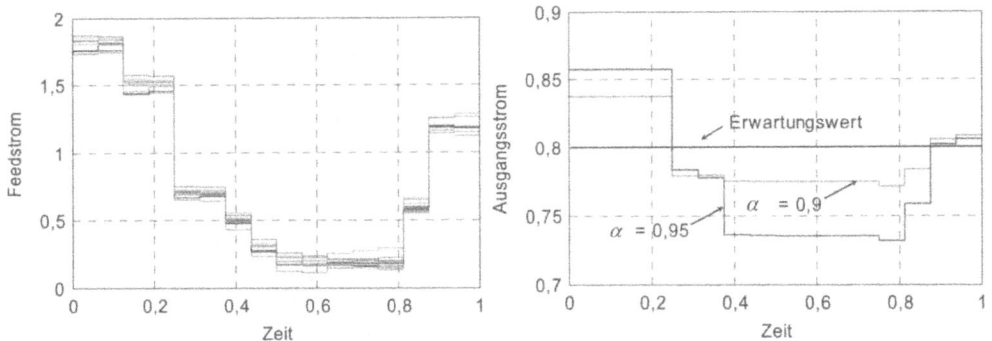

Abb. 3.10   *Profile des Feedstroms (links) und der optimalen Ablaufsteuerung (rechts)*

Abb. 3.11 zeigt die Trajektorien des Füllstands, die von den in Abb. 3.10 (links) dargestellten Feedströmen und den in Abb. 3.10 (rechts) dargestellten Ablaufsteuerungen abgeleitet sind. Mit einem hohen Zuverlässigkeitsniveau (95%) hat man also einen sicheren zukünftigen Betrieb, während mit einem relativ niedrigen Zuverlässigkeitsniveau (90%) die Gefahr besteht, die Grenzen an bestimmten Zeitpunkten zu verletzen. Obwohl die hier gezeigten zehn Stichproben für eine statistische Analyse nicht ausreichend sind, erkennt man anhand der Ergebnisse trotzdem die Wirkung der Wahrscheinlichkeitsrestriktion.

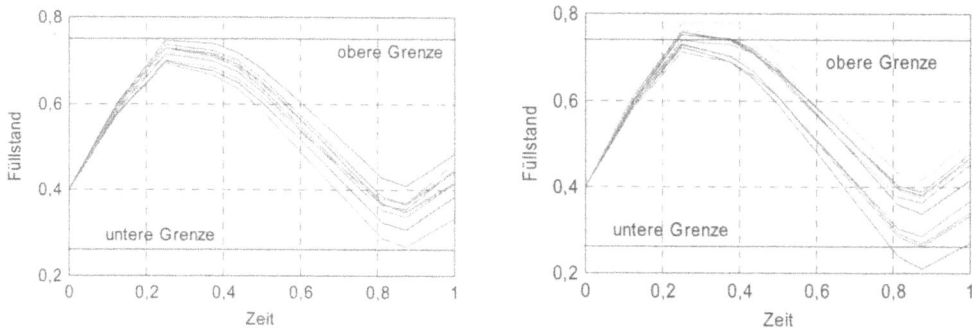

Abb. 3.11   *Profile des Füllstands mit* $\alpha = 0.95$ *(links) und* $\alpha = 0.9$ *(rechts)*

3.3.3   Analyse der Ausführbarkeit des stochastischen Optimierungsproblems

Im letzten Beispiel wurde angedeutet, dass die Lösung von dem vorgegebenen Wahrscheinlichkeitsniveau α abhängt. Je höher α angenommen wird, desto strenger wird die Restriktion. Es besteht daher die Möglichkeit, dass mit einem vordefinierten α für das Optimierungsproblem keine Lösung existiert. In diesem Fall stürzt bei der Lösung des Problems die Berechnung ab. Bei den Echtzeitanwendungen wie z.B. einer Echtzeitoptimierung oder einer modellgestützten Regelung, wo die Lösung unmittelbar auf den Prozess implementiert wird, ist ein Abbruch der Berechnung nicht erlaubt. Es ist daher für die praktische Anwendung erforderlich, das maximal erzielbare Wahrscheinlichkeitsniveau α_{max} im Voraus zu erkennen. Diesen Schritt nennt man die Ausführbarkeitsanalyse (feasibility analysis). Zur Lösung dieses Problems wurde in der Literatur vorgeschlagen, einen Schritt zur Maximierung von α durchzuführen (Prékopa, 1995), wobei wiederum ein schwer lösbares Optimierungsproblem entsteht. In der Arbeit von Li et al. (2002b) wurde eine neue Methode zur Ableitung von α_{max} entwickelt, bei der lediglich eine Simulation benötigt wird.

Ein-Schritt-Prädiktion
Statt der Modellgleichung in Gl. (3.28) wird hier die folgende allgemeine lineare Gleichung betrachtet

$$y(i+1) = ay(i) + bu(i) + c\xi(i) \tag{3.29}$$

wobei a, b und c bekannte Modellparameter, y und u Ein- und Ausgangsvariablen sind. ξ ist die in Gl. (3.26) dargestellte Zufallsvariable. Zunächst wird nur ein Schritt auf dem Zeithorizont analysiert. Damit reduziert sich die in Gl. (3.28) dargestellte Wahrscheinlichkeitsrestriktion zu

$$\Pr\{y_{min} \leq y(1) \leq y_{max}\} \geq \alpha \tag{3.30}$$

Aus Gl. (3.29) lässt sich der Erwartungswert und die Standardabweichung von $y(1)$ ableiten:

$$\mu_{y(1)} = ay(0) + bu(0) + c\mu_1 \tag{3.31}$$

$$\sigma_{y(1)} = |c| \ \sigma_1 \tag{3.32}$$

Es ist dabei zu beachten, dass der Erwartungswert der Zufallsvariablen den Erwartungswert der Ausgangsvariablen beeinflusst, aber keinen Einfluss auf ihre Standardabweichung hat. Da für ein lineares System eine normalverteilte Zufallsgröße zu einer normalverteilten Ausgangsvariable führt, ist die Wahrscheinlichkeitsrestriktion Gl. (3.30) äquivalent zu

$$\Phi_1 \left(\frac{y_{max} - \mu_{y(1)}}{\sigma_{y(1)}} \right) - \Phi_1 \left(\frac{y_{min} - \mu_{y(1)}}{\sigma_{y(1)}} \right) \geq \alpha \tag{3.33}$$

Hierbei ist Φ_1 die Wahrscheinlichkeitsfunktion der ein-dimensionalen Standardnormalverteilung. Abb. 3.12 zeigt die Beziehungen zwischen den Parametern in Gl. (3.33). Aufgrund der unterschiedlichen Varianzen der Ausgangsvariablen wird also der Verlauf der Wahrscheinlichkeit, Gl. (3.32), unterschiedlich sein. Dies kann deutlich in Abb. 3.12 mit $\sigma_y' < \sigma_y'' < \sigma_y'''$ dargestellt werden.

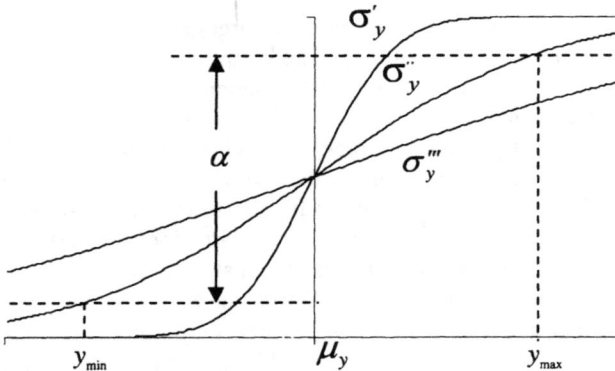

Abb. 3.12   Wahrscheinlichkeit der Ausgangsvariable

Mit σ_y' ergibt sich die Möglichkeit zur Verschiebung von $\mu_{y(1)}$ anhand $u(0)$, weil in diesem Fall der zulässige Bereich ausreichend groß ist. Wenn die Standardabweichung der Ausgangsvariable größer als σ_y'' ist, dann ergibt sich keine Möglichkeit, d.h. $u(0)$ muss einen Wert haben, so dass $\mu_{y(1)}$ in der Mitte von $[y_{min}, y_{max}]$ liegt. Das bedeutet, dass in diesem Fall der zulässige Bereich auf einen Punkt reduziert wird. Wenn $\sigma_{y(1)}$ größer als σ_y'' ist, hat das Optimierungsproblem keine Lösung. Daher entscheidet der Wert von σ_1 die Ausführbarkeit des Problems. Hierbei ist angenommen, dass die Steuergröße u nicht begrenzt ist. Um eine Lösung zu garantieren, muss also

$$\sigma_1 \leq \frac{y_{max} - y_{min}}{2 \ |c| \ \Phi_1^{-1} \left(\dfrac{\alpha + 1}{2} \right)} \tag{3.34}$$

wobei Φ_1^{-1} die invertierte Funktion von Φ_1 ist. Aus dieser Darstellung lässt sich schließen, dass ein nichtausführbares Problem lösbar wird, wenn das Wahrscheinlichkeitsniveau verkleinert wird oder wenn die Restriktionsgrenzen $[y_{min}, y_{max}]$ vergrößert werden.

N-Schritt-Prädiktion

Für den Zeithorizont mit N prädiktiven Zeitpunkten können die Ausgangsgrößen anhand Gl. (3.29) abgeleitet werden

$$y(i) = a^i y(0) + b \sum_{l=1}^{i} a^{l-1} u(i-l) + c \sum_{l=1}^{i} a^{l-1} \xi(i-l), \qquad i = 1, \cdots, N \qquad (3.35)$$

Aus Gl. (3.27) ergibt sich der Erwartungswert

$$\mu_{y(i)} = a^i y(0) + b \sum_{l=1}^{i} a^{l-1} u(i-l) + c \sum_{l=1}^{i} a^{l-1} \mu_{i-l+1} \qquad (3.36)$$

Die Kovarianz zwischen Punkt i und j ($j \geq i$, $i = 1, \cdots, N$) kann durch

$$\begin{aligned}
R_y(i,j) &= E\left\{ \left[y(i) - \mu_{y(i)} \right] \left[y(j) - \mu_{y(j)} \right] \right\} \\
&= c^2 E\left\{ \left[\sum_{l=1}^{i} a^{l-1} [\xi(i-l) - \mu_{i-l+1}] \right] \left[\sum_{m=1}^{j} a^{m-1} [\xi(j-m) - \mu_{j-m+1}] \right] \right\} \\
&= c^2 \sum_{l=1}^{i} \sum_{m=1}^{j} a^{i+j-l-m} \sigma_l \sigma_m r_{l,m}
\end{aligned} \qquad (3.37)$$

berechnet werden. Die Varianz der Ausgangsvariablen an Punkt i folgt durch

$$\sigma_{y(i)}^2 = R_y(i,i) = c^2 \sum_{l=1}^{i} \sum_{m=1}^{i} a^{2i-l-m} \sigma_l \sigma_m r_{l,m} \qquad (3.38)$$

Gl. (3.38) stellt eigentlich einen Teil der Kovarianz Gl. (3.37) dar. Aus Gl. (3.36) und Gl. (3.38) ist wiederum zu sehen, dass die Erwartungswerte der unsicheren Variablen lediglich einen Einfluss auf die Erwartungswerte der Ausgangsvariablen haben. Außerdem ist aus Gl. (3.37) und Gl. (3.38) zu erkennen, dass die Kovarianz bzw. die Varianz der Ausgangsvariablen von den Kovarianzen der unsicheren Eingangsvariablen an den Zeitpunkten sowie den Modellparameter (a und c) abhängen. Daher entscheiden die Kovarianzmatrix der Zufallsvariablen und die Modellparameter die Ausführbarkeit des Problems, wenn die Steuervariable u unbegrenzt ist. Darüber hinaus sind aufgrund der hohen Ordnung von a in Gl. (3.36) und Gl. (3.37) die Erwartungswerte und die Kovarianzen sensitiv bezüglich des Parameters a.

Separate Wahrscheinlichkeitsrestriktionen

Für separate Wahrscheinlichkeitsrestriktionen gilt

$$\Pr\{y_{min} \leq y(i) \leq y_{max}\} \geq \alpha, \qquad i = 1, \cdots, N \qquad (3.39)$$

Gl. (3.34) gilt hier für diese Ungleichungsnebenbedingung an jedem einzelnen Zeitpunkt, da die Ausgangsvariable eines linearen Systems aufgrund einer normalverteilten Zufallsvariable ebenfalls eine normalverteilte Zufallsvariable zurückführt, d.h.

$$\Phi_1\left(\frac{y_{max} - \mu_{y(i)}}{\sigma_{y(i)}}\right) - \Phi_1\left(\frac{y_{min} - \mu_{y(i)}}{\sigma_{y(i)}}\right) \geq \alpha, \qquad i = 1, \cdots, N \tag{3.40}$$

Hierbei werden $\mu_{y(i)}, \sigma_{y(i)}$ durch Gl. (3.36) und Gl. (3.38) berechnet. Die Werte von $u(i)$ können so bestimmt werden, dass $\mu_{y(i)}$ in der Mitte des Bereiches $[y_{min}, y_{max}]$ liegt. Die maximal erreichbare Wahrscheinlichkeit ist dann

$$\alpha_{max}(i) = 2\Phi_1\left(\frac{y_{max} - y_{min}}{2\sigma_{y(i)}}\right) - 1, \qquad i = 1, \cdots, N \tag{3.41}$$

Die benötigten Werte von $u(i)$ können anhand Gl. (3.36) berechnet werden.

Simultane Wahrscheinlichkeitsrestriktion

Für eine simultane Wahrscheinlichkeitsrestriktion mit N Ausgangsgrößen, wie in Gl. (3.28) dargestellt, ist es unmöglich, die maximal erreichbare Wahrscheinlichkeit einfach zu berechnen. Es ist jedoch bekannt, dass große absolute Werte der Elemente in der Kovarianzmatrix der Ausgangsvariablen, d.h. starke Korrelationen zwischen den Zufallsgrößen, zu unausführbaren Problemen führen. Aus Gl. (3.37) und Gl. (3.38) ergibt sich die folgende Beziehung zwischen einer Ausgangsvariablen an Zeitpunkt i und einer an Zeitpunkt $i+1$

$$R_y(i, i+1) = c^2\left(a\sigma^2_{y(i)} + \sum_{l=1}^{i} a^{i-l}\sigma_l\sigma_{i+1}r_{l,i+1}\right) \tag{3.42}$$

$$\sigma^2_{y(i+1)} = c^2\left(a^2\sigma^2_{y(i)} + \sum_{l=1}^{i+1} a^{i+1-l}\sigma_l\sigma_{i+1}r_{l,i+1} + \sum_{m=1}^{i} a^{i+1-m}\sigma_m\sigma_{i+1}r_{i+1,m}\right) \tag{3.43}$$

Aus diesen Beziehungen lässt sich die Änderung der Werte der Varianzen bzw. Kovarianzen der Ausgangsvariablen zwischen zwei Zeitpunkten ablesen. Es ist zu erkennen, dass, neben der Varianz der Zufallsvariablen an jedem einzelnen Zeitpunkt auch die Korrelation zwischen den unterschiedlichen Punkten eine Rolle bei der Erhöhung der Varianz der Ausgangsvariablen spielt. Je kleiner die Elemente in der Kovarianzmatrix der Zufallsvariablen sind, desto niedriger werden die Varianzen der Ausgangsvariablen.

Den Einfluss der Modellparameter auf die Varianzen der Ausgangsvariablen kann man ebenfalls durch Gl. (3.42) und Gl. (3.43) erkennen: $|c| < 1$ und $|a| < 1$ ist günstig für die Ausführbarkeit des Optimierungsproblems. Weiteren Einfluss hat die Länge des Zeithorizonts. Zum Beispiel wird, wenn $a = 1$, $\sigma_i = \sigma$, $r_{i,j} = 0$, $(i \neq j, i, j = 1, \cdots, N)$, die Varianz der Ausgangsvariable am Zeitpunkt N

$$\sigma^2_{y(N)} = c^2\sigma^2 N \tag{3.44}$$

Im Vergleich zu Gl. (3.32) ist die Varianz dieser Variablen N-fach höher als die der Ausgangsvariablen am ersten Zeitpunkt. Also führt ein großes N möglicherweise zu einem nicht-ausführbaren Optimierungsproblem.

Bei einer simultanen Wahrscheinlichkeitsrestriktion besteht keine Möglichkeit, die maximal erreichbare Wahrscheinlichkeit explizit zu berechnen. In Anhang A.3 wird ein Theorem abgeleitet, mit dem sich die maximal erreichbare Wahrscheinlichkeit durch eine Simulation ermitteln lässt. Dort wird zudem bewiesen, dass die simultane Wahrscheinlichkeit maximiert wird, wenn die Erwartungswerte der Ausgangsvariablen in der Mitte des Bereiches $[y_{min}, y_{max}]$ liegen, nämlich,

$$\mu_{y(i)} = \frac{y_{min} + y_{max}}{2}, \quad i = 1, \cdots, N \tag{3.45}$$

Ersetzt man $\mu_{y(i)}$ in Gl. (3.36) durch $\mu_{y(i)}$ in Gl. (3.45), können die entsprechenden Werte der Steuervariablen berechnet werden, also

$$u(i-1) = \frac{1}{b}\mu_{y(i)} - \frac{a^i}{b}y(0) - \frac{c}{b}\sum_{l=1}^{i}a^{l-1}\mu_{i-l+1} - \sum_{l=2}^{i}a^{l-1}u(i-l), \qquad i = 1, \cdots, N$$

$$\tag{3.46}$$

Anhand dieser Berechnung kann dann die maximal erreichbare Wahrscheinlichkeit durch eine Simulation, wie sie im vorigen Abschnitt erläutertet wurde, ermittelt werden.

Tabelle 3.2 zeigt die dadurch erzielten Ergebnisse, d.h. die maximal erreichbaren Wahrscheinlichkeiten zur Einhaltung der Ober- und Untergrenze des Feedtank-Füllstands. Dabei wurden die Werte $a = b = 1$, $y(0) = 4$ und $y_{min} = 2,5$, $y_{max} = 7,5$ eingesetzt (siehe Abb. 3.11). Die Parameter in der Beschreibung der multivariaten Normalverteilung sind $\sigma_i = \sigma$ und $r_{i,j} = 1 - \theta \ (i - j)$, $(i = 1, \cdots N, j = i+1, \cdots, N)$. Es ist zu sehen, dass die maximal erreichbare Wahrscheinlichkeit abfällt, wenn die Standardabweichung der Zufallsvariablen erhöht wird. Des Weiteren sieht man, dass je stärker die Korrelation zwischen den Zufallsvariablen ist (im Fall $\theta = 0,05$), desto höher auch die Wahrscheinlichkeit, die Grenzen des Füllstands zu verletzen, ist.

Tab. 3.2   Maximal erreichbare Wahrscheinlichkeiten der Grenzeinhaltung

	$\sigma = 0,05$	$\sigma = 0,1$	$\sigma = 0,2$
$\theta = 0,05$	$\alpha_{max} = 0,999$	$\alpha_{max} = 0,965$	$\alpha_{max} = 0,805$
$\theta = 0,1$	$\alpha_{max} = 1,0$	$\alpha_{max} = 0,986$	$\alpha_{max} = 0,954$

4 Optimale Produktionsplanung unter unsicheren Marktbedingungen

4.1 Einführung

Seit 1990 befindet sich die Industrie weltweit in der Phase der Globalisierung bzw. der Restrukturierung. Die Herausforderungen, die aufgrund der dynamischen Marktbedingungen, kürzeren Lieferfristen und größeren Variantenvielfalt heute an Unternehmen aller Branchen gestellt werden, sind groß und unterliegen einem ständigen Wandel. Entsprechend ändert sich auch der Anspruch an das eigene Wertschöpfungsnetzwerk in Bezug auf Flexibilität, Transparenz und Effizienz. Deshalb gehören eine kontinuierliche und tief greifende Analyse sowie die Entwicklung darauf aufbauender optimaler Produktionsstrategien zu den wichtigsten Voraussetzungen für einen erfolgreichen Industriestandort.

Hierfür müssen nicht einzelne Anlagen bzw. Prozesse, sondern die gesamte Produktionskette (Lieferfähigkeit der Lieferanten, Produktanforderung der Kunden, vorhandene Ressourcen, Durchführbarkeit der Strategie mit den vorhandenen Anlagen) betrachtet werden. Dabei spielt die Produktionslogistik wie z.B. im Supply Chain Management und Scheduling/Planung des Anlagenbetriebs eine wesentliche Rolle. Bislang wurde in der Industrie diese Aufgabe zumeist basierend auf Erfahrungswerten bzw. auf empirischen Heuristiken gelöst. Aufgrund der immer höheren Komplexität moderner Produktionsprozesse sind jedoch die daraus ermittelten Lösungen nicht unbedingt optimal im Sinne der Kostenminimierung bzw. der Gewinnmaximierung.

Die Betriebsplanung bezieht sich auf den Lebenszyklus eines Unternehmens. Dabei werden im Voraus Investitionsentscheidungen für den zukünftigen Betrieb getroffen, um einen möglichst hohen Gewinn zu erzielen. Der Betrieb großer Unternehmen setzt sich aus verschiedenen Stufen zusammen, in denen unterschiedliche Aufgaben in geeigneten Zeithorizonten zu bewältigen sind, wie in Abb. 4.1 dargestellt. Auf der Unternehmensebene wird die langfristige Strategie des Unternehmens für die nächsten Jahre aufgestellt, während man auf der Anlagenebene den Betrieb nur für einige Tage plant.

Zwischen der Unternehmensebene und der Anlagenebene gibt es für die mittelfristige Planung die Ebene des Produktionsverbundes und der zugehörigen Prozesse, die hauptsächlich für die Produktionsplanung des Unternehmens von Bedeutung sind. Ein Spezifikum der Produktionsplanung ist, dass die Entscheidungen unter unsicheren zukünftigen Marktbedin-

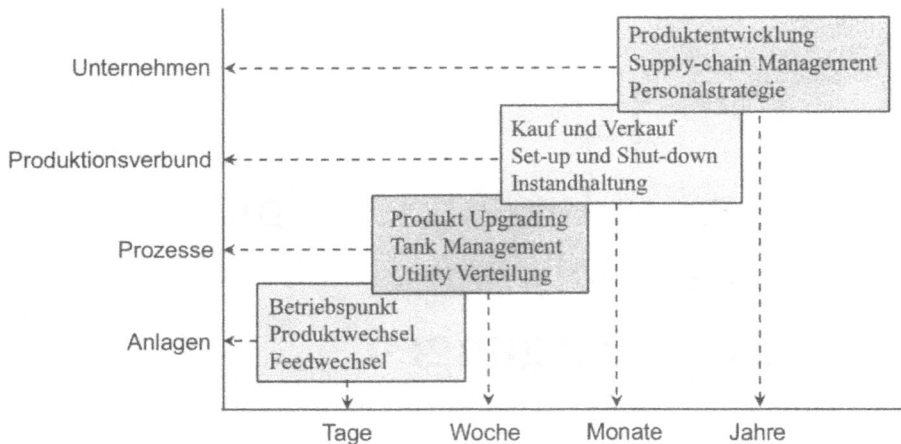

Abb. 4.1   *Hierarchie der Betriebsplanung großer Unternehmen*

gungen getroffen werden müssen. So ist in der Praxis bei der Planung eines zukünftigen Betriebs etwa sowohl eine unsichere Versorgung mit Rohstoffen, Heiz- bzw. Kühlmedien usw. als auch ein unsicherer Produktbedarf der Kunden zu berücksichtigen. Bei der Produktionsplanung muss also einerseits die unsichere Verfügbarkeit der zukünftigen Lieferung betrachtet und anderseits darauf geachtet werden, den unsicheren zukünftigen Kundenbedarf zu erfüllen. Darüber hinaus sind auch die Preise der Rohstoffe, Utility und Produkte im geplanten Zeithorizont unsichere Faktoren.

Solche unsicheren Größen sind als Zufallsvariablen gekennzeichnet, d.h. sie können nicht im Voraus bestimmt werden. Auf Grund der Analyse der historischen Daten können jedoch die stochastischen Verteilungen (Erwartungswert, Varianz und Dichtefunktion) dieser Zufallsvariablen ermittelt werden (Turky, 1977; Jobson, 1991). Eine konstante unsichere Variable, z.B. ein relativ stabiler Kundenbedarf, hat einen unveränderten Erwartungswert und eine unveränderte Varianz. Hingegen hat ein Kunde, dessen Betrieb nur in bestimmten Zeitperioden durchgeführt wird, einen sich sprunghaft ändernden Bedarf. Hinzu kommen noch variierende unsichere Größen, wie z.B. Preisänderungen aufgrund von saisonalen Schwankungen.

Ziel der Produktionsplanung unter unsicheren Marktbedingungen ist, neben dem Erreichen einer hohen Betriebssicherheit den Produktionsgewinn zu maximieren. Es können mehrere Betriebsperioden (Wochen oder Monate) geplant werden, entsprechend den Änderungen der Marktbedingungen. Entscheidungsgrößen sind beispielsweise die Einkaufsmenge der Rohstoffe oder die Verkaufsmenge der Produkte. Diese Größen sind relativ unabhängig von den Marktbedingungen und können deshalb vom Unternehmen bestimmt werden. Die festgelegten künftigen Kauf- und Verkaufsstrategien werden in Form von Verträgen bzw. Aufträgen mit anderen Firmen festgelegt. Außerdem kann innerhalb des Unternehmens die Verteilung der Stoff- und Energiemengen auf die Prozesse bzw. Anlagen gesteuert werden; dies sind also ebenfalls Entscheidungsgrößen. Diese Steuerung der Verteilung der Stoff- und Energiemengen ermöglicht, den Betriebszustand einer Anlage, ob in oder außer Betrieb, in geeigneten Zeitperioden festzulegen.

Bei der Produktionsplanung soll eine optimale Betriebsstrategie für die Entscheidungsgrößen ermittelt werden, so dass der Gewinn der Produktion maximiert und zugleich die unsichere Verfügbarkeit der Rohstoffe und der unsichere Kundenbedarf berücksichtigt werden. Aufgrund der bestehenden Unsicherheiten ist es jedoch nicht möglich, eine zu 100% sichere Erfüllung dieser Grenzvorgaben zu schaffen. Das bedeutet, dass man ein Risiko bei der Planung einkalkulieren muss. Aus diesem Grund ist es nötig, die sensitiven unsicheren Größen im Voraus zu identifizieren und ihre Wirkungen zu analysieren, um eine geeignete Entscheidung treffen zu können.

Darüber hinaus werden in der Praxis Puffertanks für die unsicheren Flüsse geschaffen. Die Speicherkapazitäten der vorhandenen Tanks können zur Optimierung der Produktion ausgenutzt werden. So sind unterschiedliche Mengen in unterschiedlichen Zeitperioden in unterschiedlichen Puffertanks zu speichern. In der Industrie werden die Volumen der Puffertanks aufgrund von Erfahrungswerten dimensioniert. Für einen sicheren Betrieb werden sie häufig überdimensioniert (Shobrys & White, 2000). Daher ist es notwendig, eine systematische Methode zur Ermittlung einer optimalen Führungsstrategie zu entwickeln, um die Puffertanks effizient zu nutzen. Dabei sollen zur Optimierung unter den unsicheren Ein- oder Ausgangsflüssen die Grenzen der Speichertanks berücksichtigt werden.

In der industriellen Praxis wird bei der Produktionsplanung häufig die Methode der *Worst-Case-Analyse* herangezogen, d.h. die Grenzwerte (der ungünstigste Fall) der unsicheren Rohstofflieferung und des Produktbedarfs werden bei der Planung der Produktionsstrategie berücksichtigt. Diese Vorgehensweise führt zu einer konservativen Produktionsstrategie, bei der die Prozessrestriktionen zwar sehr sicher eingehalten werden, der Produktionsgewinn wird dadurch aber stark vernachlässigt bzw. verringert. Ein weiterer in der Industrie häufig verwendeter Ansatz ist die so genannte *Base-Case-Analyse*, d.h. die nominalen Werte (Erwartungswerte) der unsicheren Größen werden zur Planung herangezogen. Ohne Berücksichtigung der unsicheren Größen wird der mit diesem Ansatz erzielte Gewinn größer. Da die realisierten Werte dieser unsicheren Größen oft von den nominalen Werten abweichen, werden durch die geplante Produktionsstrategie jedoch sehr wahrscheinlich die Prozessrestriktionen verletzt. Dies hat zur Folge, dass entweder die Anlage abgefahren wird oder starke Veränderungen beim Betrieb durchgeführt werden müssen. Deshalb kann diese Entscheidung als zu „aggressive" Produktionsstrategie bezeichnet werden.

Will man die Nachteile der Worst-Case- bzw. Base-Case-Analyse kompensieren, so wird häufig in der Industrie eine *Szenario-Analyse* durchgeführt, d.h. mehrere Szenarien der unsicheren Größen werden studiert, um eine robuste und auch profitable Produktionsstrategie zu erzielen (Timpe et al., 2003; Allers et al., 2003). Dies geschieht mittels Modellierung und Simulation der Produktionsplanung (Leimkühler, 2002; Krissmann, 2003; Berning et al., 2003). Dabei wird in der Regel ein lineares Modell aus einfachen Massen- und Energiebilanzen verwendet. Auf Basis des Modells und der Kenntnis der stochastischen Verteilung der unsicheren Größen lässt sich das Leistungsverhalten einer definierten Produktionsstrategie stochastisch simulieren: Stichproben für die unsicheren Größen werden durch einen Zufallzahlengenerator erzeugt und als Eingangsgrößen für die Simulation eingesetzt (Diwekar & Kalagnanam, 1997; Xin & Whiting, 2000). Die Ausgangsvariablen, nämlich Werte des Profits und der beschränkten Größen, sind aufgrund der unsicheren Eingangsvariablen ebenfalls unsicher. Durch die stochastische Simulation erkennt man die stochastische Verteilung der

Ausgangsvariablen. Damit kann man eine relativ robuste Betriebsstrategie ermitteln. Mit dieser *Szenario-Analyse* oder *Simulation* können aber nicht alle unsicheren Größen betrachtet werden, dies gilt insbesondere, wenn der Prozess viele solcher Größen besitzt.

Die Produktionsplanung für Prozesse unter unsicheren Marktbedingungen mit Hilfe einer mathematischen Optimierungsmethode wird seit Jahren untersucht (Clay & Grossmann; 1994; Subrahmanyam et al., 1994). Anhand der Eigenschaften der Unsicherheiten können die Prozessführungsstrategien für verschiedene Zeithorizonte geplant werden (Ierapetritou et al., 1996; Clay & Grossmann, 1997; Ahmed & Sahinidis, 1998; Gupta & Maranas, 2000; Sand & Engell, 2004). Fast alle dieser stochastischen Lösungsansätze benutzen die Zwei-Stufen-Programmierung, in der die Verletzungen der Ungleichungsnebenbedingungen durch Einsatz von Straftermen in der Zielfunktion formuliert werden. Diese Methode ist geeignet für die Lösung von Planungsproblemen unter unsicherem Kundenbedarf. Der Nachteil dieser Methode ist, dass, um die Verletzung der in der Prozessführung einzuhaltenden Restriktionen beschreiben zu können, die Straffunktion bekannt sein muss. Diese Straffunktion ist aber normalerweise in der Praxis nicht vorhanden. Zum Beispiel ist es sehr schwierig, den Schaden in Kosten zu beziffern, wenn der Bedarf eines Kunden nicht erfüllt wird, denn dieser Kunde wird sich in Zukunft an andere Firmen wenden. In diesen Fällen ist die stochastische Programmierung unter Wahrscheinlichkeitsrestriktionen ein geeignetes Lösungsverfahren. In der Produktionsplanung wurden allerdings mit diesem Verfahren bislang nur sehr wenige Untersuchungen zur Optimierung unter unsicheren Marktbedingungen durchgeführt.

Ein neuer Ansatz zur Lösung des Planungsproblems wurde in Li et al. (2003; 2004a; 2004c) entwickelt. Dabei wird ein Optimierungsproblem unter Wahrscheinlichkeitsrestriktionen formuliert. Dieses wird dann zu einem äquivalenten deterministischen Problem relaxiert und anschließend mit der Mixed-Integer-Linear-Programmierung (MILP) gelöst. Die Lösung des Problems liefert eine quantitative Beziehung zwischen dem Produktionsgewinn und dem Grenzverletzungsrisiko. Bei der so ermittelten Produktionsstrategie werden die Prozessrestriktionen mit einem erwarteten Wahrscheinlichkeitsniveau eingehalten, und zugleich der zukünftige Produktionsgewinn maximiert. Daher ist die Lösung weder konservativ noch aggressiv und das ermittelte Ergebnis kann als Referenz für die Produktionsplanung industrieller Prozesse unter unsicheren Marktbedingungen zur Gewinnmaximierung dienen.

4.2   Problemdefinition

4.2.1   Die Zielfunktion

In diesem Abschnitt wird ein allgemeines mathematisches Optimierungsproblem für die Produktionsplanung unter Marktunsicherheiten formuliert. Ein Unternehmen hat mehrere Prozesse bzw. Anlagen, deren Betrieb für einen zukünftigen Zeithorizont (z.B. ein Jahr) geplant wird. Der Gesamtzeithorizont wird in mehrere Zeitperioden (z.B. Monate) unterteilt. Die Superstruktur einer Anlage, d.h. die allgemeine Darstellung mit möglichen Ein- und Ausgangsflüssen, wird in Abb. 4.2 dargestellt. Wegen der zukünftigen sich ändernden Marktbedingungen ist beispielsweise der Kundenbedarf an diversen Stoff- und Energiemengen ($\hat{P}_{i,\bar{j}}$, $\hat{Q}_{i,\bar{k}}$) des Prozesses im geplanten Zeithorizont unsicher. Außerdem gibt es unter

Umständen einige spezielle Rohstoffe oder Utilities ($\hat{R}_{i,\bar{m}}$, $\hat{U}_{i,\bar{l}}$), die die Lieferanten in dem geplanten Zeithorizont nicht mit völliger Sicherheit bereitstellen können. Dies sind entsprechend Zufallsgrößen bei der Planung.

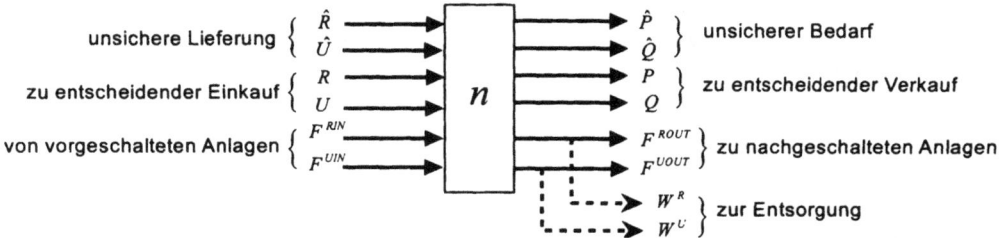

Abb. 4.2 *Superstruktur einer Anlage (n = 1, N)*

Die Entscheidungsvariablen, die von dem Unternehmen gesteuert werden können, sind die Stoff- und Energiemengen. Diese betreffen einerseits die Mengen an Stoff- und Energieprodukten ($P_{i,j}$, $Q_{i,k}$), welche, egal wie viel hergestellt wird, auf den Markt verkauft werden können. Anderseits gibt es Lieferanten für bestimmte Rohstoffe und Utilities, die beliebige Mengen ($R_{i,m}$, $U_{i,l}$) liefern können. Die Eingangs- und Ausgangsströme von Stoffen und Utilities ($F_{i,n,jin}^{RIN}$, $F_{i,n,jout}^{ROUT}$, $F_{i,n,lin}^{UIN}$, $F_{i,n,lout}^{UOUT}$) einzelner Anlagen kann man für den Betrieb verändern und sind daher ebenfalls Entscheidungsvariablen. Darüber hinaus kann in einigen Perioden des Zeithorizontes eine Anlage innerhalb eines Prozesses in Betrieb oder außer Betrieb sein, d.h. es gibt auch binäre Entscheidungsvariablen $y_{i,n} \in \{0, 1\}$, hier bedeutet $y_{i,n} = 1$, dass die Anlage n in Betrieb ist, und $y_{i,n} = 0$, dass sie außer Betrieb ist. Weiter muss darauf geachtet werden, dass die Ausgangsströme einer Anlage ($W_{i,n,jout}^{R}$, $W_{i,n,lout}^{U}$) entsorgt werden, wenn ihre nachgeschalteten Anlagen außer Betrieb sind.

Ziel der Produktionsplanung ist die Bestimmung dieser Entscheidungsvariablen für den zukünftigen Zeithorizont unter der unsicheren Lieferbarkeit und den unsicheren Kundenbedürfnissen, damit der zu erwartende Gesamtgewinn der Produktion maximiert wird. Die ersten beiden Zeilen der in Gl. (4.1) dargestellten Zielfunktion repräsentieren den Deckungs

$$
\max \sum_{i=1}^{I} \left\{
\begin{array}{l}
\displaystyle \sum_{j=1}^{J} c_{i,j}^{P} P_{i,j} + \sum_{k=1}^{K} c_{i,k}^{Q} Q_{i,k} - \sum_{m=1}^{M} c_{i,m}^{R} R_{i,m} - \sum_{l=1}^{L} c_{i,l}^{U} U_{i,l} \\[2ex]
\displaystyle + E\left[\sum_{\bar{j}=1}^{\bar{J}} \bar{c}_{i,\bar{j}}^{P} \hat{P}_{i,\bar{j}} + \sum_{\bar{k}=1}^{\bar{K}} \bar{c}_{i,\bar{k}}^{Q} \hat{Q}_{i,\bar{k}} - \sum_{\bar{m}=1}^{\bar{M}} \bar{c}_{i,\bar{m}}^{R} \hat{R}_{i,\bar{m}} - \sum_{\bar{l}=1}^{\bar{L}} \bar{c}_{i,\bar{l}}^{U} \hat{U}_{i,\bar{l}} \right] \\[2ex]
\displaystyle - \sum_{n=1}^{N}\left[\alpha_{i,n} y_{i,n} + \sum_{jin=1}^{JIN} \beta_{i,n,jin} F_{i,n,jin}^{RIN} + \sum_{lin=1}^{LIN} \gamma_{i,n,lin} F_{i,n,lin}^{UIN} \right] \\[2ex]
\displaystyle - \sum_{n=1}^{N}\left[\sum_{jout=1}^{JOUT} \eta_{i,n,jout}^{R} W_{i,n,jout}^{R} + \sum_{lout=1}^{LOUT} \eta_{i,n,lout}^{U} W_{i,n,lout}^{U} \right]
\end{array}
\right\}
\qquad (4.1)
$$

betrag der zu entscheidenden und der unsicheren Variablen durch den Verkauf und den Einkauf. Die dritte Zeile enthält die Summe der Betriebskosten aller Anlagen, wobei $\alpha_{i,n}$ die Kosten der einmaligen Investition für den Betrieb und $\beta_{i,n}, \gamma_{i,n}$ die von Strömen abhängigen Kostenfaktoren der Anlage sind. In der letzten Zeile von Gl. (4.1) sind die Entsorgungskosten der zu entsorgenden Stoffströme aufgeführt. Obwohl die zukünftigen Preisfaktoren $(c^P, c^Q, c^R, c^U, c^W)$ und Kostenfaktoren $(\alpha, \beta, \gamma, \eta^R, \eta^U)$ normalerweise unsicher sind, sind ihre Erwartungswerte häufig bekannt.

4.2.2   Nebenbedingungen

Bei der Planung müssen die folgenden Massen- und Energiebilanzen der Anlagen, Beschränkungen der Ströme sowie die Anlagenkapazitäten berücksichtigt werden. Normalerweise sind lineare Bilanzbeziehungen für eine Betriebsplanung ausreichend.

a) Eingangsströme

Zuordnung der Eingangsmenge zu den Anlagen:

$$R_{i,m} = \sum_{n=1}^{N} R_{i,n,m}, \qquad U_{i,l} = \sum_{n=1}^{N} U_{i,n,l} \tag{4.2}$$

Einhaltung der *unsicheren* Lieferbarkeitsgrenze:

$$\hat{R}_{i,\bar{m}} \geq \sum_{n=1}^{N} R'_{i,n,\bar{m}}, \qquad \hat{U}_{i,\bar{l}} \geq \sum_{n=1}^{N} U'_{i,n,\bar{l}} \tag{4.3}$$

Kapazitätsrestriktionen:

$$0 \leq R_{i,m} \leq R_{i,m}^{\max}, \qquad 0 \leq U_{i,l} \leq U_{i,l}^{\max} \tag{4.4}$$

b) Ausgangsströme

Akkumulierte Produktmenge aller Anlagen:

$$P_{i,j} = \sum_{n=1}^{N} P_{i,n,j}, \qquad Q_{i,k} = \sum_{n=1}^{N} Q_{i,n,k} \tag{4.5}$$

Befriedigung des *unsicheren* Bedarfs:

$$\sum_{n=1}^{N} P'_{i,n,\bar{j}} \geq \hat{P}_{i,\bar{j}}, \qquad \sum_{n=1}^{N} Q'_{i,n,\bar{k}} \geq \hat{Q}_{i,\bar{k}} \tag{4.6}$$

Kapazitätsbeschränkungen:

$$0 \leq P_{i,j} \leq P_{i,j}^{\max}, \qquad 0 \leq Q_{i,k} \leq Q_{i,k}^{\max} \tag{4.7}$$

c) einzelne Anlagen

Massen- und Energiebilanzen:

$$\sum_{jin=1}^{JIN} a_{i,n,jin,jm}^{P} F_{i,n,jin}^{RIN} + \sum_{m=1}^{M} b_{i,n,m,jm}^{P} R_{i,n,m} + \sum_{\bar{m}=1}^{\bar{M}} d_{i,n,\bar{m},jm}^{P} R_{i,n,\bar{m}}'$$

$$+ \sum_{jout=1}^{JOUT} e_{i,n,jout,jm}^{P} F_{i,n,jout}^{ROUT} + \sum_{j=1}^{J} g_{i,n,j,jm}^{P} P_{i,n,j} = 0 \qquad (4.8)$$

$$\sum_{lin=1}^{LIN} a_{i,n,lin,jk}^{Q} F_{i,n,lin}^{UIN} + \sum_{l=1}^{L} b_{i,n,l,jk}^{Q} U_{i,n,l} + \sum_{\bar{l}=1}^{\bar{L}} d_{i,n,\bar{l},jk}^{Q} U_{i,n,\bar{l}}'$$

$$+ \sum_{lout=1}^{LOUT} e_{i,n,lout,ik}^{Q} F_{i,n,lout}^{UOUT} + \sum_{k=1}^{K} g_{i,n,k,jk}^{Q} Q_{i,n,k} + \sum_{jin=1}^{JIN} \tilde{a}_{i,n,jin,jk}^{P} F_{i,n,jin}^{RIN}$$

$$+ \sum_{m=1}^{M} \tilde{b}_{i,n,jR,jk}^{P} R_{i,n,m} + \sum_{\bar{m}=1}^{\bar{M}} \tilde{d}_{i,n,\bar{m},jk}^{P} R_{i,n,\bar{m}}' + \sum_{jout=1}^{JOUT} \tilde{e}_{i,n,jout,jk}^{P} F_{i,n,jout}^{ROUT}$$

$$+ \sum_{j=1}^{J} \tilde{g}_{i,n,j,jk}^{P} P_{i,n,j} = 0 \qquad (4.9)$$

Kapazitätsbeschränkungen:

$$0 \le P_{i,n,j} \le y_{i,n} P_{i,n,j}^{\max}, \qquad\qquad 0 \le Q_{i,n,k} \le y_{i,n} Q_{i,n,k}^{\max} \qquad (4.10)$$

Die Massenbilanz bezüglich $P_{i,n,\bar{j}}'$ und $F_{i,n,jout}^{ROUT}$, Energiebilanz bezüglich $Q_{i,n,\bar{k}}'$ und $F_{i,n,lout}^{UOUT}$ sowie deren Kapazitätsbeschränkungen haben die gleichen Formen wie Gl. (4.8), Gl. (4.9) und Gl. (4.10) und werden daher hier nicht aufgeführt. JM und JK indizieren die Anzahl der vorhandenen Mengen- bzw. Energiebilanzen für den Produktionsprozess in der Anlage n zum Zeitpunkt i. Diese sind rein problem- bzw. prozessspezifische Größen und hängen von den Konstellationen ab, d.h. davon, ob es sich bei den Produkten um Zerlegungsprodukte oder Zusammensetzungen aus den Rohstoffen handelt.

Verschaltungen zwischen Anlagen
Abb. 4.3 zeigt z.B. die Verbindung zwischen Anlage n_1 und Anlage n_2.. Der Produktstrom von Anlage n_1 ist der Feedstrom von Anlage n_2. Allerdings besteht die Möglichkeit, dass aufgrund der Marktumstände Anlage n_2 nicht betrieben werden soll. In diesem Fall muss der Produktstrom von n_1 entsorgt werden. Es ergeben sich daher die folgenden Beziehungen:

Massen- und Energiebilanzen:

$$F_{i,n1,jout}^{ROUT} = F_{i,n2,jin}^{RIN} + W_{i,n1,jout}^{R}, \qquad F_{i,n1,lout}^{UOUT} = F_{i,n2,lin}^{UIN} + W_{i,n1,lout}^{U} \qquad (4.11)$$

Kapazitätsbeschränkungen:

$$0 \le W_{i,n1,jout}^{R} \le y_{i,n1}^{W} W_{i,n1,jout}^{R,\max}, \qquad 0 \le W_{i,n1,jout}^{U} \le y_{i,n1}^{W} W_{i,n1,jout}^{U,\max} \qquad (4.12)$$

Logistische Restriktion:

$$y_{i,n1} = y_{i,n2} + y_{i,n1}^{W} \tag{4.13}$$

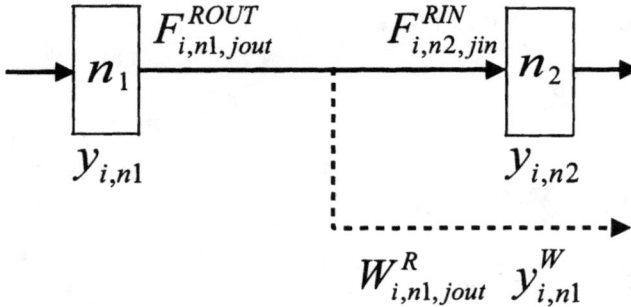

Abb. 4.3   *Verbindung zwischen zwei Anlagen*

Speichermenge in Puffertanks:
In einem großen Prozess werden viele Stoffe in Puffertanks gespeichert. Es ergeben sich die folgenden einfachen Massenbilanzen um einen Tank für jede Zeitperiode.

Feedtank:

$$V_{i,m}^{R} = V_{i-1,m}^{R} + R_{i,m}^{IN} - R_{i,m}^{OUT}, \qquad V_{i,\bar{m}}^{\hat{R}} = V_{i-1,\bar{m}}^{\hat{R}} + \hat{R}_{i,\bar{m}}^{IN} - R_{i,\bar{m}}^{OUT} \tag{4.14}$$

Produkttank:

$$V_{i,j}^{P} = V_{i-1,j}^{P} + P_{i,j}^{IN} - P_{i,j}^{OUT}, \qquad V_{i,\bar{j}}^{\hat{P}} = V_{i-1,\bar{j}}^{\hat{P}} + P_{i,\bar{j}}^{IN} - \hat{P}_{i,\bar{j}}^{OUT} \tag{4.15}$$

Volumenbeschränkungen:

$$V_{m}^{R,\min} \leq V_{i,m}^{R} \leq V_{m}^{R,\max}, \qquad V_{j}^{P,\min} \leq V_{i,j}^{P} \leq V_{j}^{P,\max} \tag{4.16}$$

Volumenbeschränkungen mit *unsicheren* Zuflüssen und Abflüssen:

$$V_{\bar{m}}^{R,\min} \leq V_{i,\bar{m}}^{\hat{R}} \leq V_{\bar{m}}^{R,\max}, \qquad V_{\bar{j}}^{P,\min} \leq V_{i,\bar{j}}^{\hat{P}} \leq V_{\bar{j}}^{P,\max} \tag{4.17}$$

Bei der Planung ist die Speichermenge in jedem Puffertank am Anfang des geplanten Zeithorizonts bekannt.

4.3   Wahrscheinlichkeitsrestriktionen

In dem oben dargestellten Planungsproblem hängen die Ungleichungen Gl. (4.3), Gl. (4.6) und Gl. (4.17) direkt mit einer unsicheren Zulieferung und/oder einem unsicheren Kundenbedarf zusammen. Das bedeutet, dass diese Ungleichungen nicht mit einer 100%igen Sicherheit erfüllt, sondern nur mit bestimmter Wahrscheinlichkeit eingehalten werden können. Deswegen definiert man für solche Ungleichungsnebenbedingungen Wahrscheinlichkeitsrestriktionen. Die Ungleichungen Gl. (4.3), Gl. (4.6) und Gl. (4.17) werden also durch die folgenden Repräsentationen ersetzt:

$$\Pr\left\{\sum_{n=1}^{N} R'_{i,n,\bar{m}} \leq \hat{R}_{i,\bar{m}}\right\} \geq \alpha_{i,\bar{m}}, \qquad \Pr\left\{\sum_{n=1}^{N} U'_{i,n,\bar{l}} \leq \hat{U}_{i,\bar{l}}\right\} \geq \alpha_{i,\bar{l}} \qquad (4.18)$$

$$\Pr\left\{\sum_{n=1}^{N} P'_{i,n,\bar{j}} \geq \hat{P}_{i,\bar{j}}\right\} \geq \alpha_{i,\bar{j}}, \qquad \Pr\left\{\sum_{n=1}^{N} Q'_{i,n,\bar{k}} \geq \hat{Q}_{i,\bar{k}}\right\} \geq \alpha_{i,\bar{k}} \qquad (4.19)$$

$$\Pr\left\{V_{\bar{m}}^{R,\min} \leq V_{i,\bar{m}}^{\hat{R}} \leq V_{\bar{m}}^{R,\max}\right\} \geq \alpha_{i,\bar{m}}, \qquad \Pr\left\{V_{\bar{j}}^{P,\min} \leq V_{i,\bar{j}}^{\hat{P}} \leq V_{\bar{j}}^{P,\max}\right\} \geq \alpha_{i,\bar{j}} \qquad (4.20)$$

In diesen Darstellungen ist $\alpha \in (0, 1)$ ein vordefiniertes Wahrscheinlichkeitsniveau zur Einhaltung der einzelnen Ungleichungen. Man muss also aufgrund der Marktunsicherheiten bei der Planung ein Risiko zur Verletzung der Restriktionen einkalkulieren. Definiert man ein hohes Wahrscheinlichkeitsniveau, wird die gewählte Produktionsstrategie zuverlässiger, aber auch der dadurch erzielte Gewinn niedriger (konservative Strategie). Wird ein niedrigeres Wahrscheinlichkeitsniveau ausgewählt, steigt zwar der Gewinn, aber es ist auch sehr wahrscheinlich, bei der Realisierung der geplanten Produktionsstrategie die Prozessbeschränkungen zu verletzen (aggressive Strategie). In diesem Fall müsste man entsprechend den realen sich ändernden Marktbedingungen die Produktionsstrategie oft modifizieren bzw. verändern. Daher soll ein geeignetes α gewählt werden, das einen optimalen Kompromiss zwischen dem Gewinn und der Zuverlässigkeit liefern kann.

Zur Lösung des optimalen Planungsproblems unter Wahrscheinlichkeitsrestriktionen werden die Ungleichungen in Gl. (4.18), Gl. (4.19) und Gl. (4.20) zu äquivalenten deterministischen Ausdrücken umgeformt. Hierzu ist die Kenntnis der Wahrscheinlichkeitsverteilungsfunktion Φ der unsicheren Variablen nötig. Beispielsweise können die ersten zwei Restriktionen in Gl. (4.18) und Gl. (4.19) wie folgt dargestellt werden:

$$\sum_{n=1}^{N} R'_{i,n,\bar{m}} \leq \Phi_{i,\bar{m}}^{-1}\left(1-\alpha_{i,\bar{m}}\right), \qquad \sum_{n=1}^{N} P'_{i,n,\bar{j}} \geq \Phi_{i,\bar{j}}^{-1}\left(\alpha_{i,\bar{j}}\right) \qquad (4.21)$$

wobei Φ^{-1} die Inversionsfunktion der Wahrscheinlichkeitsverteilungsfunktion ist. Mit dem vorgegebenen Wert von α kann die rechte Seite der Ungleichungen leicht berechnet werden. Die Umformung der in Gl. (4.20) dargestellten Wahrscheinlichkeitsrestriktionen ist weniger einfach, da die Summe von unsicheren Größen berücksichtigt werden muss. Denn die Speichermenge eines Puffertanks in einer Zeitperiode hängt von allen bisherigen Zeitperioden ab. Nach Gl. (4.14) wird die Ungleichung (hier wird nur nach der ersten Zeitperiode in Gl. (4.20) abgeleitet) zunächst wie folgt umgeschrieben:

$$\Pr\left\{\sum_{ii=1}^{i} \hat{R}_{ii,\bar{m}}^{IN} \leq \sum_{ii=1}^{i} R_{ii,\bar{m}}^{OUT} + V_{\bar{m}}^{R,\max} - V_{0,\bar{m}}^{R}\right\} \geq \alpha_{i,\bar{m}} \qquad (4.22)$$

$$\Pr\left\{\sum_{ii=1}^{i} \hat{R}_{ii,\bar{m}}^{IN} \geq \sum_{ii=1}^{i} R_{ii,\bar{m}}^{OUT} + V_{\bar{m}}^{R,\min} - V_{0,\bar{m}}^{R}\right\} \geq \alpha_{i,\bar{m}} \qquad (4.23)$$

Die Ungleichung innerhalb der Klammer in (4.22) für die Zeitperiode $ii = 1, \cdots, I$ kann wie folgt dargestellt werden:

$$T\xi_{\bar{m}} \leq Tz_{\bar{m}} + g_{\bar{m}} \tag{4.24}$$

wobei

$$T = \begin{pmatrix} 1 & 0 & \cdots & 0 \\ 1 & 1 & \cdots & 0 \\ \cdots & \cdots & \cdots & \cdots \\ 1 & 1 & \cdots & 1 \end{pmatrix}, \quad \xi_{\bar{m}} = \begin{pmatrix} \hat{R}_{1,\bar{m}}^{IN} \\ \hat{R}_{2,\bar{m}}^{IN} \\ \cdots \\ \hat{R}_{I,\bar{m}}^{IN} \end{pmatrix}, \quad z_{\bar{m}} = \begin{pmatrix} R_{1,\bar{m}}^{OUT} \\ R_{2,\bar{m}}^{OUT} \\ \cdots \\ R_{I,\bar{m}}^{OUT} \end{pmatrix}, \quad g_{\bar{m}} = \begin{pmatrix} V_{\bar{m}}^{R,\max} - V_{0,\bar{m}}^{R} \\ V_{\bar{m}}^{R,\max} - V_{0,\bar{m}}^{R} \\ \cdots \\ V_{\bar{m}}^{R,\max} - V_{0,\bar{m}}^{R} \end{pmatrix}$$

Zur Umformung von Gl. (4.24) definiert man $\xi'_{\bar{m}} = T\xi_{\bar{m}}$. Wenn $\xi_{\bar{m}}$ eine Normalverteilung hat, d.h. $\xi_{\bar{m}} \sim N(\mu_{\bar{m}}, \Sigma_{\bar{m}})$, dann ist $\xi'_{\bar{m}}$ normalverteilt, d.h. $\xi'_{\bar{m}} \sim N(T\mu_{\bar{m}}, T\Sigma_{\bar{m}}T^T)$, wobei $\mu_{\bar{m}}$ und $\Sigma_{\bar{m}}$ der Vektor des Erwartungswertes und die Kovarianzmatrix der unsicheren Größen sind. Transformiert auf die Ebene der Standardnormalverteilung ergibt sich $\xi''_{\bar{m}} = (T\Sigma_{\bar{m}}T^T)_{ii}^{-\frac{1}{2}}(T\mu_{\bar{m}} - \xi'_{\bar{m}})$, so dass Gl. (4.22) umformuliert werden kann zu $\Pr\{\xi''_{\bar{m}} \leq v_{i,\bar{m}}^{R,\lim}\} \geq \alpha_{i,\bar{m}}$ mit $v_{i,\bar{m}}^{R,\lim} = (T\Sigma_{\bar{m}}T^T)_{ii}^{-\frac{1}{2}}(Tz_{\bar{m}} - T\mu_{\bar{m}} + g_{\bar{m}})$. Analog dazu kann Gl. (4.23) ebenfalls umgeformt werden. Ausführliche Erläuterungen zu diesen Transformationen sind in Kapitel 3 oder in Arellano-Garcia et al. (1998) zu finden. Weil die Elemente in $g_{\bar{m}}$ und $z_{\bar{m}}$ in Gl. (4.24) von Modellparametern bzw. von Entscheidungsvariablen abhängen, können diese Umformungen von Gl. (4.22) und Gl. (4.23) dann wie in Gl. (4.21) ausformuliert werden. Durch diese Re-Formulierungen kann das Gesamtoptimierungsproblem mit dem folgenden deterministischen MILP- (Mixed-Integer-Linear-Programmierung-)Problem dargestellt werden

$$\begin{aligned} \max \quad & \mathbf{c}^T\mathbf{x} + \mathbf{d}^T\mathbf{y} \\ \text{mit} \quad & \mathbf{Ax} + \mathbf{By} \geq \mathbf{b} \\ & \mathbf{x} \geq 0, \ \mathbf{y} \in \{0,1\} \end{aligned} \tag{4.25}$$

wobei x und y kontinuierliche Optimierungsvariablen (d.h. die zu entscheidenden Eingangs- und Ausgangsströme) bzw. Integer-Optimierungsvariablen (d.h. die Entscheidung für Inbetriebnahme oder Nichtinbetriebnahme der Anlagen) sind. Die Elemente der Vektoren **c, d, b** und Matrizen **A, B** sind bekannte Konstanten. Dieses Problem lässt sich mit einem MILP-Standardsolver kommerzieller Software, wie z.B. GAMS (Brooke et al., 1988), lösen. Es muss darauf geachtet werden, dass ein MINLP- (Mixed-Integer-Nichtlinear-Programmierung-)Problem formuliert wird, wenn statt separaten Wahrscheinlichrestriktionen eine oder mehrere simultane Wahrscheinlichkeitsrestriktionen definiert werden. Denn in diesem Fall ist die Wahrscheinlichkeitsfunktion nichtlinear (siehe Abschnitt 3.2).

Die Bedeutung der Lösung dieses Problems lässt sich anhand der Darstellung in Abb. 4.4 diskutieren. Ein solches Problem kann mit unterschiedlich vorgegebenem Wahrscheinlichkeitsniveau wiederholt gelöst werden. Dadurch erhält man einen Zusammenhang zwischen dem erzielbaren Gewinn und der Zuverlässigkeit des geplanten Betriebs. Erhält man den Verlauf A, wird man sich für a als Lösungspunkt entscheiden. Denn ab diesem Punkt wird der Profit durch die Erhöhung des Wahrscheinlichkeitsniveaus schlagartig reduziert. Wenn das Ergebnis hingegen den Verlauf *C* aufweist, d.h. der Profit bei hohem Niveau ist nicht sensitiv, wird man sich für *b* als Lösungspunkt entscheiden. Beim Verlauf *B* fällt die direkte Entscheidung schwerer und es muss im Einzelfall nach problemspezifischen Prioritäten zwischen Gewinn und Zuverlässigkeit abgewogen werden.

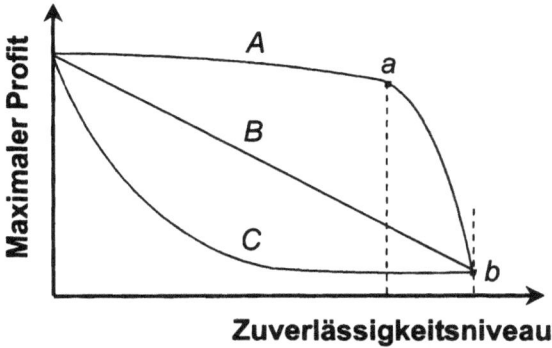

Abb. 4.4   *Beziehung zwischen dem Profit und dem Zuverlässigkeitsniveau*

4.4   Anwendungsbeispiele

4.4.1   Produktionsplanung einer Anlage

Das erste Beispiel behandelt die Planung einer stationär betriebenen Anlage. Wie in Abb. 4.5 gezeigt ist, hat die Anlage drei unsichere Feedströme (unsichere Lieferung) und zwei zu entscheidende Produktströme. Die Zahlen in Abb. 4.5 stellen die Verhältnisse zwischen den Ausgangs- und Eingangsströmen dar, wodurch die Bilanzbeziehungen beschrieben werden können. Die stochastischen Verteilungen der einzelnen Feedstöme können aus den Formen in Abb. 4.6 abgelesen werden, d.h. sie sind gleich, exponential bzw. normalverteilt. Die Zielfunktion lässt sich in reduzierter Form direkt aus Gl. (4.1) und die Wahrscheinlichkeitsrestriktionen lassen sich aus Gl. (4.8) und Gl. (4.18) herleiten. Da die Produkte Zusammensetzungen aus den Rohstoffen sind, ergeben sich die benötigten Rohstoffmengen aus den gewählten Produktmengen, sodass von Gl. (4.8) ausgehend $JM = \bar{M} = 3$ gelten muss und somit zwei Freiheitsgrade übrig bleiben. Sind die Preisfaktoren der Produkte bekannt, lässt sich das Optimierungsproblem mit separaten Wahrscheinlichkeitsrestriktionen wie folgt definieren

$$\begin{aligned}
\max \quad & \text{Profit} = 0,5P_1 + P_2 \\
\text{mit} \quad & \Pr\left\{ P_1 + P_2 \leq \hat{R}_1 \right\} \geq \alpha_1 \\
& \Pr\left\{ 2P_1 + P_2 \leq \hat{R}_2 \right\} \geq \alpha_2 \\
& \Pr\left\{ P_2 \leq \hat{R}_3 \right\} \geq \alpha_3 \\
& P_1 \geq 0, \ P_2 \geq 0
\end{aligned} \qquad (4.26)$$

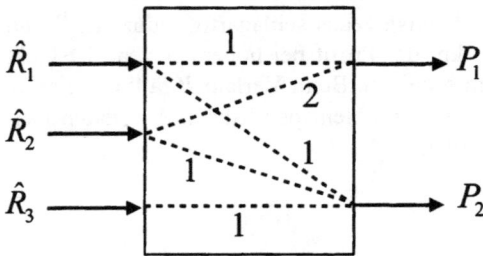

Abb. 4.5   *Eine Anlage mit drei unsicheren Feedstömen*

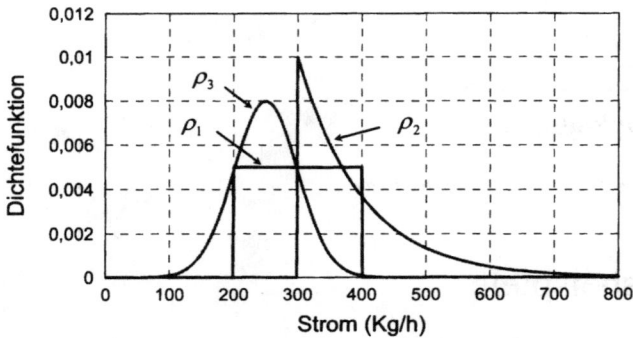

Abb. 4.6   *Verteilung der unsicheren Feedströme*

Unter einer simultanen Wahrscheinlichkeitsrestriktion formuliert sich das Problem wie folgt:

$$\max \quad \text{Profit} = 0,5P_1 + P_2$$

$$\text{mit} \quad \Pr \left\{ \begin{array}{l} P_1 + P_2 \leq \hat{R}_1 \\ 2P_1 + P_2 \leq \hat{R}_2 \\ P_2 \leq \hat{R}_3 \end{array} \right\} \geq \alpha \tag{4.27}$$

$$P_1 \geq 0, \quad P_2 \geq 0$$

In diesen beiden Formulierungen sind die Produktarten P_1 und P_2 die Entscheidungsvariablen. Mit den im letzen Abschnitt vorgestellten Methoden wurden die Probleme bei verschiedenen Wahrscheinlichkeitsniveaus gelöst.

Abb. 4.7 zeigt bei optimaler Lösung die Beziehung zwischen dem erzielbaren Gewinn und dem Zuverlässigkeitsniveau zur Einhaltung der separaten Restriktionen in Gl. (4.26) und der simultanen Restriktion in Gl. (4.27). Bei den separaten Wahrscheinlichkeitsrestriktionen sollen alle drei Restriktionen mit dem gleichen Niveau wie bei der simultanen Wahrscheinlichkeitsrestriktion eingehalten werden, d.h. $\alpha_1 = \alpha_2 = \alpha_3 = \alpha$. Es ist deutlich zu sehen, dass der Gewinn abnehmen wird, wenn man eine höhere Zuverlässigkeit wünscht. Darüber hinaus erkennt man, dass bei der simultanen Restriktion der Gewinn niedriger wird als bei den separaten Restriktionen, da die simultane Restriktion strenger ist. Abb. 4.8 zeigt die benötigten optimalen Betriebsstrategien für die Entscheidungsvariablen. Wenn man z.B. eine Zuverlässigkeit bei den separaten Restriktionen von 75% erreichen will, muss nach Abb. 4.8 der Prozess mit $P_1 = 50$ Kg/h, $P_2 = 200$ Kg/h betrieben werden. Damit erhält man entsprechend Abb. 4.7 einen erwarteten Gewinn von 225 \$/h. Bei der simultanen Restriktion sollen die Produktionsraten niedriger sein; sie führt also zu einer konservativeren Führungsstrategie.

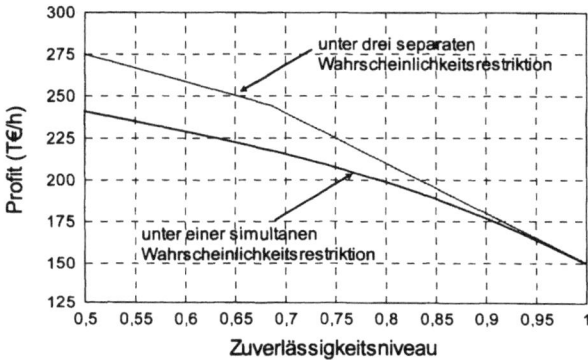

Abb. 4.7   *Optimaler Profit mit unterschiedlicher Zuverlässigkeit*

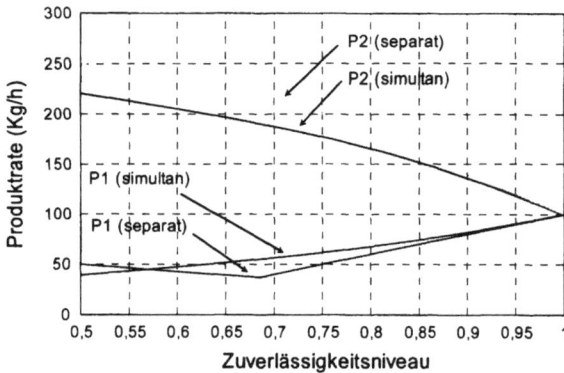

Abb. 4.8   *Optimale Produktionsrate mit unterschiedlicher Zuverlässigkeit*

Um den Unsicherheitsfaktor der Lieferung zu begrenzen, können Puffertanks für die Feedströme eingesetzt werden, d.h. die Feedströme werden zunächst in Puffertanks akkumuliert und dann der Anlage zugeführt. Abb. 4.9 zeigt die Auswirkungen des einzelnen Tanks auf den jeweiligen Feedstrom. Hier wird angenommen, dass der Tank so groß ist, dass alle Schwankungen vollständig aufgefangen werden und aus dem Tank der Erwartungswert des unsicheren Eingangsstroms abgezogen werden kann. Es ist zu sehen, dass bei Nutzung eines Tanks für $\hat{R}_1$ der Gewinn deutlich erhöht werden kann. Ein Tank für $\hat{R}_2$ hat jedoch keine

Wirkung auf das Ergebnis und ein Tank für $\hat{R}_3$ erhöht nur im Bereich niedriger Zuverlässig-keitsniveaus den Gewinn leicht. Das heißt, die Lösung liefert die Sensitivität des Gewinns auf verändertes Produktionsprozessdesign und somit eine Entscheidungsgrundlage für Ver-besserungsmaßnahmen.

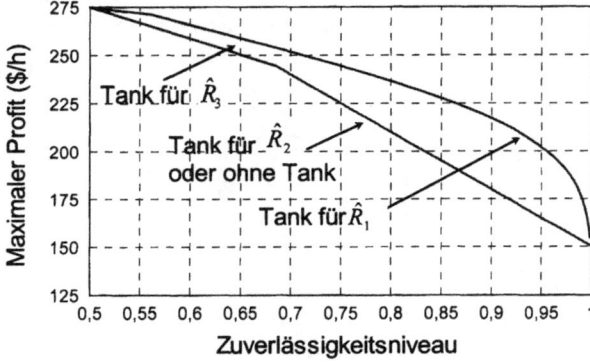

Abb. 4.9   *Wirkung der einzelnen Puffertanks*

4.4.2   Planung eines Produktionsprozesses

Abb. 4.10 zeigt einen Produktionsprozess mit zwei Anlagen, einem Mischer und drei Puffer-tanks. Es gibt einen unsicheren Eingangsstrom $\hat{R}$ (Lieferung) und zwei unsichere Aus-gangsströme $\hat{P}_1, \hat{P}_2$ (Kundenbedarf). Alle drei unsicheren Größen werden als normalverteilt in den zukünftigen zwölf Monaten angenommen mit einem bekannten Erwartungswert und einer Varianz für jeden einzelnen Monat. Abb. 4.11 zeigt beispielsweise die durch einen Zufallsgenerator erzeugten 100 möglichen Verläufe von $\hat{R}$. Entscheidungsvariablen sind die Zulaufströme R_1, R_2 (Einkauf) und der Ablaufstrom P (Verkauf).

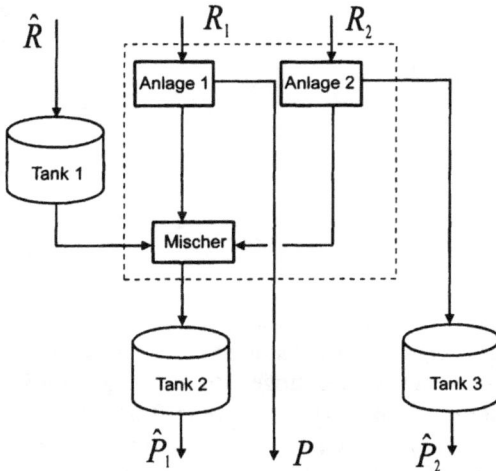

Abb. 4.10   *Planung eines Produktionsprozesses*

In Abb. 4.12 ist der Verlauf des Erwartungswerts des Preisfaktors dieser Variablen im geplanten Zeithorizont gezeigt. Ziel der Produktionsplanung bei unsicherer Lieferung und unsicherem Kundenbedarf ist die Gewinnmaximierung und zugleich die Einhaltung der unteren und oberen Grenzen der Puffertanks in den zwölf Monaten.

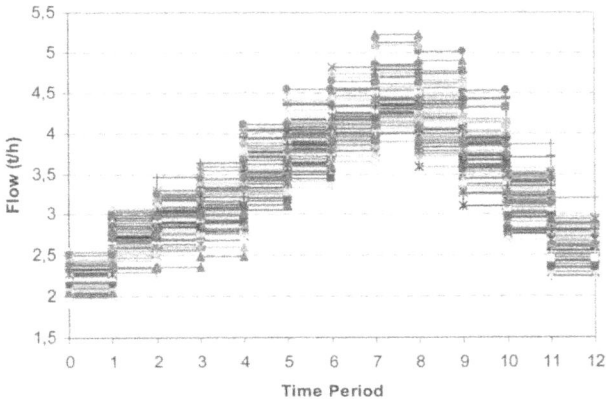

Abb. 4.11   *Verteilung zukünftiger Lieferung von* $\tilde{R}$

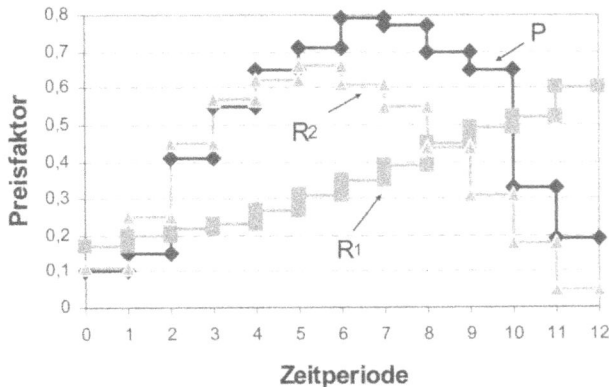

Abb. 4.12   *Preisfaktor der zu entscheidenden Ein- und Verkaufsströme*

Zwei Fälle unterschiedlicher Zuverlässigkeit werden hier untersucht. Das Zuverlässigkeitsniveau zur Einhaltung der Speicherkapazität für alle drei Tanks ist definiert als $\alpha(n) = 0.95 - 0.01n$ für Fall 1, d.h. eine relative niedrige Zuverlässigkeit, und als $\alpha(n) = 0.99 - 0.01n$ für Fall 2, d.h. eine höhere Zuverlässigkeit. Hierbei ist n der Index für die Zeitperioden, für die weiter entfernten Perioden wird also eine relativ lockere Restriktion angenommen. Abb. 4.13 zeigt für Fall 1 die mit der stochastischen Optimierung ermittelte Produktionsstrategie. Die aus dieser Strategie und den unsicheren Strömen (siehe Abb. 4.11 für z.B. $\hat{R}$) resultierenden 100 möglichen Verläufe der Speichermenge im Tank 1 sind in

Abb. 4.14 dargestellt. Abb. 4.15 zeigt für Fall 2 hundert Verläufe bei optimaler Produktionsstrategie.

Die Übertragung der Unsicherheiten von Periode zu Periode ist deutlich aus Abb. 4.14 und Abb. 4.15 zu erkennen. Je weiterer entfernt, desto höher wird die Unsicherheit. Beim Vergleich von Abb. 4.14 mit Abb. 4.15 ist zu sehen, dass durch die Realisierung der geplanten optimalen Strategie im Fall 2 die Speichergrenzen der Puffertanks wegen der strengeren Restriktionen sicherer einzuhalten sind. Aber der in Fall 2 erzielte Gewinn beträgt auch nur 54% des in Fall 1 zu erwartenden Gewinns. Es ist zu beachten, dass es in beiden Fällen Zeitpunkte gibt, in denen die Speichergrenzen der Tanks wahrscheinlich verletzt werden.

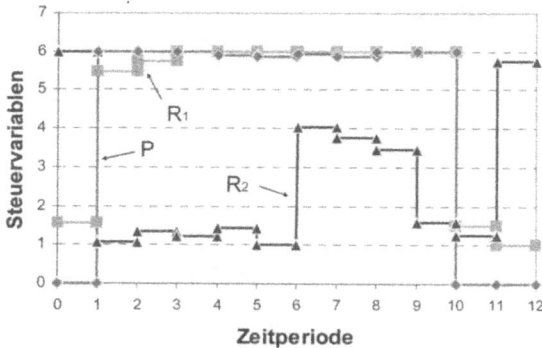

Abb. 4.13   *Geplante optimale Produktionsstrategie*

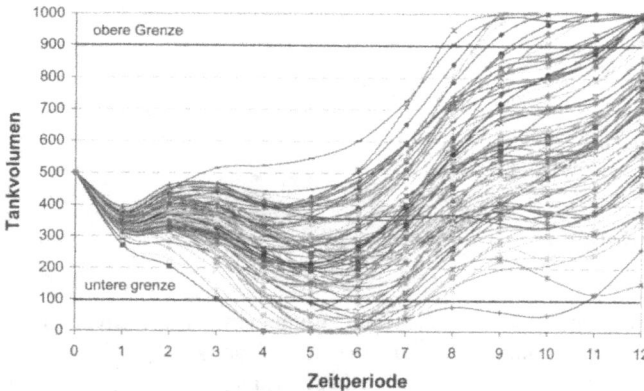

Abb. 4.14   *Speichermenge im Tank 1 mit dem unsicheren Eingangsstrom $\hat{R}$ (Fall 1)*

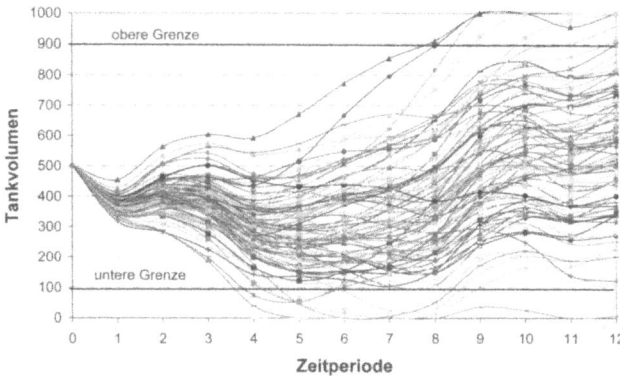

Abb. 4.15   *Speichermenge im Tank 1 mit dem unsicheren Eingangsstrom $\hat{R}$ (Fall 2)*

Zur Lösung dieses Problems verwendet man die Methode des sog. „Moving Horizon". Hierbei wird die optimale Strategie, die für den Betrieb im gesamten Zeithorizont (12 Monate) geplant ist, nur für die erste Zeitperiode implementiert. Nach dieser Periode wird anhand des realisierten Ergebnisses die Optimierung für die Planung der nächsten 12 Monate erneut durchgeführt. Weil in der ersten Periode immer ein hohes Zulässigkeitsniveau verlangt wird, kann die Verletzung der Restriktionen mit hoher Wahrscheinlichkeit vermieden werden.

4.4.3   Produktionsplanung eines Prozessverbunds

Als drittes Beispiel wird ein Produktionsverbund dreier Anlagen betrachtet, siehe Abb. 4.16. Der Rohstoff R wird zuerst in Anlage 1 verarbeitet und zu diesem Produkt wird im Abfluss des Feedtanks der unsichere Strom $\hat{R}$ gemischt. Anschließend wird das Gemisch parallel Anlage 2 und 3 zugeführt, wo das Endprodukt hergestellt und im Produkttank gespeichert wird. Der Kundenbedarf für die Produktmenge ist ebenfalls unsicher. Die Erwartungswerte beider unsicherer Größen in den zukünftigen fünf Perioden sind in Tabelle 4.1 angegeben. Es werden 5% Standardabweichung von den Erwartungswerten der unsicheren Größen angenommen. Tabelle 4.2 zeigt die Daten der einzelnen Anlagen. Es ist darauf zu achten, dass die einmaligen Betriebskosten λ_n und die von dem Feedstrom abhängigen Kosten β_n bei den einzelnen Anlagen unterschiedlich hoch sind. Damit besteht die Möglichkeit, bei verschiedenen Situationen eine Anlage in oder außer Betrieb zu nehmen. Beispielsweise werden, wenn der Bedarf der Produktmenge niedrig ist, aufgrund der höheren Betriebskosten nur Anlage 1 und 2 in Betrieb genommen. Die Anfangsspeichermengen im Feedtank und im Produkttank sowie deren Grenzen sind in Tabelle 4.3 angegeben.

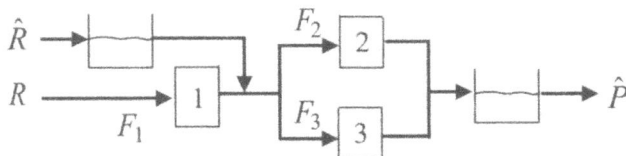

Abb. 4.16   *Produktionsplanung eines Prozessverbunds*

Tab. 4.1   *Erwartungswerte der unsichere Strömen in den Zeitperioden*

	1	2	3	4	5
$\hat{R}$	4,0	5,0	6,0	5,0	4,0
$\hat{P}$	50	60	70	60	50

Tab. 4.2   *Daten der Anlagen des Prozessverbunds*

n	λ_n	β_n	a_n	F_n^{max}
1	150	10	2	10
2	205	5	3	20
3	100	12	3	20

Tab. 4.3   *Daten des Feed- und Produkttanks*

m	$V_{m,0}$	V_m^{min}	V_m^{max}
1	9	3	15
2	130	60	200

Abb. 4.17 zeigt nach der Optimierung den Abfall des zu erzielenden Gewinnprofils in Abhängigkeit vom steigenden Zuverlässigkeitsniveau in Bezug auf die Einhaltung der Speichergrenzen der Puffertanks. Es ist zu sehen, dass es Lösungspunkte gibt, ab denen der Profit schlagartig abfällt. Folglich sollte die Entscheidung an einem dieser Punkte getroffen werden. Der Grund für die schlagartigen Veränderungen ist, dass an diesen Punkten die Struktur des Produktionsverbundes verändert wird. Abb. 4.18 zeigt die Anzahl der Perioden, in denen die einzelnen Anlagen im geplanten Zeithorizont, d.h. fünf Perioden, in Betrieb sein sollen. Ist das Zuverlässigkeitsniveau kleiner als 93%, sollen Anlage 1 und Anlage 2 drei Perioden und Anlage 3 zwei Perioden lang in Betrieb sein. Zwischen 93% und 96% sollen alle drei Anlagen in drei Perioden betrieben werden. Ab 96% sollen Anlage 1 und Anlage 2 vier Perioden und Anlage 3 eine Periode in Betrieb sein. Abb. 4.19 zeigt die optimale Produktionsstrategie mit dem Zuverlässigkeitsniveau von 93%.

Es ist interessant, dass in der ersten Periode keine der drei Anlagen in Betrieb sein soll. Der Grund liegt daran, dass am Anfang eine große Menge des Produkts im Produkttank vorhanden ist, die ausreichend für den Kundenbedarf ist. Wenn in dieser Periode der Preis der Rohstoffe hoch ist, lohnt es sich angesichts der hohen Betriebskosten also nicht, die Anlagen in Betrieb zu nehmen.

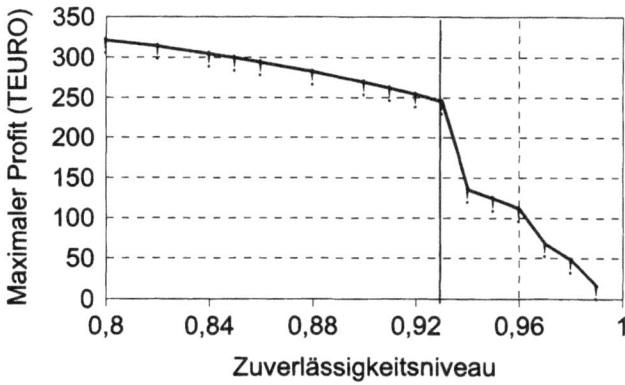

Abb. 4.17   Optimaler Profit mit unterschiedlicher Zuverlässigkeit

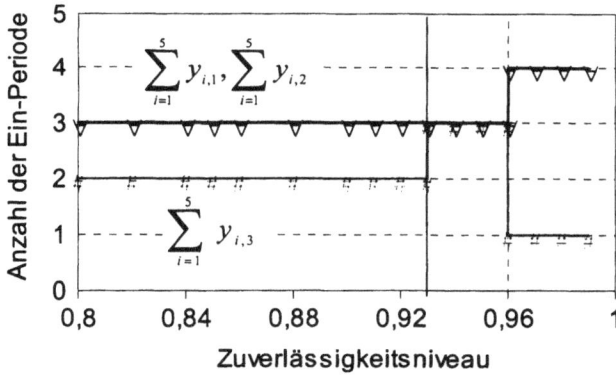

Abb. 4.18   Anzahl derPerioden, in denen die Anlagen in betrieb sind

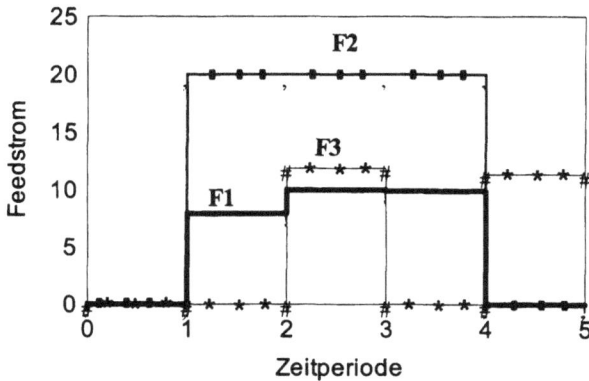

Abb. 4.19   Optimale Produktionsstrategie mit einem Zuverlässigkeitsniveau von 93%

4.5   Schlussfolgerung

In diesem Kapitel wurde ein allgemeines Konzept zur Berücksichtigung unsicherer Marktbedingungen bei der Produktionsplanung vorgestellt. Die unsichere Lieferbarkeit von Rohstoffen und Utilities und der unsichere Kundenbedarf an den Produkten wurden zur Ermittlung zukünftiger Produktionsstrategien bedacht. Diese unsicheren Größen werden explizit in die Formulierung des Optimierungsproblems eingesetzt, so dass ihre Wirkungen für die Lösung des Problems relevant sind. Basierend auf den linearen Massen- und Energiebilanzen der Anlagen bzw. Prozesse wurde ein großes dynamisches MILP-Problem mit separaten Wahrscheinlichkeitsrestriktionen formuliert. Entsprechend der stochastischen Verteilungen der unsicheren Größen lässt sich das Problem zu einem äquivalenten deterministischen MILP-Problem umformen und mit kommerzieller Software lösen. Löst man das Problem mehrfach mit verschiedenen Zulässigkeitsniveaus, kann man eine Entscheidung treffen, die zu einem gewünschten Kompromiss zwischen dem Gewinn und der Produktions-Zuverlässigkeit führt. Damit ergibt sich eine weder konservative noch aggressive Produktionsstrategie.

Die Lösung des Optimierungsproblems liefert eine Kauf- und Verkaufsstrategie im betrachteten Zeithorizont. Diese Strategien sind robust, also nicht sensitiv bezüglich der sich ändernden Marktbedingungen. Da der Kauf und Verkauf in Form von Verträgen oder Aufträgen mit anderen Unternehmen festgelegt werden und somit Variationen weitgehend ausgeschlossen sind, kann eine hohe Robustheit dieser Strategie angestrebt werden. Außerdem liefert die Lösung des Optimierungsproblems die Betriebsstrategie für die betroffenen Anlagen. Einerseits können die zeitlichen Änderungen von Strukturvarianten berücksichtigt und anhand der Planung entschieden werden, ob eine Anlage in einer bestimmten Zeitperiode an- oder ausgeschaltet werden soll. Anderseits werden die Feedmengen einzelner, im betrieb eingesetzter Anlagen durch die Optimierung ermittelt. Der entwickelte Lösungsansatz wurde in verschiedenen praktischen Problemstellungen, wie z.B. der Produktionsplanung einer Raffinerie unter Unsicherheiten (Li et al., 2004), der Optimierung des langfristigen Elektrizitätsbezugs eines Unternehmens unter unsicherem Bedarf (Chan et al., 2006), eingesetzt.

5 Optimale Mehrgrößenregelung unter Unsicherheiten

5.1 Stand der Technik

Aufgrund der sich ständig ändernden Marktbedingungen wechseln die Produktspezifikationen und die Feedbedingungen eines Prozesses häufig. Amplitude und Frequenz dieser Änderungen sind oft unsicher und verursachen signifikante Störungen. Angesichts dieser Störungen ist eine feste Vorgabe des aus dem Prozessdesign definierten Betriebspunkts in Bezug auf Wirtschaftlichkeit und Umweltfreundlichkeit nicht optimal. Der Betriebspunkt muss also den Störungen entsprechend angepasst werden, sodass Betriebskosten und Umweltbelastung stets minimiert werden können.

Bis heute wird in der Industrie der Betriebspunkt anhand empirischer Regeln oder durch die Intuition der Operateure definiert. Der so ermittelte Betrieb führt häufig zu konservativen oder aggressiven Fahrweisen. Anderseits bestehen aufgrund des dynamischen Verhaltens, der zahlreichen Variablen und der komplexen Interaktionen zwischen den Variablen Schwierigkeiten, die gewünschten Betriebszustände einzuhalten (Shobrys & White, 2000). Angesichts solcher Störungen können also die konventionellen Regelungssysteme die gewünschten Produkteigenschaften nicht gewährleisten.

Allgemein kann der Betrieb eines Prozesses in einem Regelungssystems wie in Abb. 5.1 dargestellt werden. Eingangsvariablen des betrachteten Prozesses sind die Stellgrößen $\mathbf{u}$ und die Störgrößen ξ. Es gibt messbare Ausgangsgrößen $\mathbf{y}$. Darüber hinaus ist allgemein bekannt, dass in der Prozessindustrie viele nicht direkt messbare Ausgangsvariablen $\mathbf{y}^C$ existieren, wie z.B. Zusammensetzung, Viskosität, Kristallform usw. Obwohl solche Variablen die Produktqualität definieren und daher äußerst wichtig bei der Prozessführung sind, werden

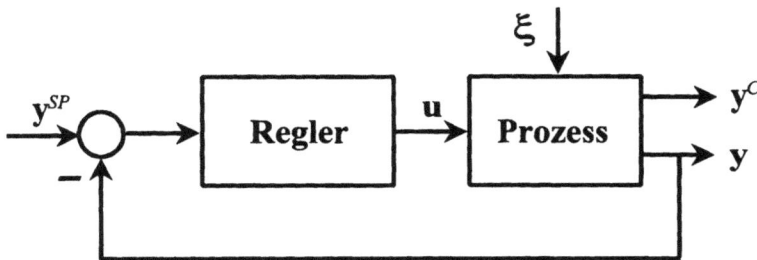

Abb. 5.1   Betrieb eines Prozesses mit einem Regelungssystem

sie, da sie nicht messbar sind, nicht in die Regelkreise eingeschlossen. Sie stehen somit lediglich in einer Open-loop-Beziehung zu den Störungen. Ihre Sollwerte müssen jedoch aufgrund der Produktanforderungen eingehalten werden. In der Praxis werden häufig einfach messbare Variablen (Ersatzvariablen, z.B. Temperaturen und Drucke) als Regelhilfsgrößen benutzt, um die nichtmessbaren Variablen indirekt zu regeln.

Mit den Ersatzvariablen kann man beim Design des Regelungssystems die Störungsunsicherheiten richtig einschätzen. Werden die Unsicherheiten als sehr hoch eingeschätzt, wie in der Chemieindustrie üblich, wird dies zu einer konservativen Prozessführung führen. Daraus resultieren erhöhte Kosten, obwohl die Wahrscheinlichkeit, die Restriktionen zu verletzen, unter Umständen sehr gering ist, beispielsweise 10^{-6}. Im umgekehrten Fall, wenn wegen der Gewinnerwartung die Unsicherheiten als zu gering eingeschätzt werden, ergibt sich eine aggressive bzw. zu optimistische Prozessführung und die Produktspezifikationen werden häufig verletzt.

Aus den genannten Gründen wird für den Prozessbetrieb unter großen unsicheren Störungen ein neues Regelungskonzept zur Ermittlung einer optimalen Regelung bzw. zur Entwicklung eines robusten Regelungssystems benötigt. Es sollen die erheblichen unsicheren Störungen kompensiert werden, um sowohl die Produktspezifikationen einzuhalten als auch die Betriebskosten zu minimieren. Unter dem Einfluss von größeren, stochastischen Störungen kann das Betriebsproblem mit üblichen *deterministischen* Regelungsalgorithmen nicht gelöst werden. Daher ist eine stochastische Methode zu entwickeln bzw. einzusetzen. Die Störungen sollen hierzu durch stochastische Variablen charakterisiert werden. Die mathematische Beschreibung (Erwartungswert, Varianz, Verteilungsfunktion) solcher unsicherer Variablen lassen sich anhand von – der Analyse zumeist vorliegenden – historischen Daten ermitteln. Bei einer *stochastischen* Methode wird diese Information unmittelbar in die Formulierung eines optimalen Regelungsproblems und die Entwicklung eines Regelungssystems mit Unsicherheiten eingesetzt, damit eine robuste bzw. zuverlässige Lösung erzielt werden kann.

In der Vergangenheit wurden zahlreiche Algorithmen zur Regelung komplexer Systeme entwickelt (Morari & Zafiriou, 1989; Camacho & Bordons, 1999). Um Mehrgrößensysteme mit Restriktionen der Ausgangsvariablen behandeln zu können, wurden insbesondere die Methoden der modellgestützten prädiktiven Regelung (lineare MPC) intensiv untersucht. Die lineare MPC gilt als eine wichtige Methode zur Mehrgrößenregelung und ist deshalb ein wesentlicher Ansatz zur Lösung von Betriebsproblemen. Sie ist häufig in kommerzielle Software-Programme implementiert und wird erfolgreich in der Prozessindustrie angewendet (Richalet, 1993; Qin & Badgwell, 1996). Allerdings wurden in diesen deterministischen Lösungsansätzen weder die Unsicherheiten in den Modellparametern noch die in den Störungen betrachtet.

Die lineare MPC enthält eine quadratische Zielfunktion, lineare Gleichungsnebenbedingungen und lineare Ungleichungsnebenbedingungen. Das Problem der optimalen Regelung in diskreter Form für den momentanen Zeithorizont kann wie folgt beschrieben werden:

$$\min \left[\mathbf{x}(N)^T \mathbf{S} \ \mathbf{x}(N) + \sum_{i=1}^{N-1} \mathbf{x}(i)^T \mathbf{Q} \ \mathbf{x}(i) + \sum_{i=0}^{N-1} \mathbf{u}(i)^T \mathbf{R} \mathbf{u}(i) \right]$$

$$\text{mit} \quad \mathbf{x}(i+1) = \mathbf{A}\mathbf{x}(i) + \mathbf{B}\mathbf{u}(i) + \mathbf{C}\boldsymbol{\xi}(i), \qquad \mathbf{x}(0) = \mathbf{x}_0 \tag{5.1}$$

$$\mathbf{E}\mathbf{x}(i) + \mathbf{F}\mathbf{u}(i) - \boldsymbol{\psi} \geq \mathbf{0}, \qquad \mathbf{u}_{min} \leq \mathbf{u}(i) \leq \mathbf{u}_{max}$$

wobei $x \in R^n$ und $u \in R^m$ die Vektoren der Zustands- und Stellgrößen des Systems sind. $\xi \in R^l$ ist der Vektor der Zufallsstörgrößen. Die Zufallsstörgrößen werden in der Regelungstechnik bislang meistens als weißes Rauschen angenommen. Hier werden sie als stochastische multivariate Variable mit einer Normalverteilung betrachtet. $A, E \in R^{n \times n}$, $B, F \in R^{n \times m}$, $C \in R^{n \times l}$ und $\Psi \in R^n$ sind Matrizen und ein Vektor der Modellparameter in den linearen Gleichungs- und Ungleichungsnebenbedingungen. $S, Q \in R^{n \times n}$ und $R \in R^n$ sind bekannte, symmetrische Matrizen in der Zielfunktion, die die Gewichte zwischen den Zustands- und den Stellvariablen beschreiben. N ist die Anzahl der Zeitintervalle im betrachteten Zeithorizont, x_0 ist der Anfangszustand des Horizonts.

In der Vergangenheit wurden zahlreiche Untersuchungen zur deterministischen Lösung dieses Problems durchgeführt, wobei die Zufallsstörgrößen als konstant angenommen wurden. Beim Vorhandensein von ausschließlich Gleichungsnebenbedingungen, d.h. ohne Restriktionen der Ausgangsgröße, lässt sich anhand der Optimalitätsbedingung im Sinne der Minimierung des Fehlerquadrats eine analytische Lösung erzielen (Zheng & Morari, 1995). Die quadratische Programmierung wird für die Lösung des Problems mit Ungleichungsnebenbedingungen, also mit Restriktionen der Ausgangsgröße, verwendet (Scokaert & Rawlings, 1999). Theoretische Untersuchungen zur Charakterisierung des zulässigen Bereiches bzw. zur Stabilität einer linearen MPC wurden in der Vergangenheit vielfach durchgeführt (Garcia & Morshedi, 1986; Muske & Rawlings, 1993; Morari & Lee, 1999; Mayne et al., 2000). Einige kommerzielle Software-Programme für die lineare MPC sind bereits vorhanden und werden in der chemischen Industrie erfolgreich implementiert (Richalet, 1993; Qin & Badgwell, 1996; Allgöwer, et al., 1999).

Ein wesentlicher Nachteil der oben dargestellten deterministischen linearen MPC stellt die vereinfachte Behandlung der unsicheren Störungen dar. Mit der algorithmischen Struktur der MPC wird angenommen, dass alle Störungen durch weißes Rauschen (d.h. Erwartungswerte gleich null und zeitlich voneinander unabhängig) beschrieben werden können (Morari & Zafiriou, 1989; Camacho & Bordons, 1999). Die stochastischen Eigenschaften der unsicheren Störgrößen werden also eigentlich nicht berücksichtigt.

Darüber hinaus wird häufig angenommen, dass sich die Störungen im betrachteten Zeithorizont nicht verändern. Diese Annahme führt zu Nachteilen. Erstens wird die Reaktion dieser Regelungssysteme aufgrund der Störungen nur *rückwirkend wirksam*, d.h. erst nach einer Realisierung der unsicheren Variablen wird die MPC die angepassten Werte für die Stellgrößen u liefern. Man nimmt die momentan gemessenen Werte der Störvariablen vereinfacht als konstante Störungen für die Zukunft an. Das ist prinzipiell die sog. „Wait-and-see"-Strategie. Zweitens muss bei häufigen Störungen das System sehr oft reagieren (hieraus resultiert eine ungünstige Robustheit). Dieser Ansatz erfordert eine besonders kurze Rechenzeit bei der Online-Implementierung. Drittens können die nicht messbaren Variablen, die aufgrund der Produktspezifikation begrenzt werden müssen, nicht unmittelbar mit der MPC geregelt werden. Die Restriktionen werden also wegen des Open-Loop-Verhaltens durch die zufälligen Realisierungen der Störgrößen mit einer hohen Wahrscheinlichkeit verletzt, insbesondere wenn eine große Änderung der Störungen auftritt.

Viele frühere Untersuchungen zur robusten Regelung unter *Parameterunsicherheiten* basieren auf der Worst-Case-Analyse (Fan & Tits, 1992; Marino & Tomei, 1993; Devries & Vandenhof, 1995; Kothare et al., 1996), was zu einem sehr konservativen Design führte. Der auf dem konservativen Design basierende Regler wird eine starke Reaktion auf Störungen liefern (Fialho & Georgiou, 1999; Ma et al., 1999). Im Gegensatz zur Worst-Case-Analyse wird in diesem Kapitel ein sog. „weiches" Kriterium bei der Berücksichtigung von Unsicherheiten eingeführt, d.h. unter vorgegebenen Modellunsicherheiten kann die Stabilität eines Systems nicht mit einer 100%igen Sicherheit, sondern nur mit einer hohen Wahrscheinlichkeit garantiert werden.

In den Arbeiten zum Reglerdesign von Vidyasagar (1998) wurden lediglich zeitinvariante Systeme mit unsicheren *statischen* Modellparametern für lineare Systeme, d.h. die Parameter in Matrizen **A**, **B**, **C** in Gl. (5.1), betrachtet (Vidyasagar & Blondel, 2001; Vidyasagar, 2001). Die Stabilitätsanalyse wurde statistisch durchgeführt. Dabei wurde angenommen, dass die unsicheren Parameter innerhalb vordefinierter Intervalle variieren. Mit dem Monte-Carlo-Sampling der unsicheren Parameter werden die Eigenwerte der betrachteten Matrizen (sowohl bei der Analyse des Systems als auch bei der Synthese eines Feedbackreglers) berechnet und dadurch eine sog. empirische Wahrscheinlichkeit der Stabilität ermittelt. Es ist offensichtlich, dass diese Methode nicht für die Analyse und Synthese von nichtlinearen Systemen unter Unsicherheiten, wie sie hier in diesem Kapitel betrachtet werden, geeignet ist.

Auch von einer anderen Forschungsgruppe wurde das Designproblem für robuste Regler unter unsicheren Modellparameter untersucht (Stengel & Ray, 1991; Ray & Stengel, 1993; Marrison & Stengel, 1997). Es wurde wiederum angenommen, dass die unsicheren Parameter zeitunabhängig bzw. statisch sind. Die Stabilitätsanalyse wurde aber (mit einer speziellen nichtlinearen Formulierung) auf nichtlineare Systeme erweitert (Wang & Stengel, 2002) und die Stabilitätswahrscheinlichkeit maximiert. Es handelt sich bei diesem Lösungsansatz um einen Offline-Ansatz, der daher bei der Online-Implementierung die erwünschten Systemeigenschaften nicht garantieren kann. Außerdem ist der Ansatz nicht allgemeingültig für die Anwendung auf komplexe nichtlineare Systeme einsetzbar. Die Berechnung der Wahrscheinlichkeit erfolgt ebenfalls durch Monte-Carlo-Sampling, während für die Optimierung der Designgrößen ein stochastisches Suchverfahren, ein genetischer Algorithmus oder das Simulated-Annealing-Verfahren benutzt wurde. Ähnliche Untersuchungen wurden von einer Forschungsgruppe in Turin durchgeführt (Calafiore et al., 2000; Polyak & Tempo, 2001; Calafiore & Dabbene, 2002). Es ist jedoch bekannt, dass solche stochastischen Suchverfahren eine sehr niedrige Recheneffizienz haben. Darüber hinaus ist es mit einem stochastischen Suchverfahren schwierig, die bei einer nichtlinearen Optimierung benötigten Gradienten zu berechnen.

In der Untersuchung von Schwarm & Nikolaou (1999) wurde das Design von linearer MPC unter Berücksichtigung der unsicheren Parameter betrachtet. Ein Optimierungsproblem unter Wahrscheinlichkeitsrestriktionen wurde formuliert und gelöst. Da hier nur *separate* Wahrscheinlichkeitsrestriktionen betrachtet wurden, kann das lineare Optimierungsproblem mit unsicheren normalverteilten Modellparametern analytisch gelöst werden. Der Ansatz wurde auf den Betrieb einer Destillationskolonne in einfacher Form angewendet.

In vielen Fällen sind aufgrund fehlender Daten die stochastischen Verteilungen der unsicheren Größen schwer zu bestimmen. Es existieren drei Methoden zur Ermittlung der stochastischen Verteilung einer unsicheren Variablen (Wet, 1994). Erstens kann sie durch Marktkenntnis und anhand der Vereinbarungen zwischen den Lieferanten und den Kunden ermittelt werden. Zweitens kann sie, falls viele Daten vorhanden sind, durch statistische Regression (Turky, 1977; Jobson, 1991) gewonnen werden. Drittens kann sie, falls nicht genügend Daten vorhanden sind, durch Interpolation oder Extrapolation der bisherigen Kenntnisse der Zufallsvariablen approximiert werden. Die Lösung aus einer auf einer approximierten Verteilung basierenden stochastischen Optimierung ist glaubwürdiger als die einer deterministischen Optimierung, in der nur die Erwartungswerte der unsicheren Variablen eingesetzt werden.

Da das Sammeln und Analysieren von Daten für die Wirtschaftlichkeit von besonderer Bedeutung sind, werden diese Methoden in der Industrie immer häufiger eingesetzt. So wurden in den letzten Jahren vielfältige Messungen an industriellen Anlagen und an der Software zur statistischen Analyse durchgeführt und entsprechende Auswertungssoftware angeschafft. Dadurch wird die Ermittlung der stochastischen Eigenschaften von unsicheren Variablen immer einfacher (Negiz & Cinar, 1997; Johnston & Kramer, 1998, Pearson, 2001).

Zusammenfassend haben die bisherigen Untersuchungen der robusten Regelung unter Unsicherheiten folgende Nachteile:

1. Häufig wurde die Einhaltung der Restriktionen der Ausgangsgrößen des Systems *nicht* berücksichtigt. In der Praxis besitzt ein System während des Betriebs immer unbedingt einzuhaltende Restriktionen.
2. Die bisherigen Arbeiten waren meist Untersuchungen über die Robustheit unter unsicheren *statischen* Modellparametern. *Zeitvariante* unsichere Größen (sowohl Störgrößen als auch Modellparameter) sind bislang selten berücksichtigt.
3. Die Unsicherheiten wurden in den meisten Fällen mit Intervallen beschrieben, d.h. die stochastische Verteilung der unsicheren Variablen, wenn sie vorhanden sind, *nicht* ausgenutzt.
4. Es wurde bisher *keine* systematische Untersuchung im Sinne einer robusten Regelung durchgeführt, die auf der Methode der stochastischen Programmierung basiert.

5.2 Modellgestützte stochastische Regelung für SISO-Systeme

5.2.1 Problemformulierung

In diesem Abschnitt wird das folgende lineare SISO-System (Single-Input/Single-Output) betrachtet

$$A(q^{-1})y(k) = B(q^{-1})u(k) + C(q^{-1})\xi(k) \qquad (5.2)$$

Hierbei sind $y(k)$ die Regelgröße bzw. der Output, $u(k) \in [u_{min}, u_{max}]$ die Stellgröße bzw. der Input, $\xi(k)$ die Zufallsgröße. k bedeutet den Zeitpunkt der Abtastung des diskreten Systems. $\xi(k)$ stellt die Störung des Systems dar. Es wird angenommen, dass sie eine normalverteilte Zufallsvariable ist. Daher wird die Dichtefunktion der Zufallsgröße in diskreter Form wie folgt beschrieben (siehe Gl. (2.8)):

$$\varphi_N(\xi) = \gamma e^{-\frac{1}{2}(\xi-\mu)^T \Sigma^{-1}(\xi-\mu)} \qquad (5.3)$$

wobei $\gamma > 0$ eine Konstante ist. μ ist der Vektor der bekannten Erwartungswerte und Σ die bekannte Kovarianzmatrix. Außerdem sind A, B und C in Gl. (5.3) bekannte Polynome und wie folgt beschrieben

$$A(q^{-1}) = 1 + a_1 q^{-1} + \cdots + a_{na} q^{-na} \tag{5.4}$$

$$B(q^{-1}) = b_1 q^{-1} + \cdots + b_{nb} q^{-nb} \tag{5.5}$$

$$C(q^{-1}) = c_1 q^{-1} + \cdots + c_{nc} q^{-nc} \tag{5.6}$$

Hierbei ist q^{-1} der Rückwärtsoperator, d.h. $q^{-1} y(k) = y(k-1)$. Die Aufgabe eines Regelungssystems ist in der Regel die Einhaltung des Sollwerts. Aufgrund der unsicheren Störung erwartet man häufig eine Beschränkung der Regelgröße innerhalb eines vordefinierten Bereiches, also

$$y_{min}(k) \le y(k) \le y_{max}(k) \tag{5.7}$$

$y_{min}(k)$ und $y_{max}(k)$ sind die vorgegebene Unter- und Obergrenze. Für kontinuierliche Prozesse sind diese Grenzen konstant, während sie für Batchprozesse unter Umständen zeitabhängig sind. Solche Restriktionen haben die Bedeutung, dass sich die Regelgröße in begrenztem Bereich verändern darf. Wenn ein großer Bereich vorgegeben ist, wird das Verhalten des Systems „locker". Umgekehrt ist das System „stringent", wenn ein kleiner Bereich definiert ist. Aufgrund der Unsicherheit der Störgröße ist es jedoch unmöglich, mit einer 100%igen Garantie die Regelgröße innerhalb dieses Bereiches zu begrenzen. Daher wird in dieser Situation eine Wahrscheinlichkeitsrestriktion verwendet, also

$$\Pr\{y_{min}(k) \le y(k) \le y_{max}(k)\} \ge \alpha \tag{5.8}$$

wobei $\alpha \in (0, 1)$ das vordefinierte Wahrscheinlichkeitsniveau darstellt. Es wird ein Zeithorizont von N Zeitintervallen betrachtet. Als Ziel der Regelung wird die Änderung der Stellgröße von Zeitpunkt zu Zeitpunkt minimiert. Also wird hier die Summe des quadratischen Inkrements der Stellgröße als Gütefunktion definiert (Li et al., 2002a),

$$\min \quad f(N) = \sum_{j=1}^{N} [u(k+j) - u(k+j-1)]^2 \tag{5.9}$$

mit $u(k+j) \in [u_{min}, u_{max}]$. Es ist zu beachten, dass diese Zielfunktion keine Regelgröße beinhaltet, da sie mit Gl. (5.8) eingeschränkt wird. Die Nebenbedingungen dieses Problems sind Gl. (5.2) — Gl.(5.8). Gl. (5.8) kann je nach Anforderung mit mehreren separaten Wahrscheinlichkeitsrestriktionen oder mit einer simultanen Wahrscheinlichkeitsrestriktion beschrieben werden. Hier wird der realitätsnähere Fall, nämlich eine simultane Wahrscheinlichkeitsrestriktion, betrachtet

$$\Pr \left\{ \begin{array}{c} y_{min}(k+1) \le y(k+1) \le y_{max}(k+1) \\ y_{min}(k+2) \le y(k+2) \le y_{max}(k+2) \\ \cdots \\ y_{min}(k+N) \le y(k+N) \le y_{max}(k+N) \end{array} \right\} \ge \alpha \tag{5.10}$$

Die Bedeutung dieses modellgestützten Reglers kann mit Abb. 5.2 dargestellt werden. Unter der unsicheren Störgröße wird eine optimale Strategie der Stellgröße für den zukünftigen Zeithorizont ermittelt, damit die Regelgröße innerhalb des vorgegebenen Bereiches mit einem vordefinierten Wahrscheinlichkeitsniveau eingehalten werden kann. Am momentanen Zeitpunkt k wird also anhand des gegenwärtigen Zustandes der (gemessenen) Regelgrößen y und der stochastischen Verteilung der Störgrößen die zukünftige Strategie für die Stellgrößen berechnet. Die Regelgrößen werden durch die Wahrscheinlichkeitsrestriktion im Bereich $y_{min} \leq y \leq y_{max}$ eingeschränkt, während die Änderungen der Stellgrößen im Zeithorizont minimiert werden. Dieses stochastische Optimierungsproblem bezeichnet man als modellgestützten prädiktiven Regler (MPC) unter Wahrscheinlichkeitsrestriktion (Li et al., 2002a).

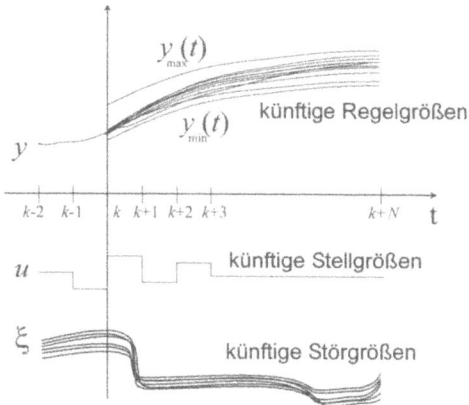

Abb. 5.2   *Das Prinzip der MPC unter Wahrscheinlichkeitsrestriktionen.*

5.2.2   Relaxation der Wahrscheinlichkeitsrestriktion

Wie in Kapitel 2 bereits erläutert wurde, muss, um das formulierte Regelungsproblem lösen zu können, zunächst die simultane Wahrscheinlichkeitsrestriktion Gl. (5.10) zu einer äquivalenten nichtlinearen Restriktion relaxiert werden. Das relaxierte Problem kann dann mit einem vorhandenen Lösungsverfahren gelöst werden. Aus der Modellgleichung Gl. (5.2) lässt sich das System im zukünftigen Zeithorizont mit der folgenden Beziehung beschreiben

$$\hat{\mathbf{y}} = \mathbf{G}_1\tilde{\mathbf{u}} + \mathbf{G}_2\tilde{\boldsymbol{\xi}} \tag{5.11}$$

dabei sind die Vektoren

$$\tilde{\mathbf{y}} = [\tilde{y}(k+1), \tilde{y}(k+2), \cdots, \tilde{y}(k+N)]^T$$
$$\tilde{\mathbf{u}} = [\tilde{u}(k), \tilde{u}(k+1), \cdots, \tilde{u}(k+N-1)]^T \tag{5.12}$$
$$\tilde{\boldsymbol{\xi}} = [\tilde{\xi}(k), \tilde{\xi}(k+1), \cdots, \tilde{\xi}(k+N-1)]^T$$

Hier bedeutet „~", dass die Variablen in der Zukunft liegen und noch nicht realisiert sind. Die zwei Matrizen in Gl. (5.11) haben die folgenden Formen:

$$
\mathbf{G}_1 = \begin{bmatrix} g_{11} & 0 & \cdots & 0 \\ g_{12} & g_{11} & \cdots & 0 \\ \cdots & \cdots & \ddots & \cdots \\ g_{1N} & g_{1,N-1} & \cdots & g_{11} \end{bmatrix}, \qquad
\mathbf{G}_2 = \begin{bmatrix} g_{21} & 0 & \cdots & 0 \\ g_{22} & g_{21} & \cdots & 0 \\ \cdots & \cdots & \ddots & \cdots \\ g_{2N} & g_{2,N-1} & \cdots & g_{21} \end{bmatrix} \qquad (5.13)
$$

Die Elemente in den Matrizen sind Funktionen der Parameter in den Polynomen A, B, C in Gl. (5.4) – Gl. (5.6). Setzt man Gl. (5.11) in Gl. (5.10) ein, ergeben sich für die untere und obere Grenze zwei Ungleichungen

$$
\begin{aligned}
&\Pr\{\mathbf{G}_2 \tilde{\boldsymbol{\xi}} \geq \mathbf{y}_{\min} - \mathbf{G}_1 \tilde{\mathbf{u}}\} \geq \alpha_1 \\
&\Pr\{\mathbf{G}_2 \tilde{\boldsymbol{\xi}} \leq \mathbf{y}_{\max} - \mathbf{G}_1 \tilde{\mathbf{u}}\} \geq \alpha_2
\end{aligned} \qquad (5.14)
$$

wobei $\mathbf{y}_{\min}$ und $\mathbf{y}_{\max}$ die Vektoren der unteren und oberen Grenzen der Ausgangsgröße sind. Anhand Gl. (5.14) kann man jeweils für die Einhaltung der Unter- und Obergrenze ein Zuverlässigkeitsniveau definieren, also $\alpha_1, \alpha_2 \in (0, 1)$. Da $\tilde{\boldsymbol{\xi}}$ multivariat normalverteilt ist, wird, wenn man $\tilde{\boldsymbol{\xi}}' = \mathbf{G}_2 \tilde{\boldsymbol{\xi}}$ definiert, $\tilde{\boldsymbol{\xi}}'$ ebenfalls normalverteilt mit den Erwartungswerten $\mathbf{G}_2 \tilde{\boldsymbol{\mu}}$ und der Kovarianzmatrix $\mathbf{G}_2 \tilde{\Sigma} \mathbf{G}_2^T$. Nach einer linearen Transformation erhält man folgende normalverteilte Standardzufallsvariablen:

$$
\tilde{\boldsymbol{\xi}}'' = (\mathbf{G}_2 \tilde{\Sigma} \mathbf{G}_2^T)^{-\frac{1}{2}} (\mathbf{G}_2 \tilde{\boldsymbol{\mu}} - \tilde{\boldsymbol{\xi}}') \qquad (5.15)
$$

Hierbei hat der Vektor $\tilde{\boldsymbol{\xi}}''$ die Erwartungswerte null und die Elemente der Hauptdiagonalen der Kovarianzmatrix von $\tilde{\boldsymbol{\xi}}''$ sind eins. Dann hat Gl. (5.14) die folgende äquivalente Darstellung

$$
\begin{aligned}
&\Pr\{\tilde{\boldsymbol{\xi}}'' \leq \boldsymbol{\alpha}_1(\tilde{\mathbf{u}})\} \geq \alpha_1 \\
&\Pr\{\tilde{\boldsymbol{\xi}}'' \leq \boldsymbol{\alpha}_2(\tilde{\mathbf{u}})\} \geq \alpha_2
\end{aligned} \qquad (5.16)
$$

mit

$$
\begin{aligned}
&\boldsymbol{\alpha}_1(\tilde{\mathbf{u}}) = (\mathbf{G}_2 \tilde{\Sigma} \mathbf{G}_2^T)^{-\frac{1}{2}} (-\mathbf{y}_{\min} + \mathbf{G}_1 \tilde{\mathbf{u}} + \mathbf{G}_2 \tilde{\boldsymbol{\mu}}) \\
&\boldsymbol{\alpha}_2(\tilde{\mathbf{u}}) = (\mathbf{G}_2 \tilde{\Sigma} \mathbf{G}_2^T)^{-\frac{1}{2}} (\mathbf{y}_{\max} - \mathbf{G}_1 \tilde{\mathbf{u}} - \mathbf{G}_2 \tilde{\boldsymbol{\mu}})
\end{aligned} \qquad (5.17)
$$

Weil $\tilde{\boldsymbol{\xi}}''$ standardnormalverteilt ist, lassen sich die zwei Wahrscheinlichkeitsrestriktionen in Gl. (5.16) mit den folgenden deterministischen Restriktionen beschreiben

$$
\begin{aligned}
&\Phi[\boldsymbol{\alpha}_1(\tilde{\mathbf{u}})] \geq \alpha_1 \\
&\Phi[\boldsymbol{\alpha}_2(\tilde{\mathbf{u}})] \geq \alpha_2
\end{aligned} \qquad (5.18)
$$

wobei Φ die Wahrscheinlichkeitsfunktion der N-dimensionalen Standardnormalverteilung darstellt, also

$$
\Phi(z_1, \cdots, z_N) = \Pr\{\xi_i'' \leq z_i, \; i = 1, \ldots, N\} \qquad (5.19)
$$

Dies ist die gleiche Formulierung wie in Gl. (3.7). Das bedeutet, dass sich das optimale Regelungsproblem mit Unsicherheiten durch das in Kapitel 3 vorgestellte Verfahren lösen lässt. Eine Eigenschaft dieses Problems ist, dass aufgrund der Normalverteilung der Zufallsvariablen das relaxierte Optimierungsproblem konvex ist (Kall und Wallace, 1994). Mit einem NLP-Verfahren wird also das globale Minimum ermittelt. Zur Realisierung einer Feedback-Regelung wird das Problem mit der sog. „Moving Horizon"-Methode wiederholt gelöst, was am folgenden Beispiel erläutert wird.

5.2.3   Optimale Regelung des Feedtanks

Es wird hier wiederum der in Abschnitt 3.3.2 dargestellte Feedtank betrachtet. In Abschnitt 3.3.2 wurde lediglich eine einzige Steuerungsstrategie für den Ausgangsstrom u ermittelt. Diese Strategie soll aufgrund der Realisierung der Zufallsgröße (d.h. Feedstrom ξ) und der Regelgröße (Füllstand y) von Zeitpunkt zu Zeitpunkt modifiziert bzw. angepasst werden. Dies ist die Aufgabe des stochastischen Reglers. In diesem Abschnitt wird somit für die Regelung das folgende Optimierungsproblem definiert:

$$\min \ \sum_{j=1}^{6} [u(k+j) - u(k+j-1)]^2$$

$$\text{mit} \quad y(k+j) = y(k+j-1) - u(k+j-1) + \xi(k+j-1) \tag{5.20}$$

$$\Pr\{y_{min} \leq y(k+j-1) \leq y_{max}, \qquad j = 1, \cdots, 6\} \geq \alpha$$

$$u_{min} \leq u(k+j) \leq u_{max}, \qquad j = 1, \cdots, 6$$

Der Zeithorizont wird also in sechs Intervalle unterteilt, in denen eine optimale Strategie für die Stellgröße durch die Lösung dieses Problems ermittelt wird (Li et al., 2002a). Der Ablauf mit der „Moving Horizon"-Methode funktioniert folgendermaßen: Am Anfang, d.h. $k = 0$, wird anhand des Initialzustandes $y(0)$ die Strategie in den ersten sechs Intervallen ermittelt. Nach der Realisierung sowohl der Zufallsgröße als auch der Stellgröße im ersten Zeitintervall ergibt sich bei $k = 1$ der neue Zustand $y(1)$. Auf Basis von $y(1)$ kann das Optimierungsproblem für den nächsten Zeithorizont gelöst werden. Die Berechnung wird anhand dieser Vorgehensweise fortgeführt.

Es wurde hier angenommen, dass sich die Zufallsgröße in Gl. (5.20) wie in Abb. 3.9 (links) dargestellt verhält. Die in Gl. (5.20) benötigten Parameter wurden mit $y_{min} = 3$, $y_{max} = 7$, $u_{min} = 0$, $u_{max} = 2$ eingesetzt. Das Zuverlässigkeitsniveau war mit $\alpha = 0{,}95$ vorgegeben. Abb. 5.3 zeigt den realisierten Verlauf der Zufallsvariable (Feedstrom) und der nach der Lösung ermittelten optimalen Stellgröße (Ausgangsstrom). Es ist zu sehen, dass der Ausgangsstrom deutlich flacher, d.h. stabiler als der Feedstrom ist. Abb. 5.4 zeigt das Ergebnis bei einer strengeren Beschränkung der Regelgröße, nämlich $3 \leq y \leq 6$. Um diese Beschränkung ein-zuhalten, muss also die Stellgröße stärker variieren, im Vergleich zu dem Verlauf in Abb. 5.3. Die aus diesen zwei Fällen resultierenden Trajektorien des Füllstands sind in Abb. 5.5 dargestellt.

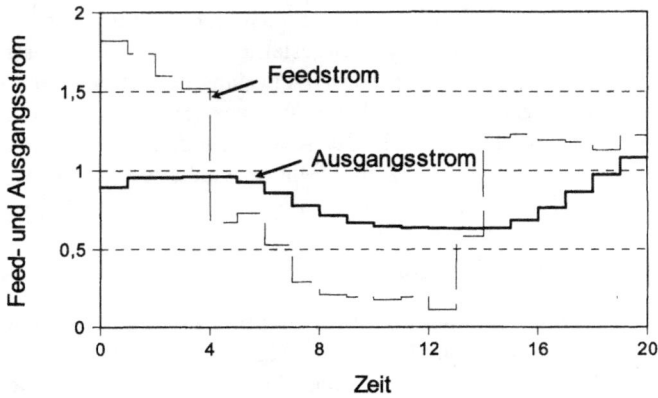

Abb. 5.3   *Verlauf des Feed- und des Ausgangsstroms bei* $3 \leq y \leq 7$

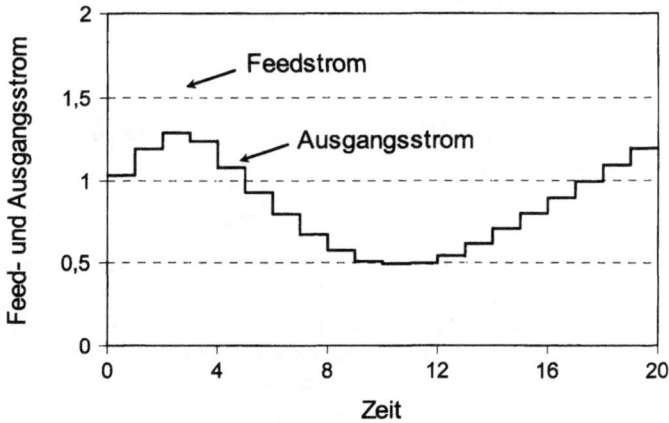

Abb. 5.4   *Verlauf des Feed- und des Ausgangsstroms bei* $3 \leq y \leq 6$

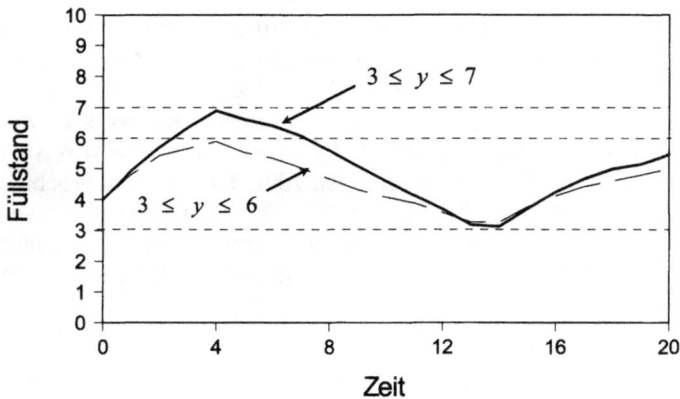

Abb. 5.5   *Verlauf des Füllstands mit unterschiedlichen Beschränkungen*

Abb. 5.6 zeigt die Veränderungen der optimalen Strategie der Stellgröße in den ersten drei Zeithorizonten. Also wird sie immer anhand des aktuellen Zustands angepasst. Nur der Wert im ersten Zeitintervall wird im Prozess umgesetzt. Basierend auf dem neuen Zustand der Regelgröße wird die Strategie durch wiederholtes Lösen des Optimierungsproblems erneut bestimmt. Hier ist zu erwähnen, dass bei der Lösung des Optimierungsproblems Schätzwerte für die Stellgröße benötigt werden. Dafür kann man logischerweise einfach die ermittelte Strategie des letzten Zeithorizonts benutzen.

Zum Testen des Reglerverhaltens bei einer zeitabhängigen Beschränkung wurde eine steigende Begrenzung der Regelgröße gefordert, wie in Abb. 5.7 dargestellt. Der realisierte Verlauf des Füllstands ist also wie gewünscht im beschränkten Bereich geregelt. Zu diesem Zweck, d.h. einem steigenden Füllstand, muss der Ausgangsstrom sinken, siehe Abb. 5.8. Im Vergleich zu den Verläufen des Ausgangsstroms in Abb. 5.3 und Abb. 5.4 ist dieser tatsächlich kleiner. Es ist zu beachten, dass die Verläufe der Feedströme in Abb. 5.3, Abb. 5.4 und Abb. 5.8 unterschiedlich sind, denn der Feedstrom ist die Zufallsgröße und deren Realisierung ist zufällig.

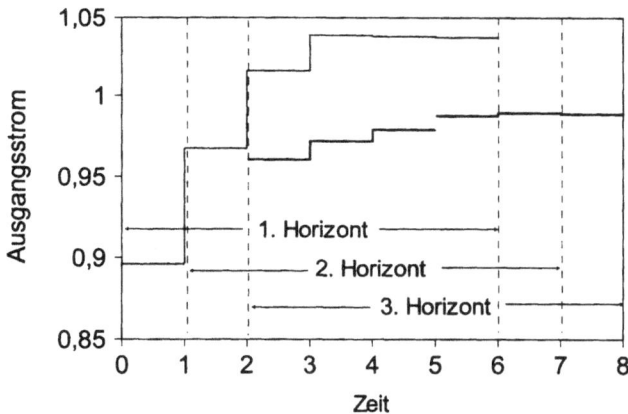

Abb. 5.6   *Verläufe des Ausgangsstroms in unterschiedlichen Zeithorizonten*

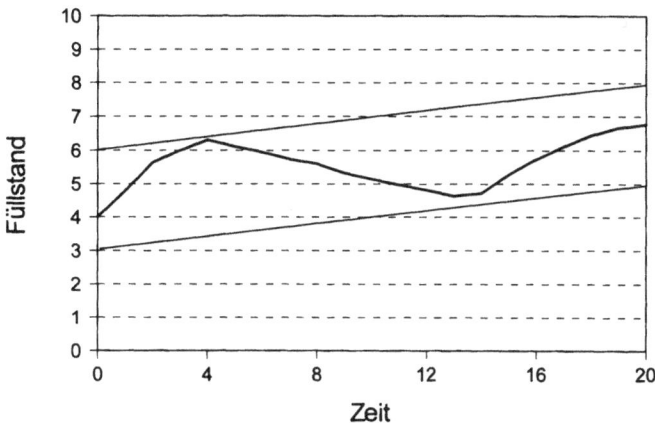

Abb. 5.7   *Verlauf des Füllstands mit einer steigenden Beschränkung*

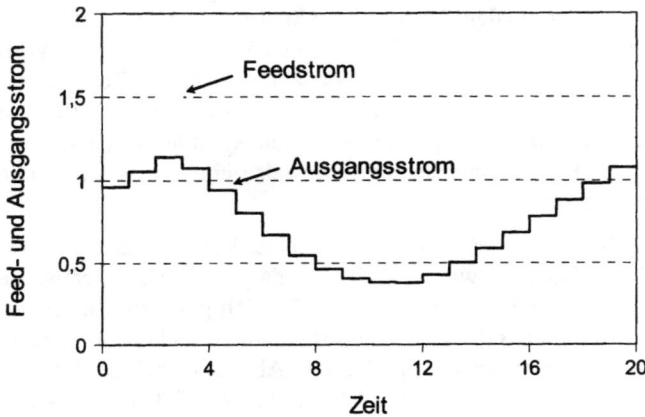

Abb. 5.8   *Verlauf des Feed- und Ausgangsstroms bei steigendem Füllstand*

5.3   Modellgestützte stochastische Regelung für MIMO-Systeme

5.3.1   Problemdefinition

In diesem Abschnitt wird die stochastische modellgestützte Regelung auf lineare MIMO-Systeme (Multi-Input/Multi-Output) erweitert. Wie in Abb. 5.9 dargestellt ist, wird ein System mit n Regelgrößen, m_u Stellgrößen und m_d Störgrößen betrachtet. Die Abweichungen dieser Größen vom stationären Punkt (an dem das System linearisiert ist, falls ein nichtlineares System zu regeln ist) werden als y_l, $(l = 1, \cdots, n)$, u_j, $(j = 1, \cdots, m_u)$ bzw. d_q, $(q = 1, \cdots, m_d)$ definiert. Aufgrund der Mehrgrößensysteme ist es trotz der Annahme linearer Systeme nicht trivial, die Modellgleichungen, d.h. die Beziehung zwischen den Ausgangsgrößen y_l und den Eingangsgrößen u_j, d_q herzustellen. Daher benutzt man häufig die Sprungantwort der Ausgangsgrößen auf die Eingangsgrößen.

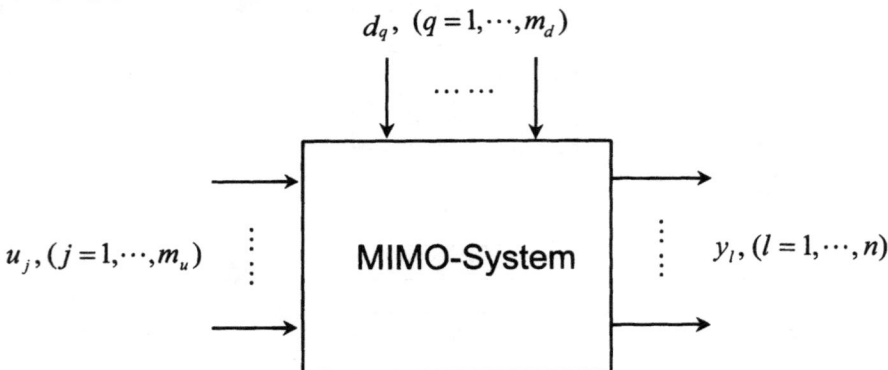

Abb. 5.9   *Grafische Darstellung eines MIMO-Systems*

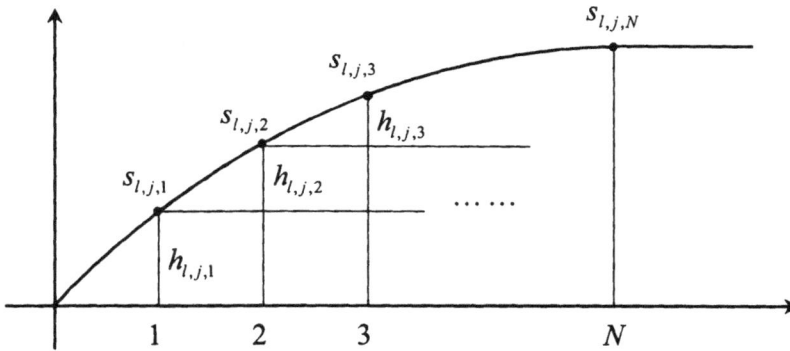

Abb. 5.10 *Verlauf einer Regelgröße aufgrund eines Standardsprungs einer Stellgröße*

Abb. 5.10 zeigt beispielsweise den Verlauf von y_l durch einen Standardsprung (sog. Einheitssprung) von u_j. Nach N Zeitintervallen bleibt y_l konstant. Die Werte von $s_{l,j,k}$ in Abb. 5.10 nennt man die Koeffizienten der Sprungantwort. $h_{l,j,k}$ sind die Differenzen der Werte der Sprungantwort zwischen zwei Intervallen. Sie sind die sog. Koeffizienten der Impulsantwort (Camacho & Bordons, 1999). Diese Werte lassen sich, wenn ein Modell vorhanden ist, durch Simulation oder, wenn die Anlage zu Verfügung steht, durch Experiment ermitteln. Findet an der Stellgröße u_j statt des Einheitssprungs eine Änderung in jedem Intervall statt, lässt sich die Regelgröße anhand der Sprungantwort wie folgt berechnen:

$$y_l(k) = \sum_{i=1}^{N} s_{l,j,i}\, \Delta u_j(k-i) \tag{5.21}$$

Es ergeben sich die folgenden Beziehungen zur Prädiktion der Regelgrößen:

$$y_l(k+1) = s_{l,j,1}\, \Delta u_j(k) + w_1 \tag{5.22}$$

$$y_l(k+2) = s_{l,j,1}\, \Delta u_j(k+1) + s_{l,j,2}\, \Delta u_j(k) + w_2 \tag{5.23}$$

$$y_l(k+N) = s_{l,j,1}\, \Delta u_j(k+N) + s_{l,j,2}\, \Delta u_j(k+N-1) + \cdots + s_{l,j,N}\, \Delta u_j(k) + w_N \tag{5.24}$$

Hierbei sind w_i, $i = 1, \cdots, N$ aus den vergangenen realisierten Werten ableitbar und daher schon bekannt. In Gl. (5.22) — Gl. (5.24) ist nur der Einfluss von einer Stellgröße u_j berücksichtigt. Auf die gleiche Weise kann der Einfluss einer Störgröße d_q auf die Regelgröße y_l wie folgt bestimmt werden:

$$y_l(k+1) = s_{l,q,1}\, \Delta d_q(k) + v_1 \tag{5.25}$$

$$y_l(k+2) = s_{l,q,1}\, \Delta d_q(k+1) + s_{l,q,2}\, \Delta d_q(k) + v_2 \tag{5.26}$$

$$y_l(k+N) = s_{l,q,1}\, \Delta d_q(k+N) + s_{l,q,2}\, \Delta d_q(k+N-1) + \cdots + s_{l,q,N}\, \Delta d_q(k) + v_N \tag{5.27}$$

Hierbei sind $s_{l,q,k}$ die Koeffizienten der Sprungantwort der Regelgröße y_l bei einem Einheitssprung der Störgröße d_q. Nun kann das Gleichungssystem für die Prädiktion der Regelgröße y_l im zukünftigen Zeithorizont wie folgt erstellt werden (Li et al., 2000b):

$$
\begin{bmatrix} y_l(k+1) \\ y_l(k+2) \\ \cdots \\ y_l(k+N) \end{bmatrix} = \sum_{j=1}^{m_u} \begin{bmatrix} s_{l,j,1} & 0 & \cdots & 0 \\ s_{l,j,2} & s_{lj,1} & \cdots & 0 \\ \cdots & \cdots & \cdots & \cdots \\ s_{l,j,N} & s_{l,j,N-1} & \cdots & s_{l,j,1} \end{bmatrix} \begin{bmatrix} \Delta u_j(k) \\ \Delta u_j(k+1) \\ \cdots \\ \Delta u_j(k+N-1) \end{bmatrix}
$$

$$
+ \sum_{q=1}^{m_d} \begin{bmatrix} s_{l,q,1} & 0 & \cdots & 0 \\ s_{l,q,2} & s_{l,q,1} & \cdots & 0 \\ \cdots & \cdots & \cdots & \cdots \\ s_{l,q,N} & s_{l,q,N-1} & \cdots & s_{lq,1} \end{bmatrix} \begin{bmatrix} \Delta d_q(k) \\ \Delta d_q(k+1) \\ \cdots \\ \Delta d_q(k+N-1) \end{bmatrix} + \begin{bmatrix} c_{l,1} \\ c_{l,2} \\ \cdots \\ c_{l,N} \end{bmatrix}
\tag{5.28}
$$

wobei der letzte Vektor einen konstanten Vektor darstellt, der mit den in der Vergangenheit realisierten Werten von Δu_j, Δd_q berechnet wird. Bei der Implementierung wird dieser Vektor anhand von Messdaten bestimmt. Ebenso wie in Gl. (5.28) sind Gleichungen für andere Regelgrößen zu formulieren. Das heißt, jede der Regelgrößen, $y_l(k+i)$, $i=1,\cdots,N$, wird von den zukünftigen Werten aller Stellgrößen $\Delta u_j(k+i)$, $(i=0,\cdots,N-1, j=1,\cdots,m_u)$ und aller Störgrößen $\Delta d_q(k+i)$, $(i=0,\cdots,N-1, q=1,\cdots,m_d)$ beeinflusst.

Bei der deterministischen Mehrgrößenregelung wird auf Basis dieses Modells eine zukünftige Strategie für die Stellgrößen, also $\Delta u_j(k+i)$, $(i=0,\cdots,N-1, j=1,\cdots,m_u)$, ermittelt. Dabei wird angenommen, dass die zukünftigen Störgrößen, $\Delta d_q(k+i)$, bekannt bzw. fix sind. Man nimmt die am Zeitpunkt k gemessenen Werte und geht davon aus, dass sie sich in der Zukunft nicht ändern. Außerdem werden bei der bisherigen modellgestützten Regelung die Koeffizienten der Sprungantworten $s_{l,j,k}$, $s_{l,q,k}$ als Konstanten betrachtet. Offensichtlich sind diese Annahmen in der Realität nicht allgemein gültig. Daher wird die so ermittelte Regelungsstrategie nicht robust, d.h. die Implementierung in den realen Prozess führt häufig zur Verletzung der Prozessrestriktionen.

Um eine hohe Robustheit bzw. Zuverlässigkeit zu erzielen, müssen sowohl die zukünftigen Störgrößen $\Delta d_q(k+i)$ als auch die Koeffizienten $s_{l,j,k}$, $s_{l,q,k}$ als Zufallsvariablen betrachtet werden. Die stochastischen Verteilungen dieser Variablen lassen sich anhand der historischen Messdaten ermitteln. Es handelt sich dann um eine optimale Mehrgrößenregelung unter Unsicherheiten (Li et al., 2000b). Gl. (5.28) lässt sich hierzu wie folgt umformen:

$$
\begin{bmatrix} y_l(k+1) \\ y_l(k+2) \\ \cdots \\ y_l(k+N) \end{bmatrix} = \sum_{j=1}^{m_u} \begin{bmatrix} \Delta u_j(k) & 0 & \cdots & 0 \\ \Delta u_j(k+1) & \Delta u_j(k) & \cdots & 0 \\ \cdots & \cdots & \cdots & \cdots \\ \Delta u_j(k+N-1) & \Delta u_j(k+N-2) & \cdots & \Delta u_j(k) \end{bmatrix} \begin{bmatrix} s_{l,j,1} \\ s_{l,j,2} \\ \cdots \\ s_{l,j,N} \end{bmatrix}
$$

$$
+ \sum_{q=1}^{m_d} \begin{bmatrix} s_{l,q,1} & 0 & \cdots & 0 \\ s_{l,q,2} & s_{l,q,1} & \cdots & 0 \\ \cdots & \cdots & \cdots & \cdots \\ s_{l,q,N} & s_{l,q,N-1} & \cdots & s_{lq,1} \end{bmatrix} \begin{bmatrix} \Delta d_q(k) \\ \Delta d_q(k+1) \\ \cdots \\ \Delta d_q(k+N-1) \end{bmatrix} + \begin{bmatrix} c_{l,1} \\ c_{l,2} \\ \cdots \\ c_{l,N} \end{bmatrix}
\tag{5.29}
$$

In der Form von Matrizen und Vektoren kann Gl. (5.29) wie

$$\mathbf{y}_l = \mathbf{A}_l \mathbf{s} + \mathbf{B}_l \mathbf{d} + \mathbf{c}_l = \begin{bmatrix} \mathbf{A}_l & \mathbf{B}_l \end{bmatrix} \begin{bmatrix} \mathbf{s} \\ \mathbf{d} \end{bmatrix} + \mathbf{c}_l \qquad (5.30)$$

dargestellt werden. Hierbei ist $\mathbf{A}_l$ die Matrix in Bezug auf die Stellgrößen Δu_j, $j = 1, \cdots, m_u$. Sie ist eine deterministische Matrix. $\mathbf{s}$ ist ein Zufallsvektor der Koeffizienten der Sprungantwort von allen Stellgrößen. $\mathbf{B}_l$ ist die Matrix der Koeffizienten der Sprungantwort aller Störgrößen. Prinzipiell ist $\mathbf{B}_l$ eine stochastische Matrix. Da in Gl. (5.30) das Produkt $\mathbf{B}_l \mathbf{d}$ auftritt, bei dem $\mathbf{d}$ ein Zufallsvektor ist, kann $\mathbf{B}_l$ deterministisch definiert werden, d.h. die Unsicherheit des Produkts wird durch den Vektor $\mathbf{d}$ beschrieben. Definiert man eine deterministische Matrix $\mathbf{G}_l = [\mathbf{A}_l \mathbf{B}_l]$ und einen Zufallsvektor $\boldsymbol{\xi} = [\mathbf{sd}]^T$, dann wird Gl. (5.30)

$$\mathbf{y}_l = \mathbf{G}_l \boldsymbol{\xi} + \mathbf{c}_l \qquad (5.31)$$

Ähnlich wie im letzten Abschnitt erläutet, wird hier wiederum für die Mehrgrößenregelung ein Optimierungsproblem unter simultanen Wahrscheinlichkeitsrestriktionen formuliert, nämlich

$$\min \sum_{j=1}^{m_u} \sum_{i=1}^{N} [u_j(k+i) - u_j(k+i-1)]^2$$

mit

$$\mathrm{Pr} \left\{ \begin{array}{l} y_{l,\min} \le y_l(k+1) \le y_{l,\max} \\ y_{l,\min} \le y_l(k+2) \le y_{l,\max} \\ \cdots \\ y_{l,\min} \le y_l(k+N) \le y_{l,\max} \end{array} \right\} \ge \alpha_l \qquad (5.32)$$

$$u_{j,\min} \le u_j(k+i) \le u_{j,\max}, \qquad i = 1, \cdots, N$$

$$l = 1, \cdots, n, \qquad j = 1, \cdots, m_u$$

Im Vergleich zu Gl. (5.9) und Gl. (5.10) ist dieses Problem komplizierter. Die Anzahl der unsicheren Variablen ist deutlich höher. Außerdem gibt es mehrere simultane Wahrscheinlichkeitsrestriktionen. Jede der Wahrscheinlichkeiten und ihre Gradienten müssen zur Lösung des Problems mit dem in Abschnitt 3.2 dargestellten Ansatz berechnet werden. Die Gleichung kann dann mit einem NLP-Verfahren gelöst werden. Der Rechenaufwand zur Lösung bei MIMO-Systemen ist wesentlich höher als bei SISO-Systemen.

5.3.2 Optimale Regelung einer Destillationskolonne unter Unsicherheiten

In diesem Abschnitt wird die Mehrgrößenregelung unter Wahrscheinlichkeitsrestriktionen auf den Betrieb einer Destillationskolonne angewendet. Eine Pilotkolonne mit 20 Glockenböden zur Trennung eines Methanol-Wasser-Gemisches wird betrachtet. Ein rigoroses dynamisches Modell für den Prozess wurde erstellt und experimentell verifiziert (Li et al., 2002b). Ein stationärer Betriebspunkt mit Feedstrom $F = 20$ l/h, Feedkonzentration $x_f = 0,3$ mol/mol wurde ausgewählt. Die Produktreinheit ist spezifiziert, d.h. die Kopf- und

Sumpfkonzentration müssen größer als 0,98 mol/mol sein. Auf Basis eines linearen Modells lässt sich eine Mehrgrößenregelung konzipieren. Wie in Abb. 5.11 (links) dargestellt ist, sollen dadurch die Produktreinheiten, d.h. die Kopf- und Sumpfkonzentration x_D, x_B als Regelgrößen eingehalten werden. Die Stellgrößen sind der Rücklaufstrom L und die der Kolonne zugeführte Heizleistung Q. Der Feedstrom ist eine Zufallsstörgröße, deren stochastische Verteilung bekannt ist. Außerdem werden die Unsicherheiten im Modell, d.h. die Koeffizienten der Sprungantworten, betrachtet (Li et al., 2000b).

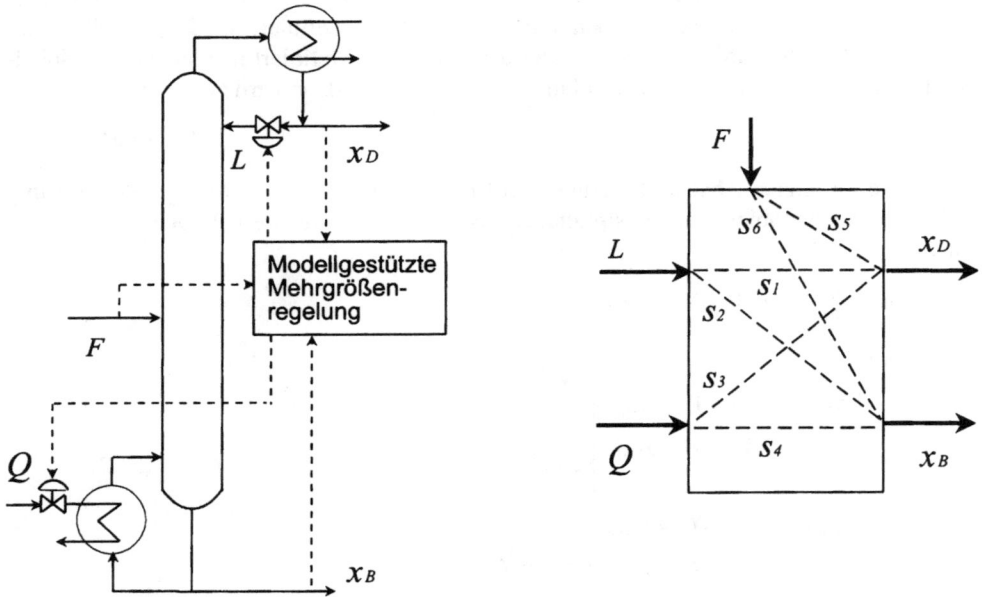

Abb. 5.11   *Konzeption für die Mehrgrößenregelung einer Destillationskolonne*

Abb. 5.11 (rechts) zeigt die Beziehungen zwischen den Variablen. $\mathbf{s}_j$, $(j=1,\cdots,6)$ sind die Koeffizienten der Sprungantworten der einzelnen Strecken. Die stochastischen Verteilungen solcher Koeffizienten lassen sich durch Simulation der Kolonne, die mit einem rigorosen Modell beschrieben wird, ermitteln. Hierzu werden ein oder mehrere unsichere Parameter im Modell, wie z.B. der Bodenwirkungsgrad, variiert. Zum Beispiel zeigt Abb. 5.12 zehn Stichproben der Reaktionen der Destillat- und Sumpfkonzentration auf einen Sprung des Rücklaufstroms. Es ist zu sehen, dass eine starke Korrelation zwischen den Koeffizienten an verschiedenen Zeitpunkten besteht. Außerdem ist festzustellen, dass mit dem gleichen Sprung des Rücklaufstroms die Reaktion der Kopf- und Sumpfkonzentration unterschiedlich ist. Darüber hinaus ist die Wirkung des Rücklaufs auf die Sumpfkonzentration größer als die auf die Kopfkonzentrationon. Das heißt, eine Änderung des Rücklaufstroms wird benötigt, wenn die Sumpfkonzentration gestört wird. Der Grund liegt in den Eigenschaften des Phasengleichgewichts beim Methanol-Wasser-Gemisch: Die Sumpfkonzentration ist deutlich sensitiver als die Kopfkonzentration.

Abb. 5.13 (links) zeigt die Antworten der Kopf- und Sumpfkonzentration auf eine sprunghafte Änderung des Feedstroms. Es ist zu sehen, dass am betrachteten Betriebspunkt der Einfluss des Feedstroms auf die Sumpfkonzentration 10fach höher ist als der auf die Kopfkonzentration. Zum Testen der Robustheit der Mehrgrößenregelung unter Unsicherheiten wird hier eine wie in Abb. 5.13 (rechts) dargestellte Verteilung angenommen. Dabei ist die Standardabweichung 2,5% des Erwartungswerts und die Korrelationskoeffizienten zwischen zwei nebeneinanderliegenden Zeitpunkten haben den Wert 0,6. Bei der Problemformulierung wurde das Wahrscheinlichkeitsniveau zur Einhaltung der Produktspezifikation mit 90% angenommen.

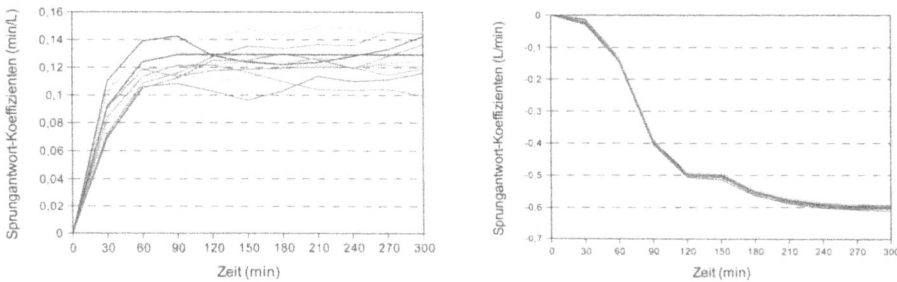

Abb. 5.12   Reaktionen der Kopf- (links) und Sumpfkonzentration (rechts) auf einen Sprung des Rücklaufstroms

Unter der unsicheren Störung des Feedstroms (siehe Abb. 5.13 (rechts)) und den unsicheren Koeffizienten der Sprungantworten (siehe Abb. 5.12) wurde entsprechnd Gl. (5.32) das Optimierungsproblem formuliert und mit dem zuvor dargestellten Verfahren gelöst. Die Regelung erfolgt mit der „Moving Horizon"-Methode, wobei ein Zeithorizont von 300 min gesetzt wurde. Die daraus resultierenden Verläufe der Sumpf- und Kopfkonzentration sind in Abb. 5.14 gezeigt. Die Sumpfkonzentration, die sehr sensitiv auf die Änderung des Feedstroms reagiert, osziliert zwischen den vorgegenbenen Grenzen ($0,98 \leq x_B \leq 0,996$). Die Destillatkonzentration hingegen verändert sich aufgrund der Stagnation der Störung kaum. Das bedeutet, dass bei der Regelung die Kopfkonzentration so gut wie nicht berücksichtigt werden muss. Der Regler wird sich also auf die Einhaltung der Spezifikation der Sumpfkonzentration konzentrieren.

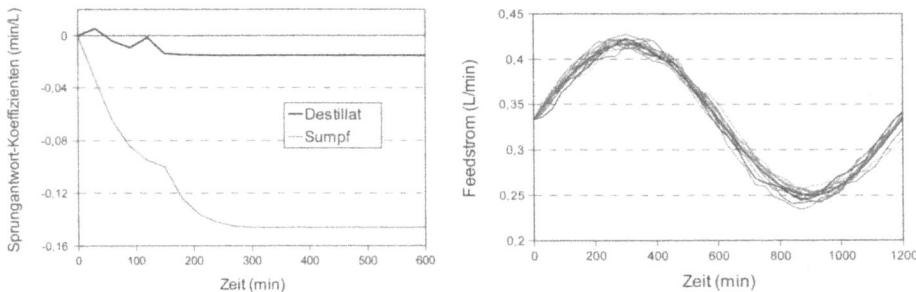

Abb. 5.13   Reaktionen der Kopf- und Sumpfkonzentration auf einen Sprung (links) und die angenommene Verteilung des Feestroms (rechts)

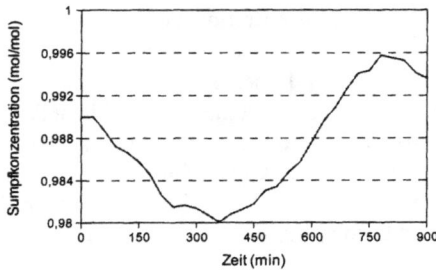

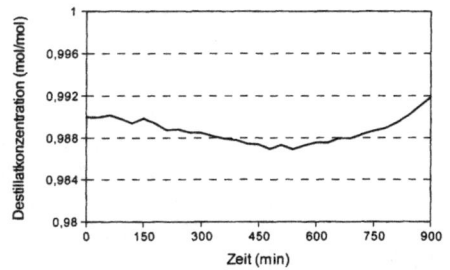

Abb. 5.14   *Geregelte Sumpfkonzentration (links) und Kopfkonzentration (rechts)*

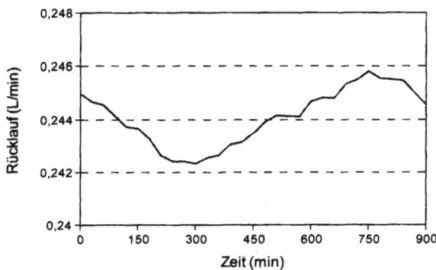

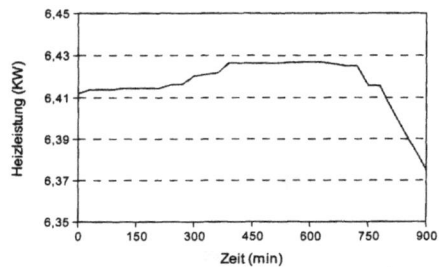

Abb. 5.15   *Verlauf des Rücklaufstroms (links) und der eingesetzten Heizleistung (rechts)*

Das in Abb. 5.15 gezeigte Ergebnis der Stellgrößen demonstriert, dass der Rücklaufstrom aktiver als die der Kolonne zugeführte Heizleistung ist. Am Anfang soll der Rücklauf verringert werden, um eine Überschreitung der Untergrenze der Sumpfkonzentration zu vermeiden. Danach steigt der Rücklauf aufgrund des starken Absinkens des Feedstroms an, um die Obergrenze der Sumpfkonzentration einzuhalten. Auf der anderen Seite steigt zunächst die Heizleistung langsam an und sinkt danach ab, um eine zulässige Trajektorie für die Kopfkonzentration zu erzielen. Das bedeutet, dass die Sumpfkonzentration mit dem Rücklaufstrom und die Kopfkonzentration mit der Heizleistung geregelt werden sollten, wenn zwei konventionelle SISO-Regelkreise für den Prozess verwendet werden.

Die Änderungen der Stellgrößen, wie sie in Abb. 5.15 gezeigt sind, betragen nur 1%–2% ihrer Referenzwerte am stationären Punkt. Dies wird bewirkt durch die Definition der Zielfunktion des optimalen Reglers als Minimierung der Änderungen der Stellgrößen im betrachteten Zeithorizont (siehe Gl. (5.32)).

5.4   Schlussfolgerung

Ziel dieses Kapitels war die Entwicklung eines neuen Ansatzes und der entsprechenden Algorithmen zur optimalen Prozessführung unter stochastischen Störungen mit einem robusten Regelungssystem. Die Prozesse werden mit Zustandsraummodellen (d.h. linearen, dynamischen, hochdimensionalen Gleichungssystemen) beschrieben. Somit handelt es sich um ein

Mehrgrößenregelungsproblem mit Unsicherheiten, wie in Gl. (5.1) dargestellt ist. Es werden erhebliche Änderungen der Randbedingungen, die beträchtliche Auswirkungen auf die Prozessführung haben, als stochastische Variablen betrachtet. Der ausgearbeitete Lösungsweg ist die stochastische Programmierung unter Wahrscheinlichkeitsrestriktionen. Es wird das mit Gl. (5.1) dargestellte Problem in der folgenden Form umgeschrieben:

$$\min \ E\left[\mathbf{x}(N)^T \mathbf{S} \ \mathbf{x}(N) + \sum_{i=1}^{N-1} \mathbf{x}(i)^T \mathbf{Q} \ \mathbf{x}(i) + \sum_{i=0}^{N-1} \mathbf{u}(i)^T \mathbf{R}\mathbf{u}(i) \right]$$

$$\text{mit} \quad \mathbf{x}(i+1) = \mathbf{A}\mathbf{x}(i) + \mathbf{B}\mathbf{u}(i) + \mathbf{C}\boldsymbol{\xi}(i), \qquad \mathbf{x}(0) = \mathbf{x}_0 \qquad (5.33)$$

$$\Pr\{\mathbf{E}\mathbf{x}(i) + \mathbf{F}\mathbf{u}(i) - \boldsymbol{\Psi} \geq \mathbf{0}\} \geq \alpha, \qquad \mathbf{u}_{min} \leq \mathbf{u}(i) \leq \mathbf{u}_{max}$$

Es wird also der Erwartungswert der Zielfunktion minimiert und die Prozessbeschränkungen werden mit Wahrscheinlichkeitsrestriktionen eingehalten. Die Lösung dieses Problems bedeutet einerseits eine nicht sensitive Reaktion auf Störungen (d.h. eine hohe Robustheit) und andererseits die Erfüllung der Restriktionen mit der spezifizierten Wahrscheinlichkeit (d.h. eine hohe Zuverlässigkeit). Obwohl in diesem Kapitel ein Ansatz zur Lösung dieses Problems ausgearbeitet und auf Beispielprozesse angewandt wurde, existieren insbesondere folgende offene Fragestellungen zur Realisierung robuster Mehrgrößenregelung unter Unsicherheiten:

• Zum einen ist die Ermittlung bzw. die Beschreibung der unsicheren Größen bedeutsam. Die Wirkungen von stationären und dynamischen unsicheren Größen auf die Ausgangsgrößen sind unterschiedlich. Außerdem gibt es in der Praxis noch Zufallsgrößen, die wesentlich von der Normalverteilung abweichen (Henrion & Römisch, 1999). Ein Lösungsweg zur Behandlung nicht normalverteilter Zufallsgrößen muss daher entwickelt werden.

• Zweitens muss die Definition der Wahrscheinlichkeitsrestriktionen für verschiedene Systeme untersucht werden. Anhand der konkreten Anforderung sollen (separate oder simultane) Wahrscheinlichkeitsrestriktionen für ein gegebenes System formuliert werden. Außerdem ist das Wahrscheinlichkeitsniveau α zu studieren. Dieser Parameter soll anhand der Beziehung zwischen dem erzielten Wert der Zielfunktion und der realisierten Zuverlässigkeit bestimmt bzw. vordefiniert werden. Bei der Nutzung separater Wahrscheinlichkeitsrestriktionen kann z.B. das Wahrscheinlichkeitsniveau entlang den Zeitpunkten innerhalb des Zeithorizonts mit absteigenden Niveaus definiert werden.

• Weiterhin ist die Stabilität des Regelungssystems noch zu analysieren, d.h. es muss ein stabiles geschlossenes System garantiert werden. Andererseits muss, wenn der betrachtete Prozess (das offene System) selbst nicht stabil ist, untersucht werden, ob und wie durch die Lösung von Gl. (5.33) das geschlossene System stabilisiert werden kann. In Abschnitt 3.3.3 wurde die Durchführbarkeit der Lösung des Regelungsproblems eines SISO-Systems analysiert. Diese Durchführbarkeitsanalyse ist auf ein MIMO-System zu erweitern.

• Der Rechenaufwand bleibt außerdem ein schwer lösbares Problem. In einem MIMO-System gibt es viele unsichere Größen (d.h. unsichere Modellparameter und Störungen). Sie führen zu Mehrfachintegrationen mit einer hohen Dimension sowohl bei der Berechnung des Erwartungswerts der Zielfunktion als auch bei der Berechnung der Wahrscheinlichkeiten der Restriktionen. Diese Aufgaben werden hauptsächlich mit Hilfe von Stichproben erledigt. Trotz einer effizienten Sampling-Methode (siehe Abschnitt 3.2) betrug die Rechenzeit bei der Lösung des Regelungsproblems für die Destillationskolonne einige Minuten. Dies ist für die Echtzeitimplementierung immer noch zu lang.

6 Nichtlineare Prozessoptimierung unter Unsicherheiten

6.1 Problemdarstellung

Da sich die meisten zu optimierenden Prozesse nichtlinear verhalten, müssen die Ansätze zur linearen Optimierung unter Wahrscheinlichkeitsrestriktionen, wie sie in den vorangegangenen Kapiteln vorgestellt wurden, auf die nichtlineare Optimierung erweitert werden. Die Erweiterung der Optimierung für nichtlineare Prozesse unter Unsicherheiten führt zu *nichtlinearen* stochastischen Optimierungsproblemen. Hierfür ist die Übertragung der Unsicherheit der unsicheren Eingangsvariablen auf die Ausgangsvariablen durch die nichtlinearen Modellgleichungen zu untersuchen. Aufgrund der nichtlinearen Übertragung ist es allerdings sehr schwierig, die Wahrscheinlichkeitsverteilung der Ausgangsvariablen zu ermitteln.

Bisher wurde zur Lösung dieses Problems die stochastische Simulation verwendet (Chaudhuri & Diwekar, 1999; Vasquez & Whiting, 2000, Kim & Diwekar, 2002; Subramanian et al., 2003). In Abschnitt 2.3 wurde beispielsweise das Ergebnis der stochastischen Simulation einer Batchdestillationskolonne angegeben. Als unsichere Eingangsvariablen wurden die relative Flüchtigkeit des Gemisches und die Anfangskonzentration des Einsatzstoffs betrachtet. Es wurde angenommen, dass diese beiden Zufallsvariablen normalverteilt sind. Das Ergebnis zeigt, dass die Verteilung der Produktkonzentrationen als Ausgangsvariablen jedoch stark von der Normalverteilung abweicht (siehe Abb. 2.11 und Abb. 2.12).

Bei der Lösung von nichtlinearen Optimierungsproblemen unter Wahrscheinlichkeitsrestriktionen sind sowohl die Wahrscheinlichkeit als auch die Gradienten der Einhaltung der Restriktionen an den Ausgangsvariablen zu berechnen. Durch eine stochastische Simulation konnte zwar die Wahrscheinlichkeit ermittelt werden, die Gradienten sind aber schwierig zu berechnen. Außerdem benötigt die stochastische Simulation wegen der Stichproben zahlreiche Schleifen zur Lösung des nichtlinearen Modellgleichungssystems. Der Rechenaufwand dieser Methode wird also deutlich zu hoch.

Eine allgemeine Darstellung des Betriebs eines nichtlinearen Prozesses mit Unsicherheiten kann wie folgt beschrieben werden. Eingangsvariablen des Prozesses bestehen aus den Entscheidungsgrößen $\mathbf{u} \subseteq \mathfrak{R}^l$ sowie Zufallsgrößen $\xi \subseteq \mathfrak{R}^s$ und Ausgangsvariablen aus den Zustandsvariablen $\mathbf{x} \subseteq \mathfrak{R}^n$ (siehe Abb. 2.6). Es gibt weitere Ausgangsgrößen $\mathbf{y} \subseteq \mathfrak{R}^I$, die die Produktqualität bzw. Sicherheit repräsentieren und daher beschränkt werden müssen

$$y_i \leq y_i^{max}, \qquad i = 1, \cdots, I \tag{6.1}$$

Unter den Unsicherheiten soll ein optimaler Betrieb den Erwartungswert der Betriebskosten minimieren. Zugleich muss ein gefordertes Wahrscheinlichkeitsniveau α eingehalten werden, um die Restriktionen Gl. (6.1) zu erfüllen. Das nichtlineare Optimierungsproblem mit separaten Wahrscheinlichkeitsrestriktionen wird also wie folgt definiert:

$$\min \quad E\left[f(\mathbf{x},\mathbf{y},\mathbf{u},\xi)\right]$$

$$\text{mit} \quad \mathbf{g}(\mathbf{x},\mathbf{y},\mathbf{u},\xi) = \mathbf{0}$$

$$\Pr\left\{ y_i \leq y_i^{max} \right\} \geq \alpha_i, \qquad i = 1,\cdots,I \tag{6.2}$$

$$\mathbf{u}_{min} \leq \mathbf{u} \leq \mathbf{u}_{max}$$

Oder das Problem wird mit einer simultanen Wahrscheinlichkeitsrestriktion formuliert

$$\min \quad E\left[f(\mathbf{x},\mathbf{y},\mathbf{u},\xi)\right]$$

$$\text{mit} \quad \mathbf{g}(\mathbf{x},\mathbf{y},\mathbf{u},\xi) = \mathbf{0}$$

$$\Pr\left\{ y_i \leq y_i^{max}, i = 1,\cdots,I \right\} \geq \alpha \tag{6.3}$$

$$\mathbf{u}_{min} \leq \mathbf{u} \leq \mathbf{u}_{max}$$

wobei f die Kostenfunktion des Betriebs ist. $\mathbf{g}$ ist der Vektor der Modellgleichungen des Prozesses. Es ist zu beachten, dass die Modellgleichungen $\mathbf{g}$ in Gl. (6.2) und Gl. (6.3) immer erfüllt werden müssen, egal welche Realisierung der unsicheren Variablen vorkommt. Darüber hinaus ist die Anzahl der Gleichungen gleich der Summe der Zustandsgrößen x und der Ausgangsgrößen y. Man kann also die Werte von x und y durch Lösen des Gleichungssystems ermitteln, wenn die Eingangsvariablen u und ξ vorgegeben sind. Dadurch lassen sich implizit die Gleichungen Gl. (6.2) und Gl. (6.3) eliminieren. Zur Lösung des nichtlinearen Gleichungssystems wird häufig das Newton-Raphson-Verfahren benutzt.

Die Optimalität der Lösung der stochastischen nichtlinearen Optimierungsprobleme Gl. (6.2) und Gl. (6.3) hängt von der Konvexität der Wahrscheinlichkeitsfunktionen ab. Dazu benutzt man das folgende mathematische Theorem von Prékopa (1995):

Wenn in Gl. (6.3) jede Funktion $y_i(\mathbf{u},\xi)$, $i = 1,\cdots,I$ quasikonvex ist und wenn ξ eine Dichtefunktion hat, deren Logarithmus konkav ist, dann ist die simultane Wahrscheinlichkeitsfunktion $\varphi(\mathbf{u}) = \Pr\{y_i(\mathbf{u},\xi) \leq y_i^{max}, l = 1,\cdots,I\}$ logarithmisch konkav (logkonkav). Zusätzlich gilt: a) eine logkonkave Funktion ist quasikonkav und b) die Funktion $\varphi(u)$ ist quasikonkav, wenn alle Mengen $\{\mathbf{u} \mid \varphi(\mathbf{u}) \geq b\}$ konvex sind, wobei $-\infty < b < \infty$. In Anhang 8.4 erfolgt eine detaillierte Analyse der Konvexität von Wahrscheinlichkeitsrestriktionen.

Aus diesen Resultaten kann man ableiten, dass die Restriktionen des Optimierungsproblems Gl. (6.3) konvex sind, wenn jede Funktion $y_l(\mathbf{u},\xi)$, $(l = 1,\cdots,L)$ konvex ist und die unsicheren Variablen logarithmisch konkav verteilt sind. Viele, aber nicht alle, Verteilungen sind logkonkav, z.B. die Normalverteilung und die Gleichverteilung. Sie repräsentieren die häufigste Verteilungsart von unsicheren Variablen. Allerdings ist die erste Bedingung, dass $y_l^C(\mathbf{u},\xi)$ konvex sein muss, schwierig zu erfüllen. Denn ein mit einem rigorosen Modell beschriebenes komplexes System ist häufig nichtkonvex. Aus diesem Grunde liefert normalerweise die Lösung eines stochastischen Optimierungsproblems mit einem gradientenbasierten Verfahren ein lokales Optimum.

Wie in Kapitel 3 bereits dargestellt wurde, können die Ausgangsvariablen y eines linearen Systems durch eine lineare Übertragung von ξ abgeleitet werden. Das heißt, wenn die Zufallsvariablen normalverteilt sind, sind die Ausgangsvariablen ebenfalls normalverteilt. Durch eine Umformung wird also die Wahrscheinlichkeitsberechnung auf eine Wahrscheinlichkeitsberechnung mit der Standardnormalverteilung zurückgeführt. Leider gilt diese Vorgehensweise nicht für nichtlineare Systeme. Denn die nichtlineare Übertragung von normalverteilten Zufallsvariablen führt zu einer stochastischen Verteilung der Ausgangsvariablen, die nicht explizit mit einer Dichtefunktion beschreibbar ist. Aus diesem Grund ist es nicht möglich, die Wahrscheinlichkeit zur Einhaltung der Restriktion einer Ausgangsvariablen direkt zu berechnen.

6.2 Rückwärtsübertragung von Ausgang zu Eingang

Ein neuer Ansatz zur Lösung des oben genannten Problems wurde in der Arbeit von Wendt et al. (2002) entwickelt. Durch die nichtlineare Übertragung führt der Bereich der stochastisch verteilten Eingangsvariablen zu einem Bereich der Ausgangsvariablen. Die grundlegende Idee des Ansatzes ist die Projektion des Bereiches der Ausgangsvariablen zurück auf den Bereich der unsicheren Eingangsvariablen aufgrund einer Monotoniebeziehung. Falls es keinen linearen Zusammenhang wohl aber eine Monotonieeigenschaft zwischen der unsicheren Eingangsvariablen und der zu beschränkenden Ausgangsvariablen gibt, hat man die Möglichkeit, die Wahrscheinlichkeit sowie deren Gradient über numerische Mehrfachintegration zu approximieren. Der Lösungsansatz lässt sich vom Prinzip wie folgt erklären. Durch Analyse des betrachteten Prozesses wird zunächst eine monotone Beziehung zwischen einer unsicheren Eingangsgröße ξ_S und einer beschränkten Ausgangsgröße y_i gesucht, welche also in der Beziehung $y_i = F(\xi_S)$ stehen, wobei $F(\xi_S)$ eine entweder monoton steigende oder monoton fallende Funktion ist. Dann lässt sich auch die Umkehrfunktion $\xi_S = F^{-1}(y_i)$ mit der gleichen Monotonieeigenschaft bilden. Beispielsweise wird folgender Fall betrachtet: $F(\xi_S)$ ist monoton steigend, also $\xi_S \uparrow \Leftrightarrow y_i \uparrow$, und die Wahrscheinlichkeitsrestriktion lautet

$$\Pr\left\{y_i \le y_i^{\max}\right\} \ge \alpha \tag{6.4}$$

Wie in Abb. 6.1 dargestellt ist, projiziert ein Punkt im Eingangsbereich Ξ_s einen Punkt im Ausgangsbereich Y_i. Wegen der Monotoniebeziehung entspricht durch die Rückprojektion

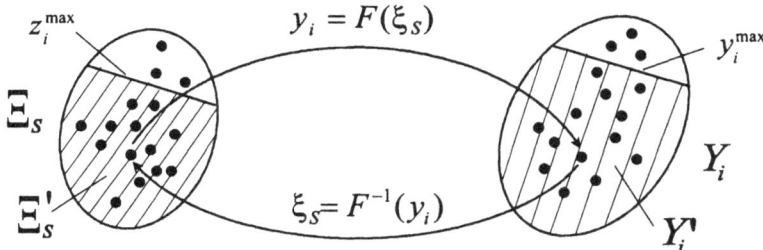

Abb. 6.1   Projektion des Ausgangsbereiches nach dem Eingangsbereich

der Ausgangspunkt dem Eingangspunkt. Aus diesem Grund ist die Wahrscheinlichkeit der Einhaltung einer Grenze der Ausgangsvariablen im definierten Bereich Y_i' gleich der Wahrscheinlichkeit jener Eingangsvariable in Ξ_s'.

Das bedeutet, die Wahrscheinlichkeit, dass die Grenze von y_i in Y_i' eingehalten wird, kann durch Berechnung der Wahrscheinlichkeit der korrespondierenden Grenze von ξ_S in Ξ_s' ermittelt werden, egal welche Verteilung die Ausgangsgröße hat. Folglich lässt sich Gl. (6.4) damit zu

$$\Pr\left\{\xi_S \leq z_i^{\max}\right\} \geq \alpha \qquad (6.5)$$

transformieren, wobei $z_i^{\max} = F^{-1}(y_i^{\max})$ ist. Dann kann die Wahrscheinlichkeit, dass die Grenze der Ausgangsgröße y_i eingehalten wird, durch die Integration im beschränkten Bereich der unsicheren Größe ξ_S berechnet werden, also

$$\Pr\left\{y_i \leq y_i^{\max}\right\} = \int_{-\infty}^{z_i^{\max}} \rho(\xi_S)\,d\xi_S \qquad (6.6)$$

wobei $\rho(\xi_S)$ die Wahrscheinlichkeitsdichte der unsicheren Eingangsvariablen darstellt. Im Fall der Normalverteilung bleibt es dem Anwender grundsätzlich freigestellt, ob die Berechnungen mit den orginalen Werten oder auf Basis der Standardform durchgeführt werden. Prinzipiell ist es jedoch praktischer, die Zufallsvariablen und die oberen Integrationsgrenzen auf die Standardform zu übertragen, da damit auch die Anbindung an schon vorhandene Software unproblematischer ist, insbesondere wenn dieser Rechenschritt nur ein Teil einer komplexen Methodik ist. Für die numerische Berechnung eines Einfachintegrals gibt es bzgl. der Standardnormalverteilung ein Tool aus der IMSL-Bibliothek (1987). Erforderlich für die Nutzung ist die Wahl eines geeigneten endlichen Wertes der unteren Integrationsgrenze. Wie in Abschnitt 2.2.1 erwähnt, lässt sich bei einer Normalverteilung für den Integrationsbereich $[\mu - 3\sigma, \mu + 3\sigma]$ festsetzen. Eine weitere Möglichkeit zur Berechnung der Wahrscheinlichkeit Gl. (6.6) ist direkt die numerische Integration durch orthogonale Kollokation, die sich gerade bei Mehrfachintegralen anbietet.

Bisher wurde mit Gl. (6.4), Gl. (6.5) und Gl. (6.6) der Lösungsansatz für den Fall *einer* Zufallsvariable gezeigt. Bei vielen Optimierungsproblemen aus der Praxis ist die zu beschränkende Ausgangsvariable jedoch eine Funktion mehrerer miteinander korrelierender Zufallsvariablen sowie der Steuervariablen $\mathbf{u}$, also $y_i = F(\xi_1, \xi_2, \ldots, \xi_S, \mathbf{u})$. Zur numerischen Berechnung durch Mehrfachintegration muss zunächst eine Zufallsvariable ξ_S ausgewählt werden, bei der eine grundsätzliche Monotonieeigenschaft zu y_i vorhanden ist. Es sei hier erwähnt, dass die Monotonieeigenschaft *nur* bei *dieser einen* ausgewählten Zufallsvariable vorhanden sein muss, bei allen anderen Zufallsvariablen ξ_i $i \neq s$ ist es jedoch egal. Dann gilt für die obere Grenze des *letzten* Integrals

$$z_s^{\max} = F^{-1}(\xi_1, \cdots, \xi_{S-1}, y_i^{\max}, \mathbf{u}) \qquad (6.7)$$

und damit für die Wahrscheinlichkeitsberechnung

$$\Pr\left\{y_i \leq y_i^{\max}\right\} = \int_{-\infty}^{\infty} \cdots \int_{-\infty}^{\infty} \int_{-\infty}^{z_s^{\max}} \rho(\xi_1, \cdots, \xi_{S-1}, \xi_S)\,d\xi_S\,d\xi_{S-1}\cdots d\xi_1 \qquad (6.8)$$

z_S^{max} wird durch die Lösung des Gleichungssystems mit dem Newton-Raphson-Verfahren ermittelt, anhand vorgegebenen $\xi_1, \cdots, \xi_{S-1}, y_i^{max}, \mathbf{u}$. Die Vorgehensweise dieses Ansatzes ist in Abb. 6.2 anschaulich dargestellt.

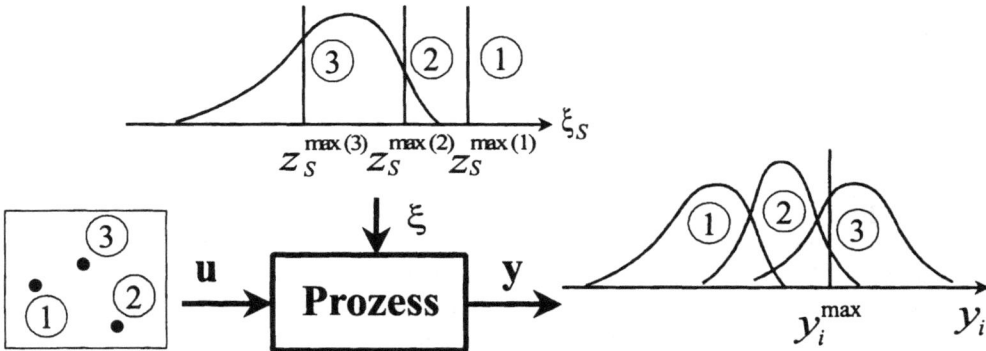

Abb. 6.2   *Grafische Darstellung des Lösungsansatzes*

Bei der Lösung des Optimierungsproblems ist die Wahrscheinlichkeit zur Einhaltung der Beschränkung der Ausgangsgröße y_i für unterschiedliche Werte der Entscheidungsgrößen $\mathbf{u}$ zu berechnen. Wegen der unsicheren Größe ξ_S führen die Werte der Entscheidungsgrößen zu unterschiedlichen Wahrscheinlichkeitsverteilungen der Ausgangsgröße, die nicht einfach beschreibbar sind. Aufgrund der Monotoniebeziehung zwischen y_i und ξ_S kann man jedoch entsprechend der Obergrenze y_i^{max} durch Rückprojektion unterschiedliche Obergrenzen der unsicheren Größe z_S^{max} ermitteln, damit sich die gewünschten Wahrscheinlichkeiten auf der Eingangsseite berechnen lassen.

Tab. 6.1   *Parameter der unsicheren Variablen des Beispiels*

	Erwartungswert	Standardabweichung	Korrelationsmatrix	
ξ_1	1,0	0,2	$\begin{bmatrix} 1,0 & 0,5 \\ 0,5 & 1,0 \end{bmatrix}$	
ξ_2	2,0	0,3		

Diese Vorgehensweise lässt sich durch folgendes einfaches Beispiel illustrieren. Als Eingangsgrößen sind zwei Zufallsgrößen ξ_1, ξ_2 normalverteilt. Die Daten zur Beschreibung dieser Zufallsvariablen sind in Tabelle 6.1 gegeben. Die Ausgangsvariable y ist beschränkt, nämlich $y \leq 30$. Die nichtlineare Beziehung zwischen den Eingangs- und der Ausgangsvariablen ist wie folgt dargestellt

$$y = \exp(\xi_1 + \xi_2) \tag{6.9}$$

Die Wahrscheinlichkeit $\Pr\{y \leq 30\}$ ist zu berechnen. Nach Gl. (6.9) sind beide Zufallsvariablen mit der Ausgangsvariablen monoton verknüpft. Hier wird ξ_2 als eine der Eingangsgröße betrachtet. Nach der Rückprojektion ergibt sich $\xi_2 = -\xi_1 + \ln y$, d.h. die $y \leq 30$ entsprechende Obergrenze auf der Eingangsseite ist

$$z_2^{max} = -\xi_1 + \ln 30$$

Es folgt die Wahrscheinlichberechnung mit

$$\Pr\{y \leq 30\} = \int\limits_{-\infty}^{\infty} \int\limits_{-\infty}^{-\xi_1 + \ln 30} \rho(\xi_1, \xi_2) d\xi_2 d\xi_1$$

wobei $\rho(\xi_1, \xi_2)$ die Dichtefunktion der bivariaten Normalverteilung ist. Die Integration liefert das Ergebnis $\Pr\{y \leq 30\} = 0{,}83$. Abb. 6.3 zeigt die Projektion zwischen den Eingangs- und der Ausgangsvariablen, die durch Monte-Carlo-Simulation mit 1000 Stichproben generiert wurde. Es ist ablesbar, dass die Wahrscheinlichkeit zur Erfüllung der Beschränkung auf beiden Seiten deutlich erkennbar ist. Ca. 83% der Stichproben sind unterhalb der beiden angezeichneten Grenzlinien, obwohl durch die nichtlineare Übertragung die Beschreibung der Wahrscheinlichkeitsverteilung der Ausgangsvariablen schwierig ist; sie ist deutlich abweichend von der Normalverteilung.

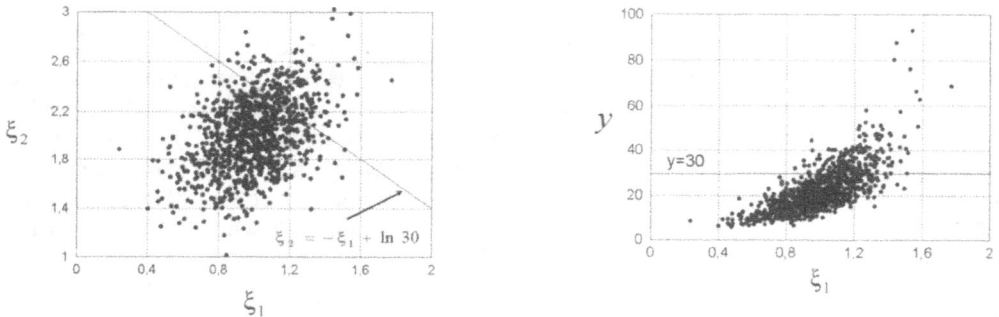

Abb. 6.3   *Beziehung zwischen Eingangs- (links) und Ausgangsvariablen (rechts)*

Zur Lösung des Optimierungsproblems mit einem NLP-Verfahren sind neben der Wahrscheinlichkeit auch ihre Ableitungen nach den Entscheidungsvariablen **u** zu berechnen. Nach Gl. (6.7) und Gl. (6.8) hat **u** einen Einfluss auf die Wahrscheinlichkeit durch die Grenze der Integration auf der Seite der unsicheren Eingangsgrößen. Die Gradienten lassen sich daher wie folgt berechnen

$$\frac{\partial \Pr\{y_i \leq y_i^{max}\}}{\partial \mathbf{u}} = \int\limits_{-\infty}^{\infty} \cdots \int\limits_{-\infty}^{\infty} \rho(\xi_1, \cdots, \xi_{S-1}, \xi_S^L) \frac{\partial \xi_S^{max}}{\partial \mathbf{u}} d\xi_{S-1} \cdots d\xi_1 \qquad (6.10)$$

wobei die Gradientenmatrix $\dfrac{\partial \xi_S^{max}}{\partial \mathbf{u}}$ gleichzeitig innerhalb des Newton-Raphson-Schrittes zur Berechnung von ξ_S^{max} berechnet wird. Ähnlich wie bei Gl. (6.8) lässt sich die rechte Seite von Gl. (6.10) mit numerischer Integration im Bereich der unsicheren Eingangsgrößen berechnen.

Bisher wurde lediglich die Berechnung einer separaten Wahrscheinlichkeit, wie sie in Gl. (6.2) auftritt, diskutiert. Zur Berechnung einer simultanen Wahrscheinlichkeit, wie sie in Gl. (6.3) definiert ist, muss man zunächst die Beziehung zwischen den zu beschränkenden Ausgangsvariablen und den unsicheren Eingangsvariablen analysieren. Wiederum wird eine der unsicheren Variable ξ_s ausgewählt, die mit allen Ausgangsvariablen monoton ist. Dann besteht die Möglichkeit, die simultane Wahrscheinlichkeit durch Rückprojektion zu berechnen

$$\Pr\left\{y_i \leq y_i^{\max},\, i=1,\cdots,I\right\} = \Pr\left\{\xi_s^{\min} \leq \xi_s \leq \xi_s^{\max}\right\} \qquad (6.11)$$

Hierbei sind $\xi_s^{\max}$ und $\xi_s^{\min}$ die Ober- und Untergrenze des Integrationsbereiches auf der Eingangsseite. Der Bereich wird durch die Flächen gebildet, die durch die Begrenzung der Ausgangsvariablen $y_i \leq y_i^{\max}$, $(i=1,\cdots,I)$ projiziert werden. Damit lässt sich die simultane Wahrscheinlichkeit durch

$$\Pr\left\{y_i \leq y_i^{\max}, i=1,\cdots,I\right\} = \int\limits_{-\infty}^{\infty}\cdots\int\limits_{-\infty}^{\infty}\int\limits_{\xi_s^{\min}}^{\xi_s^{\max}} \rho(\xi_1,\cdots,\xi_{S-1},\xi_S)d\xi_S d\xi_{S-1}\cdots d\xi_1 \qquad (6.12)$$

berechnen. Ein sequentielles Verfahren, wie es in Abb. 6.4 dargestellt ist, wurde zur Lösung von nichtlinearen Optimierungsproblemen unter Wahrscheinlichkeitsrestriktionen ausgearbeitet. Im NLP-Verfahren werden nur die Entscheidungsgrößen als Optimierungsvariablen $\mathbf{u}$ behandelt. Anhand der daraus gelieferten Werte von $\mathbf{u}$ und zusammen mit den vordefinierten Integrationsintervallen für die unsicheren Variablen $\xi_1,\cdots,\xi_{S-1}$ wird durch das Newton-Raphson-Verfahren das Gleichungssystem gelöst und somit die Grenzen für ξ_S und ihre Ableitungen nach $\mathbf{u}$ ermittelt. Damit lässt sich die Mehrfachintegration ausführen, mit der die Wahrscheinlichkeit und ihre Gradienten berechnet werden. Wie bereits erwähnt wurde, kann für die Normalverteilung der Bereich der Integration $(-\infty, \infty)$ bei der numerischen Berechnung durch den Bereich $[\mu-3\sigma,\, \mu+3\sigma]$ oder noch genauer den Bereich $[\mu-4\sigma,\, \mu+4\sigma]$ ersetzt werden.

6.3 Numerische Integration

Das in Abb. 6.4 dargestellte Lösungsverfahren hängt prinzipiell nicht von der stochastischen Verteilung der unsicheren Variablen ab. Die numerische Berechnung zur Mehrfachintegration ist jedoch von der Dichtefunktion dieser Zufallsgrößen abhängig. In diesem Abschnitt wird ein Ansatz zur numerischen Berechnung der Integration unter der Normalverteilung hergeleitet. Hierbei wird das Kollokationsverfahren benutzt (Finlayson, 1980). In Anhang 8.5 erfolgt eine detaillierte Beschreibung dieses Verfahrens.

Es wird also angenommen, dass die unsicheren Variablen folgende Dichtefunktion haben

$$\rho(\boldsymbol{\xi}) = \frac{1}{\sqrt{(2\pi)^S \det(\Sigma)}} e^{-\frac{1}{2}(\boldsymbol{\xi}-\boldsymbol{\mu})^T \Sigma^{-1}(\boldsymbol{\xi}-\boldsymbol{\mu})} \qquad (6.13)$$

```
┌─────────────────────────┐
│      NLP-Verfahren      │
└─────────────────────────┘
```

$$\mathbf{u} \qquad\qquad f,\,\mathrm{Pr},\,\frac{\partial f}{\partial \mathbf{u}},\frac{\partial \mathrm{Pr}}{\partial \mathbf{u}}$$

```
┌─────────────────────────┐
│     Mehrfachintegration  │
└─────────────────────────┘
```

$$\xi_1,\cdots,\xi_{S-1},y_i^{max},\mathbf{u} \qquad \xi_S^{min},\xi_S^{max},\frac{\partial \xi_S^{min}}{\partial \mathbf{u}},\frac{\partial \xi_S^{max}}{\partial \mathbf{u}}$$

```
┌─────────────────────────┐
│ Newton-Raphson-Verfahren │
└─────────────────────────┘
```

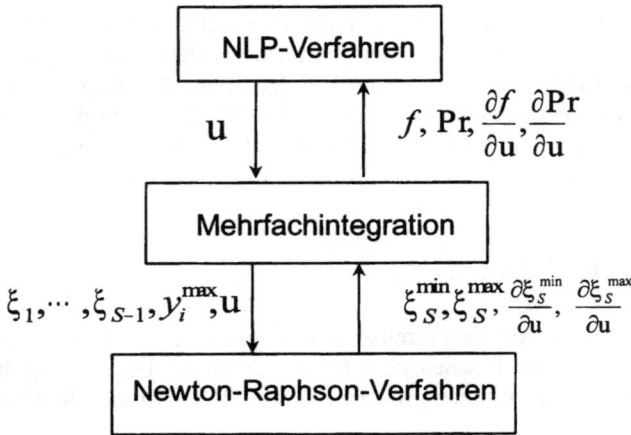

Abb. 6.4 *Sequentielles Lösungsverfahren nichtlinearer Optimierungsprobleme unter Wahrscheinlichkeitsrestriktionen*

wobei $\mathbf{\mu}$ und $\mathbf{\Sigma}$ bekannte Erwartungswerte und bekannte Kovarianzmatrix sind, d.h.

$$\mathbf{\mu} = \begin{bmatrix} \mu_1 \\ \mu_2 \\ \cdots \\ \mu_S \end{bmatrix}, \qquad \mathbf{\Sigma} = \begin{bmatrix} \sigma_1^2 & \sigma_1\sigma_2 r_{12} & \cdots & \sigma_1\sigma_S r_{1S} \\ \sigma_1\sigma_2 r_{12} & \sigma_2^2 & \cdots & \sigma_2\sigma_S r_{2S} \\ \cdots & \cdots & \cdots & \cdots \\ \sigma_1\sigma_S r_{1S} & \sigma_2\sigma_S r_{2S} & \cdots & \sigma_S^2 \end{bmatrix} \qquad (6.14)$$

Hierbei ist σ_i die Standardabweichung der einzelnen Zufallsvariablen und $r_{i,j} \in (-1,\,1)$ der Korrelationskoeffizient zwischen ξ_i und ξ_j $(i,j=1,\cdots,S)$. Nach einer linearen Transformation lässt sich $\mathbf{\xi}$ zu der Standardform der Normalverteilung $\hat{\mathbf{\xi}}$ umformen, d.h. $\hat{\mathbf{\xi}}$ hat null als Erwartungswerte und die Elemente der Hauptdiagonalen der Korrelationsmatrix $\hat{\Sigma}$ sind eins (siehe Abschnitt 2.1). Die Wahrscheinlichkeit der Zufallsvariablen in einem beschränkten Bereich lässt sich daher durch die Integration der Standarddichtefunktion $\hat{\varphi}_S$ berechnen, also

$$\Phi_S(z_1,\cdots,z_S,\hat{\Sigma}) = \int_{-\infty}^{z_1}\cdots\int_{-\infty}^{z_S}\hat{\varphi}_S(\hat{\xi}_1,\cdots,\hat{\xi}_S)d\hat{\xi}_1\cdots d\hat{\xi}_S \qquad (6.15)$$

Für die Standardnormalverteilung ist allgemein bekannt, dass Gl. (6.15) wie folgt beschrieben werden kann

$$\Phi_S(z_1,\cdots,z_S,\hat{\Sigma}) = \int_{-\infty}^{z_1}\Phi_{S-1}(z_2^{(1)},\cdots,z_S^{(1)},\hat{\Sigma}^{(1)})\hat{\varphi}_1(\hat{\xi}_1)d\hat{\xi}_1 \qquad (6.16)$$

wobei Φ_{S-1} die $S-1$-dimensionale Standardwahrscheinlichkeitsfunktion ist. $\hat{\varphi}_1$ ist die Dichtefunktion einer Zufallsvariable mit der Standardnormalverteilung (Prékopa, 1995). Es gilt

$$z_k^{(1)} = \frac{z_k - r_{k,1}\hat{\xi}_1}{\sqrt{1-r_{k,1}^2}},\ k=2,\cdots,S \qquad (6.17)$$

$\hat{\Sigma}^{(1)}$ in Gl. (6.16) ist die $(S-1)\times(S-1)$ Korrelationsmatrix mit den Elementen

$$r_{i,j}^{(1)} = \frac{r_{i,j} - r_{i,1}r_{j,1}}{\sqrt{1-r_{i,1}^2}\sqrt{1-r_{j,1}^2}}, \; i,j = 2,\cdots,S \tag{6.18}$$

Nun wird die S-dimensionale Integration zu einer $S-1$-dimensionalen Integration

$$\Phi_{S-1}(z_2^{(1)},\cdots,z_S^{(1)},\hat{\Sigma}^{(1)}) = \int_{-\infty}^{z_2^{(1)}}\cdots\int_{-\infty}^{z_S^{(1)}} \hat{\varphi}_{S-1}(\hat{\xi}_2,\cdots,\hat{\xi}_S)d\hat{\xi}_2\cdots d\hat{\xi}_S \tag{6.19}$$

reduziert. Wiederholt man diese Prozedur $S-2$-mal, erreicht man eine 2-dimensionale Integration

$$\Phi_2(z_{S-1}^{(S-2)},z_S^{(S-2)},\hat{\Sigma}^{(S-2)}) = \int_{-\infty}^{z_{S-1}^{(S-2)}}\int_{-\infty}^{z_S^{(S-2)}} \hat{\varphi}_2(\hat{\xi}_{S-1},\hat{\xi}_S)\,d\hat{\xi}_{S-1}d\hat{\xi}_S \tag{6.20}$$

wobei $\hat{\Sigma}^{(S-2)}$ die 2×2-Korrelationsmatrix ist. Ähnlich wie Gl. (6.16) lässt sich die rechte Seite von Gl. (6.20) wie folgt berechnen

$$\Phi_2(z_{S-1}^{(S-2)},z_S^{(S-2)},\hat{\Sigma}^{(S-2)}) = \int_{-\infty}^{z_{S-1}^{(S-2)}} \Phi_1\left[\frac{z_S^{(S-2)} - r_{1,2}^{(S-2)}\hat{\xi}_{S-1}}{\sqrt{1-\left(r_{1,2}^{(S-2)}\right)^2}}\right] \varphi_1(\hat{\xi}_{S-1})d\hat{\xi}_{S-1} \tag{6.21}$$

Hierin ist Φ_1 die Standardwahrscheinlichkeitsfunktion einer normalverteilten Zufallsvariable. Es ist zu sehen, dass zur numerischen Integration ein hoher Rechenaufwand benötigt wird. Es wird hier zur Berechnung dieser Integration das Kollokationsverfahren benutzt. Bei diesem Verfahren wird der Integrationsbereich $(-\infty, z_{S-1}^{(S-2)}]$ zu Unterintervallen diskretisiert und in jedem Intervall die Dichtefunktion mit Lagrange-Polynomen mit Kollokationspunkten als Stützpunkte approximiert (siehe Anhang 8.5). Aufgrund der hohen Genauigkeit dieses Verfahrens reichen wenige Intervalle und Kollokationspunkte für eine gute Annäherung aus. Beispielsweise kann man selbst bei einem sechsfachen Integral numerische Ergebnisse noch mit einer erträglichen Rechenzeit erzielen.

Basierend auf Gl. (4.15) — Gl. (4.21) lässt sich eine ineinander geschachtelte Berechnungsweise entwickeln. Mit Hilfe des Kollokationsverfahrens werden zunächst die Werte von Φ_2 der unsicheren Variablen an den Kollokationspunkten berechnet. Diese Werte werden dann für die Berechnung von Φ_3 benutzt. Diese Vorgehensweise setzt sich bis zur Berechnung von Φ_S fort. Die Wahl der Anzahl der Intervalle und der Kollokationspunkte hängt von der gewünschten Genauigkeit und dem dafür benötigten Rechenaufwand ab. Mehrere Intervalle und mehrere Kollokationspunkte führen zu einer höheren Genauigkeit, aber der Rechenaufwand steigt entsprechend an. Das Simulationsergebnis zeigt, dass eine Genauigkeit von unter 1% bei der Wahrscheinlichkeitsberechnung erreicht werden kann, wenn man drei Intervalle und die Drei-Punkte-Kollokation für die Diskretisierung der Dichtefunktion verwendet.

Die Ableitungen der Wahrscheinlichkeit nach der Entscheidungsvariablen **u** lassen sich mit der gleichen Vorgehensweise zur numerischen Integration berechnen. Dabei ist zu beachten, dass nur die Grenze des letzten Integrals von den Entscheidungsgrößen **u** abhängt (siehe Gl. (6.7)). Nach Gl. (6.16) lassen sich die Gradienten mit

$$\frac{\partial \Phi_S}{\partial \mathbf{u}} = \int_{-\infty}^{z_1} \frac{\partial \Phi_{S-1}}{\partial \mathbf{u}} \hat{\varphi}_1(\hat{\xi}_1) d\hat{\xi}_1 \tag{6.22}$$

berechnen. Da

$$\Phi_{S-1}(z_2^{(1)}, \cdots, z_S^{(1)}, \hat{\Sigma}^{(1)}) = \int_{-\infty}^{z_2^{(1)}} \Phi_{S-2}(z_3^{(2)}, \cdots, z_S^{(2)}, \hat{\Sigma}^{(2)}) \hat{\varphi}_1(\hat{\xi}_2) d\hat{\xi}_2 \tag{6.23}$$

ergibt sich

$$\frac{\partial \Phi_{S-1}}{\partial u} = \int_{-\infty}^{z_2^{(1)}} \frac{\partial \Phi_{S-2}}{\partial u} \hat{\varphi}_1(\hat{\xi}_2) d\hat{\xi}_2 \tag{6.24}$$

Setzt man die Prozedur für $S-2$ Schritte fort, erreicht man

$$\frac{\partial \Phi_2}{\partial u} = \int_{-\infty}^{z_{S-1}^{(S-2)}} \frac{\partial \Phi_1}{\partial u} \hat{\varphi}_1(\hat{\xi}_{S-1}) d\hat{\xi}_{S-1} \tag{6.25}$$

und

$$\frac{\partial \Phi_1}{\partial u} = \hat{\varphi}_1(z_S^{(S-1)}) \frac{\partial z_S^{(S-1)}}{\partial u} \tag{6.26}$$

Im letzten Abschnitt wurde die Vorgehensweise zur Berechnung von z_S und $\frac{\partial z_S}{\partial u}$ vorgestellt. Daher können die Gradienten der Wahrscheinlichkeit von Gl. (6.26) rückwärts bis zu Gl. (6.22) berechnet werden.

6.4   Optimale Auslegung einer Reaktorkaskade

Dieses Beispiel wurde aus der Literatur (Rooy & Sahinidis, 1995) übernommen. Hier geht es um einen einfachen Reaktionsprozess in einer Reaktorkaskade. Wie man an Abb. 6.5 erkennen kann, besteht die Kaskade aus zwei in Reihe geschalteten Reaktoren, in denen die Komponente A zum erwünschten Produkt B und dieses wiederum zum unerwünschten Folgeprodukt C reagiert. In beiden Reaktoren liegen unterschiedliche Temperaturen vor, wodurch bei den Reaktionen unterschiedliche Kinetiken vorliegen. Im ersten Reaktor wird ausschließlich Komponente A als Feed zugeführt. Das Produktgemisch aus diesem Reaktor ist dann der Feedstrom für den zweiten Reaktor. Der Austrittsstrom aus dem zweiten Reaktor ist das endgültige Produkt, welches zu bewerten gilt. Ziel der optimalen Auslegung für diesen Prozess ist die Bestimmung der Volumina der Reaktoren V_1, V_2. Minimiert werden sollen die Materialkosten für den Bau der Reaktoren. Diese lassen sich für jeden Reaktor proportional zur Quadratwurzel der Volumina abschätzen. Der Proportionalitätsfaktor wird hier bei beiden Reaktoren gleich eins gesetzt (siehe Gl. (6.27)).

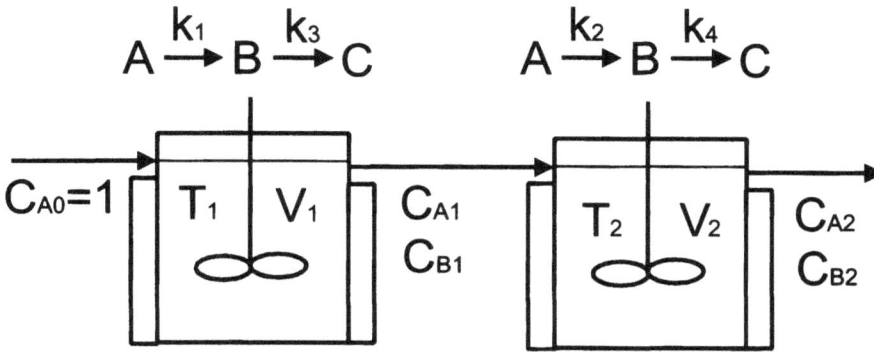

Abb. 6.5 *Fließbild einer Reaktorkaskade*

Als Prozessrestriktion wird gefordert, dass C_{B2}, die Konzentration des Produktes B im Ablaufstrom des zweiten Reaktors, einen bestimmten Mindestwert C_{B2}^{min} nicht unterschreiten darf. Die Modellgleichungen orientieren sich an den allgemeinen Gesetzen der Stoffbilanzen und der Reaktionskinetik: eine Reaktion erster Ordnung einschließlich der Arrhenius-Gleichungen. In den Arrhenius-Gleichungen tauchen vier Kinetikparameter auf, die als unsichere, d.h. als Zufallsvariablen zu berücksichtigen sind. Dies sind die beiden Stoßzahlen k_{10} und k_{20} sowie die Aktivierungsenergien E_1 und E_2. Das gesamte stochastische Optimierungsproblem lässt sich damit wie folgt beschreiben

$$\min \quad f = \sqrt{V_1} + \sqrt{V_2}$$
$$\text{mit} \quad C_{A1} + k_1 C_{A2} V_1 = 1$$
$$C_{A2} - C_{A1} + k_2 C_{A2} V_2 = 0$$
$$C_{B1} + C_{A1} + k_3 C_{B1} V_1 = 1$$
$$C_{B2} - C_{B1} + C_{A2} - C_{A1} + k_4 C_{B2} V_2 = 0$$
$$k_1 = k_{10} e^{-E_1/RT_1}$$
$$k_2 = k_{10} e^{-E_1/RT_2} \tag{6.27}$$
$$k_3 = k_{20} e^{-E_2/RT_1}$$
$$k_4 = k_{20} e^{-E_2/RT_2}$$
$$\Pr\left\{ C_{B2} \geq C_{B2}^{min} \right\} \geq \alpha$$
$$0 \leq C_{A1}, C_{A2}, C_{B1}, C_{B2} \leq 1$$
$$0 \leq V_1, V_2 \leq 16$$

Die Temperaturen in beiden Reaktoren werden als Konstante vordefiniert. Daher lassen sich unter Berücksichtigung der idealen Gaskonstante R folgende Werte festlegen: $RT_1 = 5180.869$; $RT_2 = 4765.169$. Für die unsicheren Modellparameter wird für die vier unsicheren Kinetikparameter von einer multivariaten Normalverteilung ausgegangen. Die dafür charakteristischen Werte sind in Tabelle 6.2 zusammengefasst.

Tab. 6.2 *Daten der unsicheren Modellparameter*

	Erwartungswert	Standardabweichung	Korrelationsmatrix			
E_1	6665.948	200	1	0.5	0.3	0.2
E_2	7965.248	240	0.5	1	0.5	0.1
k_{10}	0.715	0.0215	0.3	0.5	1	0.3
k_{20}	0.182	0.0055	0.2	0.1	0.3	1

Nun muss zur Nutzung des oben vorgestellten Lösungsansatzes festgelegt werden, bei welchem unsicheren Parameter die Restriktionsgröße C_{B2} eine monotone Funktion darstellt. Für E_1, E_2 und k_{10} kann diesbezüglich keine eindeutige Aussage getroffen werden. Lediglich für k_{20} ist für jede beliebige Konstellation von anderen Parametern sowie den Entscheidungsvariablen eine eindeutige Monotonie festzustellen. Für alle Fälle gilt also $k_{20} \uparrow \Leftrightarrow C_{B2} \downarrow$. Analog zu den Beziehungen Gl. (6.4) und Gl. (6.5) lässt sich damit $\Pr\{C_{B2} \geq C_{B2}^{\min}\}$ im Ausgangsbereich übertragen auf $\Pr\{k_{20} \leq k_{20}^{\max}\}$ im Eingangsbereich. Die allgemeine Formulierung von Gl. (6.7) übertragen auf dieses konkrete Anwendungsbeispiel ergibt dann

$$k_{20}^{\max} = F^{-1}(E_1, E_2, k_{10}, C_{B2}^{\min}, V_1, V_2) \tag{6.28}$$

Analog zu Gl. (6.8) ergibt sich

$$\Pr\{C_{B2} \geq C_{B2}^{\min}\} = \int_{-\infty}^{\infty} \cdots \int_{-\infty}^{\infty} \int_{-\infty}^{k_{20}^{\max}} \rho(E_1, E_2, k_{10}, k_{20}) dk_{20} dk_{10} dE_2 dE_1 \tag{6.29}$$

Sowohl die Produktspezifikation $C_{B2}^{\min}$ als auch die Wahrscheinlichkeitsschranke α müssen bei der Problemformulierung vorgegeben werden. Bei der numerischen Lösung können jedoch beide Werte variiert werden. Es muss zuvor überprüft werden, ob für das Optimierungsproblem ein zulässiger Bereich existiert. Die Überprüfung erfolgt durch Berechnung der maximal erreichbaren Wahrscheinlichkeit für jeden Wert für $C_{B2}^{\min}$ mittels des NLP-Verfahrens. Die zu definierende Wahrscheinlichkeitsschranke α sollte dann unterhalb der maximalen Wahrscheinlichkeit liegen. Diese Untersuchungen ergaben, dass $C_{B2}^{\min}$ zwischen den Werten 0,5 und 0,54 variiert werden kann. Die maximal erreichbare Wahrscheinlichkeit in den Fällen $C_{B2}^{\min} = 0,5$, 0,52 und 0,54 ist 1,0, 0,999 bzw. 0,971. Als Wahrscheinlichkeitsschranken wurden die Werte 0,9 und 0,95 zum Vergleich herangezogen.

Des Weiteren wurden die Ergebnisse der stochastischen Optimierung mit jenen der deterministischen Optimierung verglichen, wobei die Modellparameter an den Erwartungswerten fixiert werden. Eine Übersicht der Optimierungsergebnisse ist in Tabelle 6.3 aufgezeigt. Man kann erkennen, je höher die Produktspezifikation ist, desto größer müssen die Reaktoren sein. Aus der Tabelle ist zu sehen, dass hohe Wahrscheinlichkeitsschranken zwar zu mehr Zuverlässigkeit bezüglich der Produktspezifikationen führen, dafür aber Einbußen bezüglich der Zielfunktion in Kauf genommen werden müssen. Mit der deterministischen Optimierung braucht man kleinere Reaktoren und somit auch nur niedrigere Kosten, aber die Zuverlässigkeit zur Einhaltung der Produktspezifikation wird ebenfalls niedriger. Bei der deterministischen Optimierung kann man eine Zuverlässigkeit von nur ca. 50% erhalten.

Tab. 6.3 *Stochastische (ST) und deterministische (DT) Optimierungsergebnisse*

C_{B2}^{min}	α	V_1^*		V_2^*		f*	
		ST	DT	ST	DT	ST	DT
0.50	0.90	3.301	3.222	3.266	2.814	3.624	3.472
0.50	0.95	3.497	--	3.245	--	3.671	--
0.52	0.90	3.808	3.452	3.795	3.416	3.899	3.706
0.52	0.95	3.854	--	4.001	--	3.963	--
0.54	0.90	4.474	3.910	4.908	4.168	4.331	4.019
0.54	0.95	4.701	--	5.439	--	4.501	--

6.5 Erweiterung zur dynamischen nichtlinearen Optimierung

In diesem Arbeitschnitt werden nichtlineare dynamische Optimierungsprobleme betrachtet. Das heißt, die in Gl. (6.2) und Gl. (6.3) dargestellten Optimierungsprobleme sind auf die folgenden Formen zu erweitern

$$
\begin{aligned}
&\min \quad E\left[f(\mathbf{x},\mathbf{y},\mathbf{u},\boldsymbol{\xi})\right] \\
&\text{mit} \quad \mathbf{g}(\dot{\mathbf{x}},\mathbf{x},\mathbf{y},\mathbf{u},\boldsymbol{\xi})=0, \qquad \mathbf{x}(t_0)=\mathbf{x}_0 \\
&\qquad \Pr\left\{\, y_i \le y_i^{max} \right\} \ge \alpha_i, \qquad i=1,\cdots,I \\
&\qquad \mathbf{u}_{min} \le \mathbf{u} \le \mathbf{u}_{max}, \qquad t_0 \le t \le t_f
\end{aligned}
\tag{6.30}
$$

oder mit einer simultanen Wahrscheinlichkeitsrestriktion

$$
\begin{aligned}
&\min \quad E\left[f(\mathbf{x},\mathbf{y},\mathbf{u},\boldsymbol{\xi})\right] \\
&\text{mit} \quad \mathbf{g}(\dot{\mathbf{x}},\mathbf{x},\mathbf{y},\mathbf{u},\boldsymbol{\xi})=0, \qquad \mathbf{x}(t_0)=\mathbf{x}_0 \\
&\qquad \Pr\left\{\, y_i \le y_i^{max}, \qquad i=1,\cdots,I \right\} \ge \alpha \\
&\qquad \mathbf{u}_{min} \le \mathbf{u} \le \mathbf{u}_{max}, \qquad t_0 \le t \le t_f
\end{aligned}
\tag{6.31}
$$

wobei

$\mathbf{x} \subseteq R^n$: Zustandsvariablen, zeitlich abhängig, stochastisch

$\mathbf{y} \subseteq R^l$: Ausgangsgrößen, zeitlich abhängig, stochastisch

$\mathbf{u} \subseteq R^M$: Entscheidungsgrößen, zeitlich abhängig, deterministisch

$\xi \subseteq R^S$: unsichere Störgrößen, zeitlich abhängig, stochastisch

$\mathbf{y}^{max} \subseteq R^I$: obere Grenzen der Ausgangsgrößen, vorgegebene Konstanten

$f \subseteq R^1$: Zielfunktion, zeitlich abhängig

$\mathbf{g} \subseteq R^{n+I}$: dynamische nichtlineare Modellgleichungen

Die Bedeutung der Betrachtung dieser dynamischen Optimierungsprobleme unter den gegebenen Unsicherheiten besteht darin, dass die Lösung eine vorausschauende Strategie in einem künftigen Zeithorizont zum Betrieb eines nichtlinearen Prozesses liefert. Anhand der vorhandenen stochastischen Verteilung der zukünftigen unsicheren Störungen wird der Prozess dahingehend vorbereitet, große Veränderungen der Störgrößen optimal zu kompensieren. Damit werden die Betriebsrestriktionen mit einer gewünschten Wahrscheinlichkeit eingehalten und zugleich die Betriebskosten minimiert. Bislang wird in solchen Fällen im industriellen Betrieb einerseits die auf Erfahrungen basierende konservative Fahrweise benutzt, wodurch die Betriebskosten wesentlich höher als notwendig ausfallen. Anderseits verwendet man aus Gründen der Wirtschaftlichkeit aggressive Strategien mit dem Risiko der Grenzverletzung. Man wendet in diesem Fall Sondermaßnahmen an, um eine große auftretende stochastische Störung zu kompensieren. Diese typischen empirisch orientierten Fahrweisen sollen durch optimale Strategien, die mit einer stochastischen Optimierungsmethode ermittelt werden, ersetzt werden. Im Folgenden werden die wesentlichen Punkte der Vorgehensweise zur Lösung der dynamischen nichtlinearen Optimierungsprobleme unter Unsicherheiten beschrieben.

Diskretisierung des dynamischen Systems
Das in Gl. (6.31) dargestellte dynamische Gleichungssystem, das mit differentiell-algebraischen Modellgleichungen beschrieben ist, wird zunächst mit einer Diskretisierungsmethode (z.B. Kollokationsverfahren oder Schießenverfahren) zeitlich diskretisiert. Insgesamt werden N Intervalle auf dem Zeithorizont $t \in [t_0, t_f]$ betrachtet. Die Kontinuität der Ausgangsvariablen soll eingehalten werden. Beim Kollokationsverfahren wird der letzte Kollokationspunkt eines Intervalls als Anfangspunkt des nächsten Intervalls benutzt. Es muss darauf geachtet werden, dass die unsicheren Größen eines dynamischen Prozesses zeitabhängig oder zeitunabhängig sein können. Die zeitabhängigen unsicheren Störgrößen werden in den Zeitintervallen als stückweise konstant betrachtet. Durch die Diskretisierung wird das dynamische Gleichungssystem zu einem nichtlinearen algebraischen Gleichungssystem umgeformt. Die Gleichungen werden von Intervall zu Intervall beschrieben und können bei der Vorgabe der Entscheidungs- und Zufallsvariablen mit dem Newton-Raphson-Verfahren an den Kollokationspunkten gelöst werden (Li und Wozny, 1998, Li et al., 2000).

Beschreibung der unsicheren Störgrößen
Mehrere unsichere zeitlich abhängige Störgrößen ξ werden hier betrachtet. Es wird jedoch angenommen, dass lediglich zwischen den Werten verschiedener Zeitintervalle der *gleichen* Störgröße Korrelationen existieren, nicht jedoch zwischen den Werten unterschiedlicher Störgrößen. Des Weiteren wird für den dynamischen Fall angenommen, dass alle zeitintervallbezogenen Werte aller Störgrößen normalverteilt sind und ihre zeitlich abhängigen Er-

wartungswerte $\boldsymbol{\mu}$ und ihre auf die Zeitintervalle bezogene Kovarianz $\boldsymbol{\Sigma}$ vorgegeben sind. Somit ergibt sich für eine unsichere Variable ξ_l, $l = 1, \cdots, S$:

$$\boldsymbol{\mu}_l = \begin{bmatrix} \mu_l(0) \\ \mu_l(1) \\ \cdots \\ \mu_l(N-1) \end{bmatrix},$$

$$\boldsymbol{\Sigma}_l = \begin{bmatrix} \sigma^2(0) & \sigma(0)\sigma(1)r_{01} & \cdots & \sigma(0)\sigma(N-1)r_{0N-1} \\ \sigma(0)\sigma(1)r_{01} & \sigma^2(1) & \cdots & \sigma(1)\sigma(N-1)r_{1N-1} \\ \cdots & \cdots & \cdots & \cdots \\ \sigma(0)\sigma(N-1)r_{0N-1} & \sigma(1)\sigma(N-1)r_{1N-1} & \cdots & \sigma^2(N-1) \end{bmatrix}$$

Monotonieeigenschaften und die Berechnung der Grenze der Zufallsgrößen
In einem instationären nichtlinearen System bleibt aufgrund des physikalischen Zusammenhangs die monotone Beziehung zwischen einer Ausgangsvariablen y_i und einer Störgröße ξ_s erhalten (siehe Abschnitt 6.2). Es ist jedoch zu beachten, dass bei der Wirkung der Störgröße auf die Ausgangsvariable die Dynamik des Prozesses zu berücksichtigen ist. Die der Ausgangsbeschränkung entsprechende Grenze der Störgrößen muss von Zeitintervall zu Zeitintervall bestimmt werden.

Ist der Anfangszustand vorgegeben, kann man den Grenzwert der Störgröße im ersten Zeitintervall durch die Lösung des diskretisierten Gleichungssystems $g(1)$ mit dem Newton-Raphson-Verfahren erhalten, indem man die Grenze y_i^{max} für $y_i(1)$ in die Gleichungen einsetzt und dadurch $\xi_s^{max}(0)$ ermittelt. Im zweiten Intervall hängt $y_i(2)$ von sowohl $\xi_i(0)$ als auch $\xi_i(1)$ ab. Zur Berechnung der separaten Wahrscheinlichkeitsrestriktion ist eine Monotoniebeziehung von $y_i(2)$ zu $\xi_s(0)$ *oder* $\xi_s(1)$ erforderlich. Dann kann entsprechend des vorgegebenen Grenzwerts y_i^{max} ein äquivalenter Grenzwert $\xi_s^{max}(0)$, falls $y_i(2)$ zu $\xi_i(0)$ monoton ist, bzw. $\xi^{LIM}(1)$, falls $y_i(2)$ zu $\xi_i(1)$ monoton ist, ermittelt werden. Die Grenzwerte werden durch simultane Lösung der Gleichungssysteme im ersten Zeitintervall $g(1)$ und zweiten Zeitintervall $g(2)$ berechnet. Diese Vorgehensweise lässt sich in verallgemeinerter Form auf die Berechnung einer separaten Wahrscheinlichkeitsrestriktion bzgl. eines beliebigen Zeitpunktes für $y_i(k)$, was von $\xi_s(0), \cdots, \xi_s(k-1)$ abhängig ist, übertragen.

Zur Berechnung der simultanen Wahrscheinlichkeitsrestriktion muss stets eine Monotonieeigenschaft von $y_i(k)$, $i = 1, \cdots, I$, zu dem Wert der Störgröße des vorangegangen Intervalls $\xi(k-1)$ vorliegen, damit bei jedem relevanten Zeitpunkt $k = 1, \cdots, N$ für $\mathbf{y}^{max}$ ein äquivalentes $\xi_s(k-1)$ berechnet werden kann.

Wahrscheinlichkeitsberechnung
Zur Einhaltung der zeitpunktbezogenen Beschränkung der Ausgangsgrößen $\mathbf{y}$ können separate Wahrscheinlichkeitsrestriktionen für einzelne Intervalle

$$\Pr\left\{ y_i(k) \le y_i^{max} \right\} \ge \alpha_{i,k}, \ i = 1, \cdots, I, \ k = 1, \cdots, N \tag{6.32}$$

oder eine simultane Wahrscheinlichkeitsrestriktion für alle Intervalle

$$\Pr\left\{ y_i(k) \le y_i^{max},\ k=1,\cdots,N \right\} \ge \alpha_i,\ i=1,\cdots,I \tag{6.33}$$

formuliert werden. Anhand der ermittelten Grenzwerte der Störgrößen ξ_S^{max} können die zur Lösung des Optimierungsproblems benötigten Wahrscheinlichkeiten und ihre Gradienten durch das Prinzip der Rückprojizierung berechnet werden. Die Berechnung erfolgt mit der Methode der Mehrfachintegration im Bereich der unsicheren Störgrößen, wie in Abschnitt 6.3 dargestellt ist. Für die Berechnung von separaten Wahrscheinlichkeitsrestriktionen bzgl. $y_i(k)$ wählt man ein Zeitintervall $j < k$, in dem $\xi_S(j)$ monoton zu $y_i(k)$ ist, und formuliert die Mehrfachintegration wie folgt

$$\Pr\left\{ y_i(k) \le y_i^{max} \right\} = \int\limits_{-\infty}^{\infty} \cdots \int\limits_{-\infty}^{\xi_i^{max}(\xi_{k\ne j},\,y_i^{max})} \varphi(\xi_0,\dots,\xi_{k-1})\ d\xi_j\ d\xi_{k-1}\ ,\dots,\ d\xi_0 \tag{6.34}$$

Für die Berechnung der simultanen Wahrscheinlichkeitsrestriktion müssen für jedes Einzelintegral die zu y^{max} gehörigen Grenzwerte $\xi_S^{max}(k-1)$, $k=1,\dots,N$ bestimmt werden, sodass die Mehrfachintegration wie folgt formuliert ist:

$$\Pr\left\{ y_i(k) \le y_i^{max},\ k=1,\dots,N \right\} = \int\limits_{-\infty}^{\xi_0^{max}} \int\limits_{-\infty}^{\xi_1^{max}} \cdots \int\limits_{-\infty}^{\xi_{N-1}^{max}} \varphi(\xi_0,\dots,\xi_{i-1})\ d\xi_j\ d\xi_{i-1}\ ,\dots,\ d\xi_0$$

$$\tag{6.35}$$

Diese Umformungen zur Formulierung der Mehrfachintegration sind lediglich erste Lösungsansätze, die weiter verfolgt werden sollen. Da wegen der fortschreitenden Zeitintervalle immer mehr diskrete Störgrößen berücksichtigt werden müssen und daher die Dimension dieses Bereiches von Intervall zu Intervall vergrößert wird, wird es erforderlich, einen effizienten Rechenalgorithmus zu entwickeln. Durch wiederholtes Lösen mit unterschiedlichen Wahrscheinlichkeitsniveaus soll sich ein quantitatives Profil der Betriebskosten gegen die erreichbare Zuverlässigkeit ergeben, damit man sich für einen geeigneten Kompromiss für den Betrieb entscheiden kann.

6.6   Optimale Prozessführung einer reaktiven Semibatchdestillationskolonne

6.6.1   Prozessdarstellung

Betrachtet wird ein industrieller reaktiver Semibatchdestillationsprozess. Dabei findet eine leicht endotherme Umesterung eines Esters mit einem Alkohol zu einem Produktester und einem Produktalkohol im Sumpf einer Destillationskolonne statt. Während der Charge wird eine begrenzte Menge an frischem Eduktalkohol als Feed hinzugefügt, um die Gleichgewichtsreaktion in Richtung der Produkte zu verschieben. In der Kolonne wird dann der Produktalkohol (die leichtestflüchtige Komponente) aus dem Sumpf destilliert, wodurch die Reaktion ebenfalls in die gewünschte Richtung beeinflusst wird. Der gesamte Prozess lässt sich hierbei in zwei Abschnitte unterteilen: In der Periode der Hauptfraktion wird Produktalkohol mit einer bestimmten Reinheit und in einer gewissen Mindestmenge gesammelt, während im Anschluss daran die restlichen Edukte abreagieren und ein Gemisch von Produktalkohol und Eduktester mit einer bestimmten Reinheit im Sumpf verbleibt. Dieses Gemisch wird schließlich in einer zweiten Kolonne getrennt. Der Prozess ist in Abb. 6.6 gezeigt. Die folgende Gleichgewichtsreaktion (eine Umesterung) findet in der Sumpfblase statt:

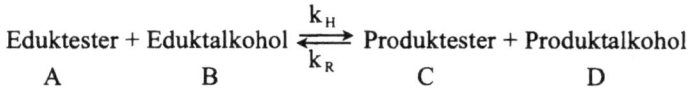

$$\underset{\underset{A}{}}{\text{Eduktester}} + \underset{\underset{B}{}}{\text{Eduktalkohol}} \underset{k_R}{\overset{k_H}{\rightleftharpoons}} \underset{\underset{C}{}}{\text{Produktester}} + \underset{\underset{D}{}}{\text{Produktalkohol}}$$

Einerseits wird beim Betrieb der Produktalkohol (D) als Leichtsieder aus der Sumpfblase zur Verschiebung des Gleichgewichts abdestilliert und andererseits wird ein Feed vom Eduktalkohol (B) der Sumpfblase zudosiert. Diese beiden Maßnahmen führen dazu, dass die Reaktion in Richtung der Produkte verschoben und die Reaktionsrate erhöht wird. Der Eduktester (A) reagiert während der Charge ab und am Ende der Charge erhält man ein Gemisch aus dem Produktester (C) und dem überschüssigen Eduktalkohol (B) in der Sumpfblase, welches in einer weiteren Aufarbeitungskolonne getrennt wird. Als Nebenprodukt wird der Produktalkohol (D) innerhalb des Hauptschnitts in der ersten Destillatvorlage eingesammelt. Der verbliebene Produktalkohol wird innerhalb des Zwischenschnitts abdestilliert und die Temperatur der Sumpfblase erhöht, damit der Eduktester (A) zur Vermeidung einer gesonderten

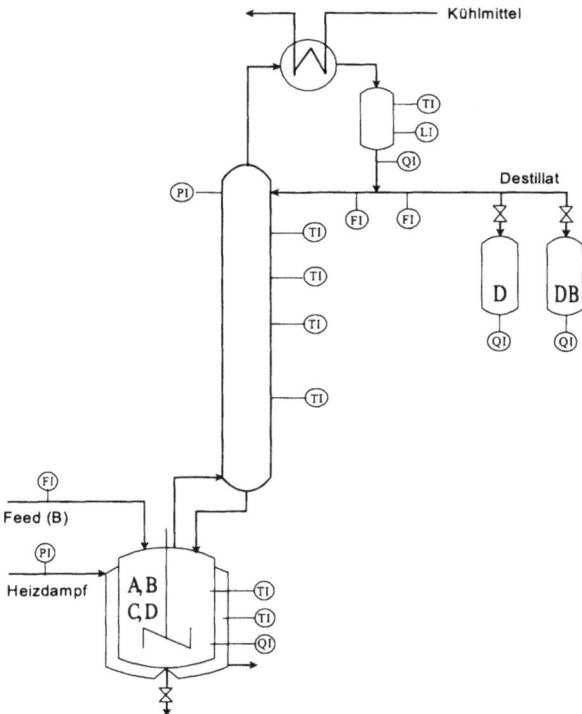

Abb. 6.6 *Fließbild eines industriellen Semibatchdestillationsprozesses*

Aufarbeitungsphase restlos abreagiert. Aufgrund der großen Differenz der Siedetemperatur zwischen den Alkoholen und den Estern werden nur die beiden Alkohole in der Kolonne abdestilliert, d.h. die Reaktion findet ausschließlich in der Sumpfblase statt.

In der Arbeit von Reuter (1994) wurde dieser Prozess mit einem detaillierten Stufenmodell modelliert und simuliert. Das Modell besteht aus Komponenten- und Enthalpiebilanzen, Phasengleichgewichtsbeziehungen und Reaktionskinetik für jede Trennstufe. Sie führen zu einem großen, nichtlinearen und dynamischen Gleichungssystem. In der Arbeit von Li (1998) wurde eine deterministische Optimierung für den Prozess durchgeführt. Dabei wurde die orthogonale Kollokation zur Diskretisierung des dynamischen Systems in Zeitintervallen benutzt und ein sequentielles Verfahren zur Lösung des Optimierungsproblems entwickelt (Li et al., 1998; Wendt et. al., 2000). Ziel der Optimierung ist die Minimierung der Chargenzeit unter Einhaltung der Produktspezifikationen. Die Optimierungsvariablen sind die Durchflussrate der Feedzufuhr $F(t)$ des Eduktalkohols und das Rücklaufverhältnis $R_V(t)$. Um den Zeitpunkt des Umschaltens von Haupt- zur Zwischenfraktion t_u sowie die Gesamtzeit t_f zu behandeln, werden die Längen der einzelnen Zeitintervalle ebenfalls als unabhängige Variablen betrachtet.

6.6.2   Defizite der deterministischen Optimierung

Bei diesem Prozess existieren folgende zwei Arten von Beschränkungen der Ausgangsgrößen. Einerseits muss die Konzentration von Produktalkohol im Destillat für den Hauptschnitt größer als ein vorgegebener Wert (z.B. 0,98 mol/mol) sein. Andererseits muss zur Vermeidung einer gesonderten Aufarbeitungsphase am Ende der Charge in der Sumpfblase eine spezifizierte Konzentration von Eduktester (z.B. 0,02 mol/mol) unterschritten worden sein. Als Beschränkungen der Steuergrößen, die aus dem realen Prozess entnommen werden, steht für den Feedzulauf in die Sumpfblase eine maximale Menge (z.B. 20 kmol) Eduktalkohol zur Verfügung. Außerdem ist der Feedstrom bis zum maximalen Durchfluss (z.B. 150 l/h) begrenzt. Aus diesen Ausführungen ergibt sich das deterministische Optimierungsproblem mit der folgenden mathematischen Formulierung

$$\min \quad t_f\left(R_V(t),\ F(t),\ t_u, t_f\right) \tag{3.36}$$

mit den Gleichungsnebenbedingungen (für jede Stufe):

Komponentenbilanz: M

Phasengleichgewicht: E

Summenbeziehung: S

Energiebilanz: H

und mit den Ungleichungsnebenbedingungen für Produktspezifikationen:

$$x_D(t_f) \geq 0,98 \tag{6.37}$$

$$x_A(t_f) \leq 0,02 \tag{6.38}$$

und für die Beschränkungen des Feedstroms:

$$\int_0^{t_f} F(t)dt \leq 20 \qquad (6.39)$$

$$0 \leq F(t) \leq 150 \qquad (6.40)$$

Die Implementierung des deterministischen Optimierungsansatzes wurde nach der sequentiellen Methode von Li et al. (1998) durchgeführt. Die gesamte Chargenzeit ist dabei in 30 Zeitintervalle eingeteilt, für die die Steuergrößen stückweise konstant gehalten werden. Die ermittelten optimalen Führungsstrategien aus der deterministischen Optimierung sind in Abb. 6.7 und Abb. 6.8 gezeigt.

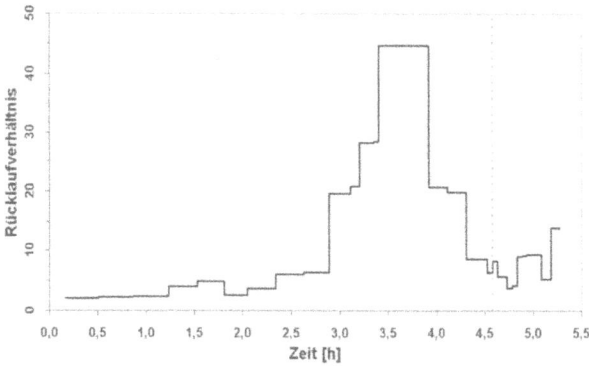

Abb. 6.7 *Strategie des Rücklaufverhältnis nach der deterministischen Optimierung*

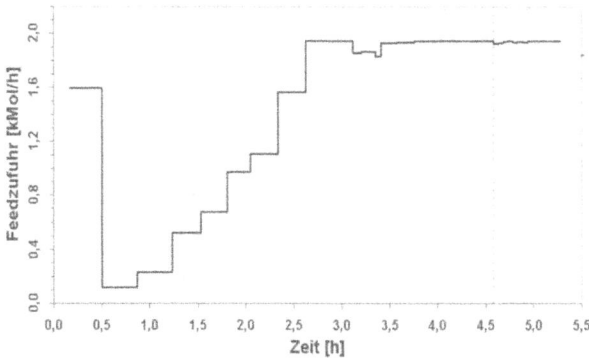

Abb. 6.8 *Strategie des Feedstroms nach der deterministischen Optimierung*

Die dargestellten Ergebnisse deuten auf thermodynamische Effekte und Effekte durch die chemische Reaktion hin. Im Allgemeinen wird zur Einhaltung der Spezifikationen ein kleineres Rücklaufverhältnis benötigt, abhängig von der Menge an Produktalkohol in der gesamten Kolonne. Das nur geringe Ansteigen des Rücklaufverhältnisses innerhalb der ersten drei Stunden ist nur durch den drastischen Anstieg der Feedzufuhr von Eduktalkohol möglich. Dies bewirkt eine permanente Bildung von Produktalkohol im Sumpf der Kolonne als Kompensation für den Verlust an Destillatproduktstrom. Sobald jedoch der Feedstrom seinen größtmöglichen Wert erreicht hat, muss das Rücklaufverhältnis stark erhöht werden, um die Reinheitsforderungen im Destillat zu erfüllen. Das spätere Absinken des Rücklaufverhältnisses kann durch die zeitliche Verzögerung zwischen der Wirkung der Feedzufuhr und die daraus resultierende Bildung von Produktalkohol durch chemische Reaktion erklärt werden.

Bei diesem Problem muss auf eine Besonderheit geachtet werden, und zwar ist die Beschreibung der Reaktionsrate für den Betrieb dieses Prozesses sehr bedeutsam. Prinzipiell beschreibt man die Geschwindigkeit der Umesterung mit

$$\pm r = k_H C_A C_B - k_R C_C C_D \tag{6.41}$$

wobei C_A, C_B, C_C, C_D die Konzentrationen der Komponenten im Reaktor sind. Das positive Vorzeichen gilt für die Produktkomponenten und das negative Vorzeichen für die Eduktkomponenten. Die Reaktion wird zur rechten Seite der Reaktionsgleichung in Richtung der Produkte verschoben, wenn ständig während der Reaktion die Eduktkomponenten zugegeben und die Produktkomponenten entfernt werden. Deswegen wird während der Charge ein Feed von Eduktalkohol zudosiert und der Produktalkohol abdestilliert. Die Konstanten der Hin- und Rückreaktion (k_H und k_R) sind von der Reaktionstemperatur abhängig und werden mit Hilfe des Arrhenius-Ansatzes

$$k_H = k_1 \exp\left(-\frac{E_1}{RT}\right) \tag{6.42}$$

$$k_R = k_2 \exp\left(-\frac{E_2}{RT}\right) \tag{6.43}$$

erfasst. Da die Kinetikparameter k_1, E_1, k_2, E_2 durch Experiment mit wenigen Daten ermittelt wurden (siehe Reuter, 1994), gibt es wesentliche Unsicherheiten bei der Nutzung der Parameter für die Optimierung.

Ein weiterer, für den Betrieb des Prozesses wichtiger Modellparameter ist der Bodenwirkungsgrad der Destillationskolonne, der sich direkt auf die Trennwirkung auswirkt. Er ist ein Parameter, der vom Betriebszustand abhängt. Normalerweise wird dieser Parameter an Messdaten aus wenigen Betrieben angepasst. In den früheren Untersuchungen bei der Simulation und Optimierung wurde der Bodenwirkungsgrad als Konstante betrachtet (Li, et al., 1998a; 1998b). Es wurde gezeigt, dass sich das Optimierungsergebnis wesentlich ändert, wenn es eine kleine Änderung des Bodenwirkungsgrades gibt (Wozny & Li, 1999). Daher soll bei der Optimierung dieser Parameter als Zufallsvariable berücksichtigt werden. Ferner bestehen Unsicherheiten bei der Einsatzmenge und deren Konzentration von Charge zu Charge. Diese Unsicherheiten werden einen großen Einfluss auf die Ergebnisse der Optimierung haben und zu Abweichungen in der Produktqualität führen. Daher ist eine Untersuchung der Optimierung dieses Prozesses unter Unsicherheiten erforderlich (Arellano-Garcia, et al., 2003a und 2003b, 2004). Zunächst wurden Simulationsstudien durchgeführt, um die Wahrscheinlichkeit einer möglichen Verletzung von Produktspezifikationen bei der Verwendung der deterministisch optimierten Führungsstrategie abschätzen zu können. Hierbei wurden die Stoßzahlen k_1, k_2 in der chemischen Reaktion und der Bodenwirkungsgrad η als unsichere Parameter betrachtet und eine multivariate Normalverteilung entsprechend Tabelle 6.4 angenommen.

Tab. 6.4 *Daten der unsicheren Modellparameter*

	Erwartungswert	Standardabweichung	Korrelationsmatrix		
k_1	43093,9	5%	$\begin{bmatrix} 1 & 0,5 & 0,2 \\ 0,5 & 1 & 0,2 \\ 0,2 & 0,2 & 1 \end{bmatrix}$		
k_2	15671,0	5%			
μ	0.7	3%			

Die Ergebnisse der stochastischen Simulation sind in Abb. 6.9 und Abb. 6.10 gezeigt. Dabei wurden die unsicheren Parameter anhand ihrer stochastischen Verteilung durch Monte-Carlo-Sampling variiert und damit die Produktkonzentrationen als Ausgangsgrößen berechnet. Dargestellt sind die Beziehungen zwischen den zu beschränkenden Ausgangsgrößen und den unsicheren Eingangsgrößen. Insbesondere ist deutlich zu erkennen, dass die Reinheitsforderungen sowohl für die Konzentration des Eduktalkohols im Sumpf am Ende des Prozesses sowie für die Produktalkoholkonzentration in der Hauptfraktion in etwa 50% aller Fälle verletzt werden. Somit stellen die Unsicherheiten dieser Modellparameter eine starke Beeinträchtigung der Zuverlässigkeit des Prozesses im Hinblick auf die Einhaltung von den mit Gl. (6.37) und Gl. (6.38) beschriebenen Reinheitsforderungen dar.

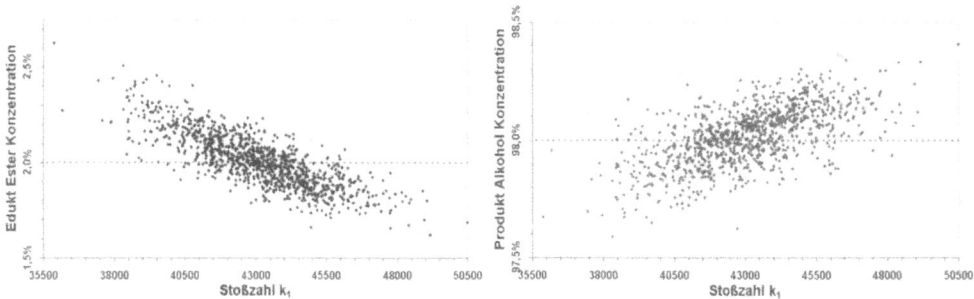

Abb. 6.9 *Stochastische Beziehung zwischen den Produktkonzentrationen und* k_1

Außerdem ist aus Abb. 6.9 zu entnehmen, dass der Parameter k_1 eine negative Korrelation mit der Eduktesterkonzentration und eine positive Korrelation mit der Produktalkoholkonzentration hat. Der Grund lässt sich physikalisch erklären: je größer k_1 ist, desto höher ist die Reaktionsrate und umso reiner werden die Produkte. Der Parameter k_2 sollte sich einen umgekehrten Einfluss auf die Produkte haben. Aufgrund des relativ kleinen Wertes von k_2 ist die Variation der Stichproben unerheblich. Daher sind in Abb. 6.10 die Korrelationen zwischen k_2 und den Produktkonzentrationen nicht deutlich zu bemerken.

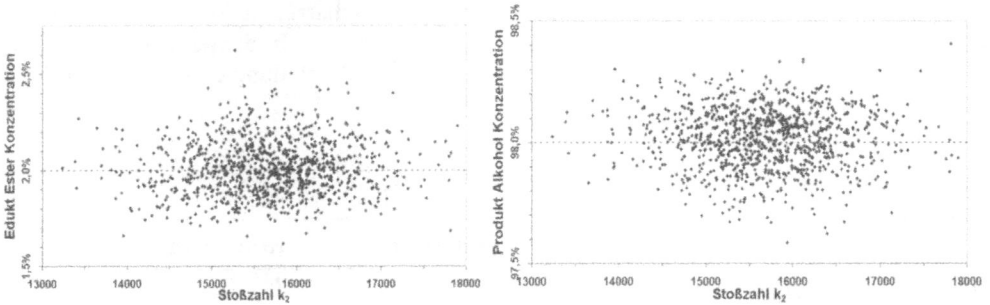

Abb. 6.10   *Stochastische Beziehung zwischen den Produktkonzentrationen und* k_2

6.6.3   Ergebnisse der stochastischen Optimierung

Für die betrachtete Batchkolonne wurde die stochastische Optimierung der Führungsstrategie durchgeführt (Arellano-Garcia et al., 2003a). Die Ergebnisse werden im Folgenden vorgestellt. Die Definition des Optimierungsproblems ist identisch mit dem durch Gl. (3.36) – Gl. (3.40) beschriebenen Problem, abgesehen von der Berücksichtigung der unsicheren Größen und der Beschränkungen der Produktkonzentrationen. Hierbei werden für Gl. (6.37) und Gl. (6.38) die folgenden Wahrscheinlichkeitsrestriktionen definiert:

$$\Pr\{x_D(t_f) \geq 0{,}98\} \geq \alpha_1 \qquad\qquad (6.44)$$

$$\Pr\{x_A(t_f) \leq 0{,}02\} \geq \alpha_2 \qquad\qquad (6.45)$$

Um eine geeignete Monotoniebeziehung zwischen einem unsicheren Parameter und den Ausgangsgrößen zu finden, wurden weitere Simulationsstudien durchgeführt. Dabei wurden ebenfalls die Strategien aus der deterministischen Optimierung verwendet und jeweils *ein* unsicherer Parameter variiert, während die anderen unsicheren Eingangsgrößen ihren Erwartungswert beibehielten. Dabei zeigten beide Stoßzahlen in allen Bereichen einen großen Einfluss auf die beschränkten Ausgangsgrößen $x_D(t_f)$ und $x_A(t_f)$ sowie ein monotones Verhalten (siehe Abb. 6.9 und Abb. 6.10). Der Bodenwirkungsgrad η wirkt sich besonders negativ auf die Restriktionen bei niedrigen Werten aus, während er einen leicht positiven Effekt bei größeren Werten bewirkt. Die Beziehung zu den beiden Ausgangsgrößen ist dabei stark monoton, wie in Abb. 6.11 zu sehen ist. Somit kann die Monotonie verwendet werden, um das stochastische Optimierungsproblem nach dem Ansatz von der Rückprojektion (Wendt et al., 2002) zu lösen.

Die Ergebnisse der optimalen Führungsstrategie für das Rücklaufverhältnis und die Feedzufuhr sind in Abb. 6.12 dargestellt. Dabei wurden die Wahrscheinlichkeitsniveaus in Gl. (6.44) und Gl. (6.45) zu 96% vorgegeben. Im Vergleich zum deterministischen Ansatz ist das Rücklaufverhältnis geringfügig größer, um die Wahrscheinlichkeit einer Verletzung der Reinheitsforderungen deutlich zu senken. Dies führt zu einer leicht erhöhten Gesamtzeit (5,60 h) im Vergleich zum deterministischen Ansatz (5,28 h). Diese Abweichung ist offensichtlich der Preis für die erhöhte Zuverlässigkeit.

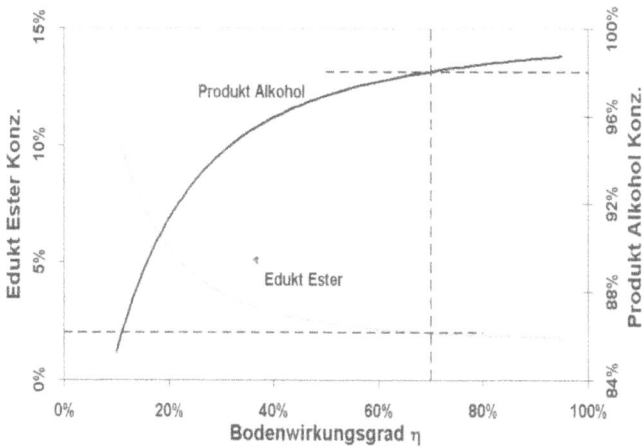

Abb. 6.11   Einfluss des Bodenwirkungsgrads auf die Ausgangsgrößen

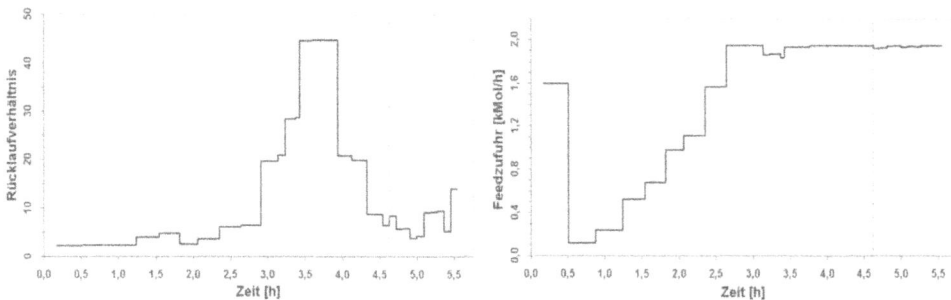

Abb. 6.12   Strategie des Rücklaufs und der Feedzufuhr nach der stochastischen Optimierung

Dass die gewünschte Zuverlässigkeit erreicht wird, kann leicht aus Abb. 6.13 abgelesen werden. Dort sind die Ergebnisse weiterer Simulationsstudien aufgezeigt, wie sie auch für die deterministisch optimierte Strategie durchgeführt wurden. Dabei wurden ebenfalls die betrachteten unsicheren Parameter entsprechend ihrer Erwartungswerte, Standardabweichung und gegenseitiger Korrelation (siehe Tabelle 6.4) variiert und die beschränkten Ausgangsgrößen durch stochastische Simulation ermittelt. Wie leicht zu erkennen ist, führt nun die durch die stochastische Optimierung ermittelte Strategie mit einer 96%igen Zuverlässigkeit zur Einhaltung der Reinheitsforderungen. Dies wurde jedoch durch die Erhöhung der Chargenzeit um etwa 10% erreicht.

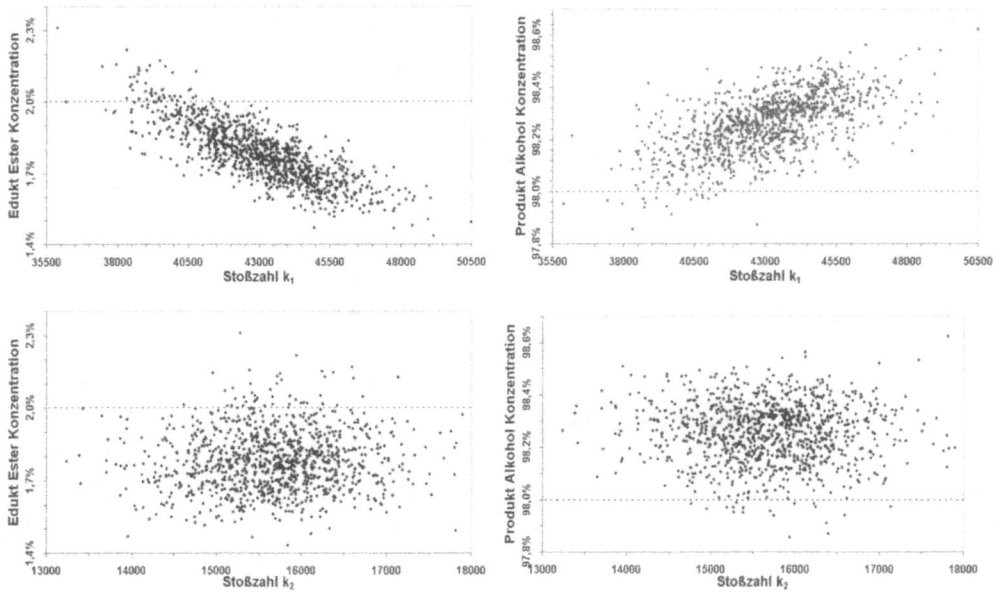

Abb. 6.13   *Ergebnisse der Simulationsstudien bei stochastisch optimierten Strategien*

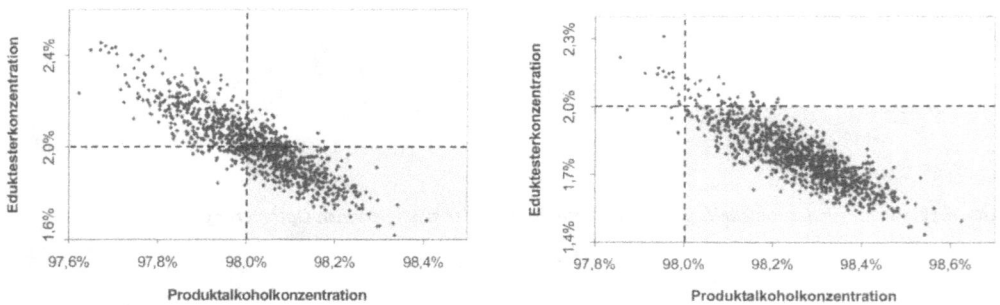

Abb. 6.14   *Beziehung zwischen den Ausgangsgrößen nach der deterministischen (links) und der stochastischen Optimierung*

Abb. 6.14 zeigt den Vergleich der stochastischen Beziehungen zwischen beiden Ausgangs-größen. Dabei stellt die graue Fläche den sog. zulässigen Bereich dar, d.h. die Führungsstra-tegien, die zu den Punkten in diesem Bereich führen, sind für den Betrieb des Prozesses zulässig. Es ist zu sehen, dass mit der deterministischen Optimierung weniger als 50% der Punkte in diesem Bereich liegen. Also hat sie eine Zuverlässigkeit von weniger als 50%. Bei der Implementierung der Führungsstrategie nach der stochastischen Optimierung hingegen ergibt sich, wie gewünscht, eine Zuverlässigkeit von 96%.

6.7 Anwendung auf optimales Prozessdesign unter Unsicherheiten

6.7.1 Problemdefinition

Ein Prozess in der chemischen Industrie setzt sich üblicherweise aus mehreren energie- und verfahrenstechnischen Anlagen zusammen. Bei der Auslegung eines neuen Prozesses sind die folgenden Entscheidungen zu treffen. Zunächst muss eine geeignete Prozessstruktur aus mehreren Alternativen ausgewählt werden. Anschließend müssen angemessene Größen wie z.B. Volumen und Durchmesser für die einzelnen Anlagen bestimmt werden. Des Weiteren muss man die Betriebspunkte der Anlagen im Voraus definieren. Zur Minimierung der Gesamtkosten (Baukosten und Betriebskosten) des Prozesses erfordern diese Entscheidungen die Lösung eines Optimierungsproblems.

Heute wird häufig erwartet, dass ein Prozess eine hohe Flexibilität besitzt und sich umstellen lässt, da sich der Umfang der hergestellten Produkte aufgrund der Marktentwicklung stark verändert. Ein unter diesem Aspekt idealer Prozess soll unterschiedliche Produkte mit unterschiedlichen Qualitäten liefern, um sich an die veränderten Marktbedingungen anpassen zu können. Auf der anderen Seite existieren die Unsicherheiten auch innerhalb des zukünftig zu betreibenden Prozesses. Da keine Betriebsdaten vorliegen, kann man die Eigenschaften (wie z.B. Bodenwirkungsgrad, Aktivität des Katalysators) beim Betrieb der ausgewählten Anlagen nicht genau vorhersagen. Sie stellen unsichere Modellparameter bei der Durchführung einer modellgestützten Optimierung für das Prozessdesign dar. Dies führt dazu, dass man schon beim Prozessdesign die Unsicherheiten der zukünftigen Marktbedingungen und der Modellparameter sowie deren Auswirkungen auf den Prozess berücksichtigen muss. Diese Designaufgabe führt also zu einem Optimierungsproblem unter Unsicherheiten, welches sich mit einem stochastischen Optimierungsverfahren lösen lässt.

Seit mehr als 20 Jahren werden Untersuchungen über das Prozessdesign unter Unsicherheiten durchgeführt. In der Arbeit von Halemane und Grossmann (1983) wurde eine sog. Durchführbarkeitsfunktion definiert, mit deren Hilfe ein mathematisches Designproblem formuliert wurde. Die Nebenbedingungen, die die Unsicherheiten des Prozesses beschreiben und Zufallsvariablen erhalten, lassen sich nach dieser Formulierung durch „Max-Min-Max"-Nebenbedingungen ersetzen und nach mathematischer Umformung des Problems analytisch lösen. Danach wurde der Flexibilitätsindex eingeführt (Swaney & Grossmann, 1985a und 1985b). Mit dem Flexibilitätsindex soll das maximal erlaubte Intervall der Zufallsvariablen für ein durchführbares Design ermittelt werden. Mit einer Durchführbarkeitsanalyse kann festgestellt werden, ob ein vorgegebenes Design über den ganzen Bereich der Zufallsvariablen durchführbar ist. Durch eine Flexibilitätsanalyse erkennt man, wie weit sich die Zufallsvariablen für einen durchführbaren Prozess ändern dürfen.

Bei der Durchführbarkeitsanalyse wurde die „Branch-und-Bound"-Methode verwendet (Ostrovsky et al., 1994; 2000) und für das Prozessdesign Mixed-Integer-Optimierungprobleme unter Unsicherheiten betrachtet (Grossmann & Floudas, 1987; Pistikopoulos & Grossmann, 1988a und 1988b). Sie werden zur Untersuchung der Durchführbarkeit und Flexibilität zu einer Reihe von nichtlinearen Problemen umgeformt, die viel einfacher als die ursprünglichen Mixed-Integer-Probleme zu lösen sind. Für Prozesse mit kontinuierlichen

Zufallsvariablen wurde die stochastische Flexibilität, die Wahrscheinlichkeit eines durchführbaren Designs, definiert und eine Methode zur Berechnung der stochastischen Flexibilität entwickelt (Pistikopoulos & Mazzuchi, 1990). Ein Ansatz zum Berechnen der stochastischen Flexibilitätsfunktion für nichtlineare Systeme wurde ebenfalls ausgearbeitet (Straub &
Grossmann, 1993).

Um das globale Optimum für nichtkonvexe Probleme unter Unsicherheiten zu ermitteln,
wurde ebenfalls die „Branch-und-Bound"-Methode eingesetzt (Floudas et al., 2001). Die
Parameter-Programmierung wurde zur Flexibilitätsanalyse (Bansal et al., 2000, 2002) verwendet. Diese Methode kann eine explizite Information über die Abhängigkeit der Flexibilität von der Designgröße liefern. In der Arbeit von Roony und Biegler (2003) werden die
Zufallsvariablen in unbekannte Variablen und in veränderte Variablen aufgeteilt und diese in
der Durchführbarkeitsfunktion unterschiedlich behandelt.

Fast alle dieser Untersuchungen betreffen die Durchführbarkeit eines optimalen Prozessdesigns unter Unsicherheiten. Das heißt, im zukünftigen Betrieb des ausgelegten Prozesses
dürfen die Prozessbeschränkungen nicht verletzt werden, egal welchen Wert die unsicheren
Variablen bei der Realisierung haben. Eine 100%ige Zuverlässigkeit muss also garantiert
werden. Dies ist besonders wichtig in Bezug auf die Betriebssicherheit. Die Forderung einer
100%igen Zuverlässigkeit führt jedoch zu einem sehr konservativen Design. Die Zufallsvariablen wurden in diesen bisherigen Untersuchungen mit Intervallen beschrieben. Die Wahrscheinlichkeitsverteilungen werden also aufgrund der Tatsache, dass vor dem Betrieb die
stochastischen Eigenschaften der unsicheren Größen nicht bekannt sind, nicht berücksichtigt.
In diesen Untersuchungen handelt es sich um eine ineinander geschachtelte zweistufige Vorgehensweise. In der oberen Stufe werden Designvariablen optimiert und in der unteren Stufe
wird die Zulässigkeit des Designs unter den Unsicherheiten überprüft. Dies führt zu einem
rechenintensiven komplizierten Lösungsverfahren.

In der Arbeit von Li et al. (2004b) wurde ein neuer Lösungsansatz entwickelt, um das optimale Designproblem unter Unsicherheiten zu bewältigen. Hierbei wird die stochastische
Optimierung unter Wahrscheinlichkeitsrestriktionen zur Problemlösung herangezogen und
die Wahrscheinlichkeit zur Einhaltung der Prozessbeschränkungen maximiert. Mit diesem
Lösungsansatz kann dieser Bereich mit 100%iger Wahrscheinlichkeit ermittelt, d.h. der zulässige Bereich für das Design identifiziert werden.

6.7.2   Identifikation des zulässigen Designbereichs

Wie im letzten Abschnitt bereits erwähnt, hat ein optimales Designproblem unter Unsicherheiten folgende Besonderheiten.

1. Erstens sind die stochastischen Verteilungen der unsicheren Variablen unbekannt; oft
    werden sie mit Intervallen angegeben.
2. Zweitens muss zur Berücksichtigung der Sicherheit im zukünftigen Betrieb eine 100%ige
    Zuverlässigkeit garantiert werden.
3. Drittens muss ein optimales Design sowohl durchführbar als auch kostengünstig sein.
4. Viertens ist unter den Unsicherheiten der zulässige Bereich für das Design zu identifizie-
    ren.

Um den Ansatz zu erläutern, wird zunächst eine Zufallsvariable ξ betrachtet, die im Intervall [a, b] definiert ist. Es wird angenommen, dass in diesem Bereich zwei unterschiedliche Dichtefunktionen $\rho(\xi)$ und $\varphi(\xi)$ zur Beschreibung der stochastischen Verteilung der Variable existieren. Nach der Definition der Wahrscheinlichkeit gilt

$$\int_a^b \rho(\xi)d\xi = 1 \qquad \text{mit} \qquad \begin{cases} \rho(\xi) > 0 & \forall\, \xi \in [a,b] \\ \rho(\xi) = 0 & \forall\, \xi \notin [a,b] \end{cases} \qquad (6.46)$$

und

$$\int_a^b \varphi(\xi)d\xi = 1 \qquad \text{mit} \qquad \begin{cases} \varphi(\xi) > 0 & \forall\, \xi \in [a,b] \\ \varphi(\xi) = 0 & \forall\, \xi \notin [a,b] \end{cases} \qquad (6.47)$$

Diese beiden Gleichungen haben die Bedeutung, dass die Wahrscheinlichkeit von 100% nicht von der Verteilung der Zufallsvariablen abhängt. Dieses Ergebnis ist sehr nützlich für den Fall, bei dem die Verteilung der Zufallvariablen nicht bekannt oder schwierig zu ermitteln ist. Ein optimales Designproblem unter Unsicherheiten kann im Allgemeinen wie folgt dargestellt werden:

$$\begin{aligned} \min \quad & f(\mathbf{x}, \mathbf{u}, \mathbf{d}, \xi) \\ \text{mit} \quad & \mathbf{g}(\mathbf{x}, \mathbf{u}, \mathbf{d}, \xi) = \mathbf{0} \\ & \mathbf{h}(\mathbf{x}, \mathbf{u}, \mathbf{d}, \xi) \leq \mathbf{0} \\ & \mathbf{u}_{\min} \leq \mathbf{u} \leq \mathbf{u}_{\max} \\ & \mathbf{d}_{\min} \leq \mathbf{d} \leq \mathbf{d}_{\max} \end{aligned} \qquad (6.48)$$

Hierin ist $\mathbf{x} \subseteq \Re^n$ der Vektor der Zustandsvariablen, $\mathbf{u} \subseteq \Re^J$ der Vektor der Steuervariablen, $\mathbf{d} \subseteq \Re^W$ der Vektor der Designvariablen und $\xi \subseteq \Re^S$ der Vektor der unsicheren Variablen. f ist die Kostenfunktion, $\mathbf{g} \subseteq \Re^n$ ist der Vektor der Modellgleichungen und $\mathbf{h} \subseteq \Re^L$ der Vektor der Prozessbeschränkungen. Sowohl $\mathbf{u}$ als auch $\mathbf{d}$ sind Entscheidungsvariablen. Der Unterschied zwischen $\mathbf{u}$ und $\mathbf{d}$ besteht hier im Anwendungsbezug. Die Steuervariablen $\mathbf{u}$ beziehen sich auf den Betrieb, während die Designvariablen $\mathbf{d}$ mit den Größen des Anlagendesigns verknüpft sind. Die Entscheidungsvariablen sind physikalisch begrenzt. Die unsicheren Variablen sind mit Intervallen gegeben, nämlich $\xi_i \in [a_i, b_i]$, $(i = 1, \cdots, S)$. Ihre Wahrscheinlichkeitsverteilung in den Intervallen ist nicht bekannt.

Ein optimales Design unter Unsicherheiten zieht auf die Ermittlung der Werte sowohl von $\mathbf{d}$ als auch von $\mathbf{u}$, mit dem Ziel der Minimierung der Kostenfunktion unter gleichzeitiger Einhaltung der Prozessbeschränkungen. Bei einem sequentiellen Lösungsverfahren wird ein Simulationsschritt eingesetzt. Dadurch werden das Gleichungssystem und die Zustandsvariablen in Gl. (6.48) „eliminiert", also ergibt sich

$$\begin{aligned} \min \quad & f(\mathbf{u}, \mathbf{d}, \xi) \\ \text{mit} \quad & \mathbf{h}(\mathbf{u}, \mathbf{d}, \xi) \leq \mathbf{0} \\ & \mathbf{u}_{\min} \leq \mathbf{u} \leq \mathbf{u}_{\max} \\ & \mathbf{d}_{\min} \leq \mathbf{d} \leq \mathbf{d}_{\max} \end{aligned} \qquad (6.49)$$

Ziel der Durchführbarkeitsanalyse eines gegebenen Designs $\hat{\mathbf{d}}$ ist die Überprüfung, ob Werte von $\mathbf{u}$ existieren, damit die Beschränkungen, d.h. die Ungleichungen in Gl. (6.49), eingehalten werden können. Das Problem wird also reduziert zu

$$\mathbf{h}(\mathbf{u},\hat{\mathbf{d}},\boldsymbol{\xi}) \leq 0$$
$$\mathbf{u}_{min} \leq \mathbf{u} \leq \mathbf{u}_{max}$$

(6.50)

Da die unsicheren Variablen in Intervallen gegeben sind, existieren zwei Möglichkeiten, um Gl. (6.50) zu prüfen. Einerseits kann ein deterministischer Ansatz benutzt werden, um die Obergrenze von $\mathbf{h}$ zu ermitteln. Wenn sie negativ ist, ist das Design $\hat{\mathbf{d}}$ zulässig bzw. durchführbar. Dabei sollen nur die Grenzen der unsicheren Variablen $\xi_i \in [a_i, b_i]$, $(i = 1, \cdots, S)$ ausgenutzt werden. Da $\mathbf{h}$ häufig ein mehrdimensionaler Vektor von nichtlinearen Funktionen ist, stellt die Suche nach der Obergrenze eine schwierige Aufgabe dar. Auf der anderen Seite kann man zur Überprüfung der Durchführbarkeit das folgende Problem formulieren und lösen:

$$\max \; \alpha$$
$$\text{mit} \quad \Pr\{\mathbf{h}(\mathbf{u},\hat{\mathbf{d}},\boldsymbol{\xi}) \leq 0\} \geq \alpha$$
$$\mathbf{u}_{min} \leq \mathbf{u} \leq \mathbf{u}_{max}$$

(6.51)

In dieser Formulierung ist das Wahrscheinlichkeitsniveau α *nicht* eine vorgegebene Konstante, sondern eine zu suchende Entscheidungsvariable. Ist bei der Lösung $\alpha = 100\%$, wird das vordefinierte Design $\hat{\mathbf{d}}$ durchführbar, ansonsten ist es nicht zulässig. Außerdem wird aufgrund der Einhaltung der Ungleichungen mit 100%iger Wahrscheinlichkeit die Lösung des mit simultaner Wahrscheinlichkeit beschränkten Problems identisch mit der Lösung des folgenden mit separaten Wahrscheinlichkeiten beschränkten Problems

$$\max \; \alpha$$
$$\text{mit} \quad \Pr\{h_l(\mathbf{u},\hat{\mathbf{d}},\boldsymbol{\xi}) \leq 0\} \geq \alpha, \qquad l = 1, \cdots, L$$
$$\mathbf{u}_{min} \leq \mathbf{u} \leq \mathbf{u}_{max}$$

(6.52)

Wie in Gl. (6.46) und Gl. (6.47) dargestellt, wird die Lösung dieses Problems nicht von der Verteilung der unsicheren Größen $\boldsymbol{\xi}$ abhängen, wenn α nach der Lösung 100% ist. Das heißt, man kann eine einfache Verteilungsfunktion für $\boldsymbol{\xi}$ annehmen, um Gl. (6.52) zu lösen. Die Annahme einer Gleichverteilung hat den Vorteil, dass die Formulierung mit Intervallen der unsicheren Variablen $\xi_i \in [a_i, b_i]$, $(i = 1, \cdots, S)$ leicht zu behandeln ist. Bei der Annahme einer Normalverteilung hingegen kann die Gleichung mit dem in Abschnitt 6.3 vorgestellten Verfahren gelöst werden. In diesem Fall müssen die angenommenen normalverteilten Variablen die Bereiche $[a_i, b_i]$ überdecken, also z.B. $[\boldsymbol{\mu} - 4\boldsymbol{\sigma}, \boldsymbol{\mu} + 4\boldsymbol{\sigma}]$. Die Erwartungswerte und die Standardabweichungen müssen entsprechend wie folgt definiert werden:

$$\mu_i = (b_i + a_i)/2, \; \sigma_i = (b_i - a_i)/8, \qquad i = 1, \cdots, S$$

(6.53)

Verwendet man ein NLP-Verfahren zur Lösung von Gl. (6.52), muss man auf die Konvexität des Problems achten. Nach Prékopa (1995) wird $\Pr\{h_l(\mathbf{u},\hat{\mathbf{d}},\boldsymbol{\xi}) \leq 0\}$ konvex, wenn $h_l(\mathbf{u},\hat{\mathbf{d}},\boldsymbol{\xi})$ eine konvexe Funktion darstellt. In vielen Fällen sind $h_l(\mathbf{u},\hat{\mathbf{d}},\boldsymbol{\xi})$, $l = 1, \cdots, L$, nichtkonvex. Selbst wenn sie konvex sind, kann es sein, dass die Nebenbedingungen

$\Pr\{h_l(\mathbf{u},\hat{\mathbf{d}},\boldsymbol{\xi}) \leq 0\} \geq \alpha$, $l = 1, \cdots, L$, nichtkonvex sind. In der Arbeit von Hai (2004) wurde dieses Problem analysiert. Löst man Gl. (6.52) wiederholt mit verschiedenen vordefinierten Designs $\hat{\mathbf{d}}$, wird der zulässige Bereich identifiziert, in dem jedes Design eine 100%ige Zuverlässigkeit hat.

Wenn die stochastische Verteilung, d.h. die Dichtefunktion, der unsicheren Variablen doch bekannt ist, kann diese direkt für die Durchführbarkeitsanalyse benutzt werden. Die Lösung von Gl. (6.52) liefert den Wert $\alpha^{\max}$, das maximal erzielbare Wahrscheinlichkeitsniveau beim gegebenen Design $\hat{\mathbf{d}}$. Da $\alpha^{\max}$ von $\hat{\mathbf{d}}$ abhängt, bieten alle Lösungen im Designbereich klare Informationen über die Abhängigkeit der Prozess-Zuverlässigkeit von den Werten der Designgrößen. Darüber hinaus kann mit dieser Analyse die kritische Beschränkung, die den Designbereich um den größten Teil abschneidet, identifiziert werden. Anhand dieser Information kann diese Beschränkung, wenn möglich, relaxiert werden, sodass ein sinnvolles Design erzielt werden kann.

6.7.3 Anwendungsbeispiele

Zunächst wird das folgende lineare Designproblem betrachtet. Es ist aus der Literatur übernommen (Halemane & Grossmann, 1983; Floudas, et al., 2001). Das lineare stochastische Modell ist durch folgende Ungleichungen gegeben:

$$
\begin{aligned}
h_1 &= -u + \xi \leq 0 \\
h_2 &= u + 2\xi - d \leq 0 \\
h_3 &= -u + 6\xi - 9d \leq 0
\end{aligned}
\tag{6.54}
$$

Hierbei sind u die Steuervariable mit der Beschränkung $0 \leq u \leq 6$, d die Designvariable mit $0 \leq d \leq 15$ und ξ die Zufallsvariable mit $\xi \in [0, 4]$. Um die Durchführbarkeit zu analysieren, wird folgendes Optimierungsproblem formuliert

$$
\begin{aligned}
\max \quad & \alpha \\
\text{mit} \quad & \Pr\{-u + \xi \leq 0\} \geq \alpha \\
& \Pr\{u + 2\xi - \hat{d} \leq 0\} \geq \alpha \\
& \Pr\{-u + 6\xi - 9\hat{d} \leq 0\} \geq \alpha \\
& 0 \leq u \leq 6
\end{aligned}
\tag{6.55}
$$

Es ist zu ermitteln, welche Designs durchführbar sind, also für welche Werte der Designvariable $\hat{d}$ das Ungleichungssystem für jede mögliche Realisierung der Zufallsvariable ξ erfüllt werden kann. Zum Testen des Lösungsansatzes werden hier zwei verschiedene Verteilungen für die unsichere Variable angenommen. Zunächst wird angenommen, dass ξ eine *Normalverteilung* besitzt und nach Gl. (6.50) $\xi \sim N(2, 0.5^2)$ gilt. Gl. (6.55) wird mit dem oben genannten Lösungsansatz gelöst. Abb. 6.15 zeigt die Abhängigkeit des zulässigen Bereiches von dem Wahrscheinlichkeitsniveau. Man sieht, je größer das Wahrscheinlichkeitsniveau ist, desto kleiner ist der zulässige Bereich.

Mit der Annahme einer *Gleichverteilung* ist aufgrund der linearen Ungleichungen die Durchführbarkeit leicht zu überprüfen. Die einzelnen Ungleichungen in Gl. (6.54) führen für $\xi \in [0, 4]$ zu unterschiedlichen gültigen Bereichen, wie in Abb. 6.16 dargestellt ist. Um

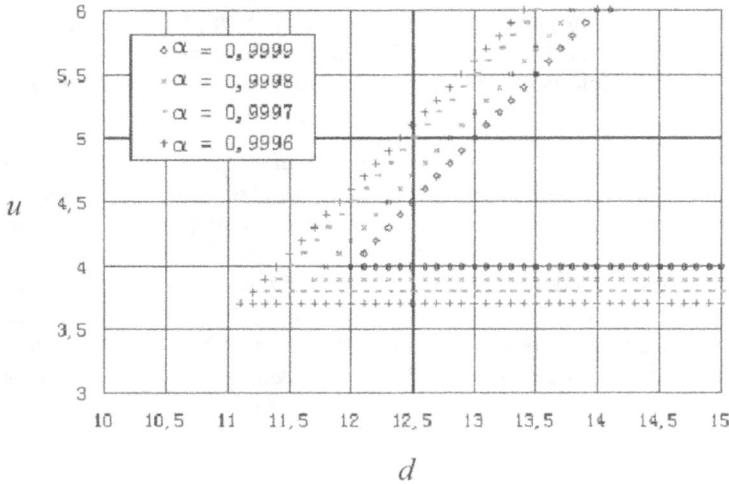

Abb. 6.15   Zulässiger Bereich mit verschiedenen Wahrscheinlichkeitsniveaus bei der Normalverteilung der Zufallsvariablen

beispielsweise die erste Ungleichung, $h_1 = -u + \xi \leq 0$, abzusichern, muss also $u \geq 4$ sein. Der mit 100% Zuverlässigkeit gültige Bereich für diese Ungleichung ist oberhalb der Linie $\alpha_1 = 1$ angegeben. Ebenso kann der gültige Bereich für die zweite und die dritte Ungleichung ermittelt werden, und zwar rechts von $\alpha_2 = 1$ für die zweite und rechts von $\alpha_3 = 1$ für die dritte Ungleichung. Der für alle drei Ungleichungen gültige Bereich bildet den zulässigen Bereich und ist in Abb. 6.16 durch die graue Fläche charakterisiert. Es ist zu sehen, dass sich die zweite Beschränkung stark auf die Begrenzung des Designbereiches auswirkt, während die dritte Beschränkung keine Wirkung auf das Design hat. Das heißt, wenn möglich soll die zweite Beschränkung relaxiert werden, um den zulässigen Bereich zu vergrößern. Vergleicht man Abb. 6.15 mit Abb. 6.16, ist zu erkennen, dass der zulässige Bereich mit 100% Zuverlässigkeit aus beiden Verteilungen der unsicheren Größen gleich ist.

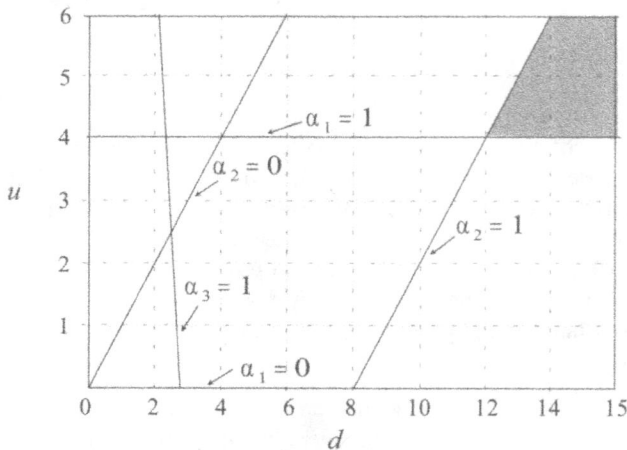

Abb. 6.16   Zuverlässiger Bereich bei der Gleichverteilung der Zufallsvariable

Da die Beziehung zwischen Eingangs- und Ausgangsgrößen praktischer Anwendungen häufig nichtlinear ist, ist das Lösen von nichtlinearen Problemen von großer Bedeutung. Daher wird das folgende, aus der Literatur (Bansal et al., 2002) übernommene Problem betrachtet.

Beim Design eines Prozesses müssen die folgenden Ungleichungen eingehalten werden:

$$h_1 = 0{,}08u^2 - \xi_1 - \frac{1}{20}\xi_2 + \frac{1}{5}d_1 - 13 \leq 0$$

$$h_2 = -u - \frac{1}{3}\xi_1^{1/2} + \frac{1}{20}d_2 + 11\frac{1}{3} \leq 0 \qquad (6.56)$$

$$h_3 = e^{0{,}21u} + \xi_1 + \frac{1}{20}\xi_2 - \frac{1}{5}d_1 - \frac{1}{20}d_2 - 11 \leq 0$$

Dabei ist u die Steuervariable, d_1, d_2 sind die Designvariablen. Die beiden Zufallsvariablen sind in Intervallen gegeben, nämlich $\xi_i \in [0, 4]$, $i = 1, 2$. Das entsprechende Problem zur Analyse der Durchführbarkeit ist wie folgt definiert:

$$\max \; \alpha$$

$$\Pr\left\{0{,}08u^2 - \xi_1 - \frac{1}{20}\xi_2 + \frac{1}{5}\hat{d}_1 - 13 \leq 0\right\} \geq \alpha$$

$$\Pr\left\{-u - \frac{1}{3}\xi_1^{1/2} + \frac{1}{20}\hat{d}_2 + 11\frac{1}{3} \leq 0\right\} \geq \alpha \qquad (6.57)$$

$$\Pr\left\{e^{0{,}21u} + \xi_1 + \frac{1}{20}\xi_2 - \frac{1}{5}\hat{d}_1 - \frac{1}{20}\hat{d}_2 - 11 \leq 0\right\} \geq \alpha$$

Die Gleichung wurde nach dem im letzten Abschnitt vorgestellten Lösungsansatz anhand verschiedener Designwerte $\hat{d}_1, \hat{d}_2$ wiederholt gelöst. Abb. 6.17 und Abb. 6.18 zeigen die Ergebnisse. Dabei wurden die beiden unsicheren Variablen mit Normalverteilung bzw. Gleichverteilung angenommen. Wiederum ist zu erkennen, dass der zulässige Bereich für das

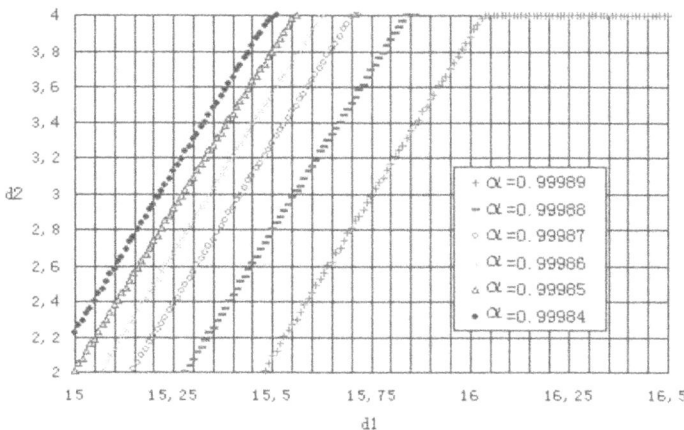

Abb. 6.17 *Zulässiger Bereich bei Normalverteilung*

Design verkleinert wird, wenn eine höhere Zuverlässigkeit gefordert wird. Es wird deutlich, dass für ein Design mit einer Zuverlässigkeit niedriger als 100% diese von der Verteilung der Zufallsvariablen abhängt. Je weiter entfernt sie von 100% ist, desto deutlicher ist diese Abhängigkeit. Abb. 6.19 zeigt drei-dimensional die maximale Wahrscheinlichkeit eines Designs über dem Bereich der Designgrößen. Man sieht, dass die Wahrscheinlichkeiten zur Einhaltung der Restriktionen aufgrund normalverteilter Zufallsvariablen und gleichverteilter Zufallsvariablen bei gleichen Designwerten sehr unterschiedlich sind. Bei der Gleichverteilung sinkt das maximal zu erzielende Wahrscheinlichkeitsniveau deutlich schneller; dies ist also viel sensitiver als bei der Normalverteilung.

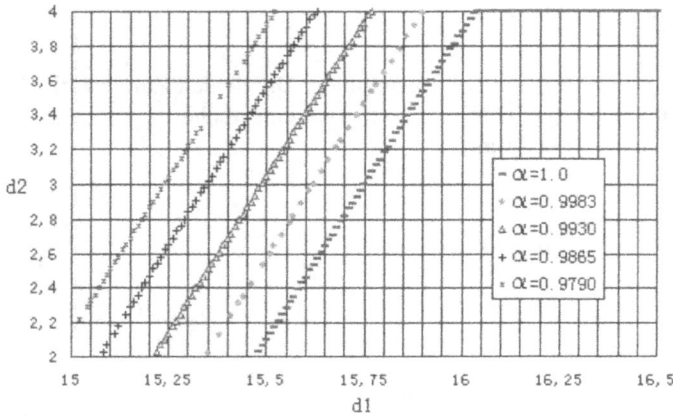

Abb. 6.18 *Zulässiger Bereich bei Gleichverteilung*

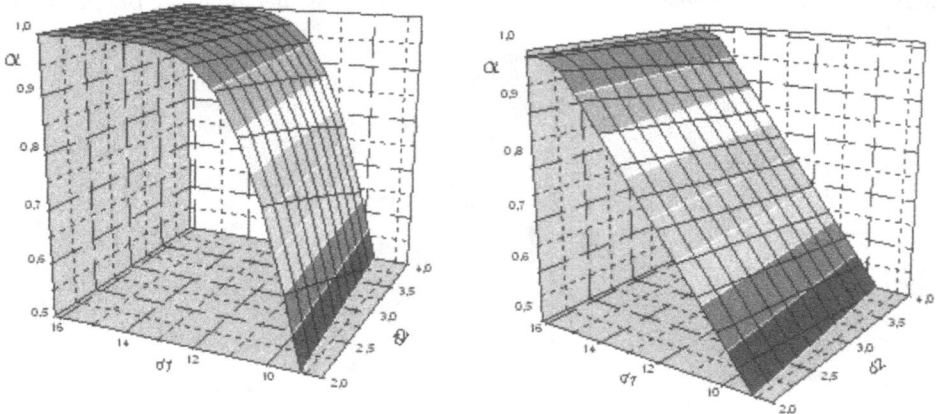

Abb. 6.19 *Die maximal erzielbare Wahrscheinlichkeit in Abhängigkeit von den Designgrößen bei Normalverteilung (links) und Gleichverteilung (rechts)*

In Abb. 6.20 ist die Abhängigkeit der Zuverlässigkeit in der Nähe von 100% beim Design unter gleichverteilten Zufallsgrößen dargestellt. Die dadurch gelieferte Beziehung zwischen der erzielbaren Zuverlässigkeit und den Designgrößen ist wichtig für die Design-Entscheidung. Ist ein Design mit einer Zuverlässigkeit niedriger als 100% zulässig, dann kann man anhand dieser Information einen Kompromiss zwischen der Zuverlässigkeit und den Prozesskosten treffen.

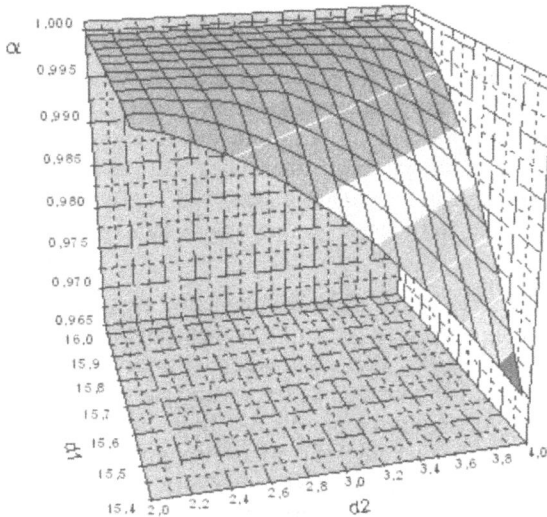

Abb. 6.20   *Die maximal erzielbare Wahrscheinlichkeit in Abhängigkeit von den Designgrößen bei gleichverteilten Zufallsgrößen*

7 Zusammenfassung und Ausblick

Aufgrund des gestiegenen weltweiten Wettbewerbs ist, wie mehrfach dargelegt, die Optimierung für die Industrie ein bedeutungsvolles Thema. Die Verwendung deterministischer Optimierungsverfahren zur Offline- und Online-Prozessoptimierung ist heute Stand industrieller Technik. Die modernen industriellen Prozesse sind jedoch aufgrund der Integration bzw. Verkopplung mehrerer Teilanlagen wesentlich komplexer als früher. Dies führt zu Ungenauigkeiten bei der Modellierung solcher Prozesse. Darüber hinaus ändern sich wegen der häufigen Veränderungen der Marktbedingungen die Betriebsrandbedingungen ständig. Es existieren also Unsicherheiten.

Die Aufgabe der Wissenschaft besteht einerseits in der Bewältigung bzw. Reduktion der Unsicherheiten durch gründliche Untersuchung des betrachteten Prozesses und anderseits in der Optimierung der Auslegung und des Betriebs des Prozesses unter Unsicherheiten. Die Analyse der Unsicherheiten hilft, die Prozesse vertieft kennen zu lernen und sie verbessert zu nutzen. Hierzu geht man zwei verschiedene Wege. Zum einen ist das Experiment eine der am häufigsten verwendeten Methoden. Durch Beobachtung und Auswertung der Versuchsergebnisse können die Eigenschaften des betrachteten Prozesses abgeleitet werden. Zum anderen nutzt man die Modellierung als theoretische Untersuchung zur Aufklärung von Unsicherheiten. Bei der Prozessmodellierung existierten z.B. vor 30 Jahren Short-Cut-Modelle, die nur wenige Gleichungen enthielten und nur einfache Phänomene beschreiben konnten. Heute modelliert man den Prozess auf molekularer Ebene, in denen es Millionen von Gleichungen gibt. Die Kombination der experimentellen und der theoretischen Untersuchungen führt zu einer verbesserten Modellstruktur und zu genaueren Modellparametern.

Diese Forschungsfortschritte können die Unsicherheiten jedoch lediglich reduzieren, nicht aber beseitigen. Ein gewisses Maß an Unsicherheiten bleibt immer bestehen. Das heißt, Entscheidungen für Prozessdesign und Prozessführung müssen unter Unsicherheiten getroffen werden. Die bislang meist verwendete Optimierungsstrategie zur Entscheidung ist die sog. „Wait-and-see"-Strategie, d.h. die deterministische Optimierung. Dabei muss die Entscheidung oft korrigiert werden, wenn sich die Realisierung der unsicheren Größen stark streut. Dieser Ansatz erfordert daher eine besonders kurze Rechenzeit zur Online-Implementierung, woraus aber eine ungünstige Robustheit resultiert. Um die umgekehrte Wirkung zu erzielen, nutzt man die sog. „Here-and-now"-Strategie, nämlich die stochastische Optimierung. Dabei werden die Unsicherheiten zur Entscheidungsfindung mit einkalkuliert, sodass eine robuste Entscheidung ermittelt werden kann. Dieses Lösungsverfahren stellt eine neue Forschungsrichtung in der Prozesssystemtechnik dar. Die Herausforderung in der wissenschaftlichen Forschung in diesem Gebiet liegt entsprechend in der Lösung großer, komplexer Optimierungsprobleme mit Unsicherheiten.

In diesem Buch wurde nun ein neues Konzept zur Lösung von Optimierungsproblemen unter Unsicherheiten, also unsicheren Randbedingungen und unsicheren Modellparametern, vorgestellt und ausgearbeitet. Das stochastische Optimierungsproblem wird formuliert, analysiert und mit der Methode der Optimierung unter Wahrscheinlichkeitsrestriktionen gelöst. Die Klassifizierung solcher Optimierungsprobleme kann wie in Abb. 7.1 dargestellt werden. Insgesamt gibt es 16 unterschiedliche Formulierungen. In diesem Buch wurden lineare und nichtlineare, stationäre und dynamische Prozesse betrachtet. Bei dem Optimaldesign unter Unsicherheiten wurden zeitunabhängige unsichere Modellparameter berücksichtigt, während bei der Mehrgrößenregelung zeitabhängige unsichere Prozessstörungen mit einbezogen wurden. Die Optimierungsprobleme unter sowohl separaten als auch simultanen Wahrscheinlichkeitsrestriktionen wurden formuliert, deren Wirkungen analysiert und danach mit einem numerischen Verfahren gelöst.

Zur Lösung wurden die formulierten Probleme zunächst zu äquivalenten nichtlinearen Optimierungsproblemen relaxiert und anschließend mit Hilfe der nichtlinearen Programmierung gelöst. Lösungsansätze für lineare und nichtlineare, stationäre und dynamische Optimierungsprobleme mit Unsicherheiten wurden entwickelt und auf verschiedene Optimierungsaufgaben in der chemischen Industrie angewendet. Das durch diese Ansätze erzielte Ergebnis liefert optimale und zuverlässige Entscheidungen für Prozessdesign und Prozessführung unter Unsicherheiten. Durch die damit ermittelten optimalen Entscheidungen kann also eine signifikante Steigerung sowohl der Wirtschaftlichkeit als auch der Zuverlässigkeit von Prozessen im Vergleich zu den konventionellen Entscheidungen erzielt werden.

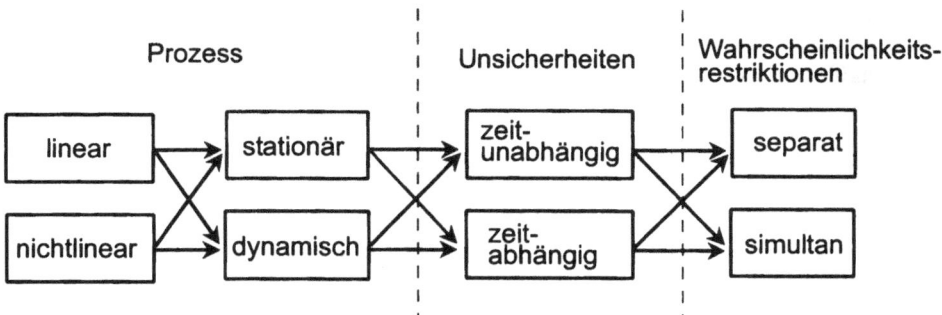

Abb. 7.1 *Klassifizierung von Optimierungsproblemen unter Wahrscheinlichkeitsrestriktionen*

Die Lösbarkeit von Optimierungsproblemen unter Wahrscheinlichkeitsrestriktionen hängt von der Größe und der Komplexität des Systems ab. Bisher wurden nichtlineare dynamische Probleme mit zeitabhängigen unsicheren Variablen unter simultanen Wahrscheinlichkeitsrestriktionen noch nicht gelöst. Die Schwierigkeit liegt in der Auswertung der Wahrscheinlichkeiten und der Gradienten. Die Berechnung sollte auf Basis der Mehrfachintegration mit Hilfe der Rückprojektion von Ausgang zu Eingang durchgeführt werden. Die Diskretisierung der zeitabhängigen Zufallsvariablen führt jedoch zu einer hohen Zahl von stochastischen Variablen im Optimierungsproblem, deren Wirkungen auf die Ausgangsvariablen von Intervall zu Intervall übertragen werden müssen. Wenn ein System mehrere zeitabhängige Variablen und mehrere zu beschränkende Ausgangsvariablen besitzt, vergrößert sich der Rechenaufwand erheblich. Daher stellt die Entwicklung effizienter Ansätze zur Berechnung der

Wahrscheinlichkeiten und der Gradienten für große Systeme, insbesondere mit vielen unsicheren Variablen, eine zukünftige Forschungsaufgabe dar.

Darüber hinaus wurde in diesem Buch ein gradientenbasiertes Optimierungsverfahren verwendet, um das relaxierte Problem zu lösen. Dabei wurde für eine globale Lösung vorausgesetzt, dass sowohl die Zielfunktion als auch die Nebenbedingung konvex sind. Ansonsten wird dadurch eine lokale Lösung geliefert. Ein komplexes Problem kann jedoch nicht als ein konvexes Problem angenommen werden. Außerdem werden bei der Minimierung eines nichtkonvexen Problems Konvergenzprobleme auftauchen. Es existiert bisher keine Methode zur Analyse der Konvexität eines komplexen Problems. Das bedeutet, dass in der zukünftigen Forschung zur stochastischen Optimierung komplexer Prozesse globale Optimierungsverfahren entwickelt werden müssen.

Als weitere zukünftige Aufgabe bei der Optimierung unter Unsicherheiten sollten Probleme mit nichtlinearen Zielfunktionen, die unsichere Variablen enthalten, untersucht werden. In diesen Fällen sind der Erwartungswert und die Varianz der Zielfunktion auszuwerten. Außerdem müssen zur Lösung des Problems die Gradienten dieser Größen berechnet werden. Effiziente Lösungsansätze sind hierfür zu entwickeln. Darüber hinaus gibt es viele unsichere Variablen in der Praxis, die nicht normalverteilt bzw. nicht gleichverteilt sind. Die Optimierung unter komplex beschriebenen Unsicherheiten stellt also ein schwerlösbares Problem dar.

Zusammenfassend ist anzumerken, dass in der allgemeingültigen Formulierung der Optimierungsaufgabe, der effizienten Lösung des Problems und der Umsetzung des Ergebnisses die besondere zukünftige wissenschaftliche Herausforderung liegt.

A Anhang

A.1 Cholesky-Zerlegung

Zur Simulation multivariater normalverteilter Zufallsvariablen muss die gegebene Kovarianzmatrix Σ zerlegt werden (siehe Abschnitt 2.2.2), nämlich

$$\Sigma = L \; L^T \tag{A.1}$$

Dies kann mit Hilfe der Cholesky-Zerlegung durchgeführt werden. Sei Σ eine symmetrische und positiv definite Matrix, dann existiert L als eine eindeutig bestimmte reguläre untere Dreiecksmatrix, also

$$L = \begin{bmatrix} l_{11} & 0 & \cdots & 0 \\ l_{12} & l_{22} & \cdots & 0 \\ \vdots & \vdots & \ddots & \vdots \\ l_{n1} & l_{n2} & \cdots & l_{nn} \end{bmatrix}, \quad \text{mit} \quad l_{j,j} > 0 \;, \; j = 1, \cdots, n \tag{A.2}$$

Ist die Kovaranzmatrix wie folgt gegeben

$$\Sigma = \begin{bmatrix} \sigma_{11} & \sigma_{12} & \cdots & \sigma_{1n} \\ \sigma_{12} & \sigma_{22} & \cdots & \sigma_{2n} \\ \vdots & \vdots & \ddots & \vdots \\ \sigma_{1n} & \sigma_{2n} & \cdots & \sigma_{nn} \end{bmatrix} \tag{A.3}$$

dann gilt nach Gl. (A.1) und Gl. (A.2)

$$\begin{bmatrix} \sigma_{11} & \sigma_{12} & \cdots & \sigma_{1n} \\ \sigma_{12} & \sigma_{22} & \cdots & \sigma_{2n} \\ \vdots & \vdots & \ddots & \vdots \\ \sigma_{1n} & \sigma_{2n} & \cdots & \sigma_{nn} \end{bmatrix} = \begin{bmatrix} l_{11} & 0 & \cdots & 0 \\ l_{21} & l_{22} & \cdots & 0 \\ \vdots & \vdots & \ddots & \vdots \\ l_{n1} & l_{n2} & \cdots & l_{nn} \end{bmatrix} \begin{bmatrix} l_{11} & l_{21} & \cdots & l_{n1} \\ 0 & l_{22} & \cdots & l_{n2} \\ \vdots & \vdots & \ddots & \vdots \\ 0 & 0 & \cdots & l_{nn} \end{bmatrix} \tag{A.4}$$

Es folgt

$$l_{11} = \sqrt{\sigma_{11}} \;, \text{ und } l_{i1} = \sigma_{i1}/l_{11} \;, \; (i = 2, \cdots, n) \tag{A.5}$$

und

$$l_{j,j} = \sqrt{\left(\sigma_{j,j} - \sum_{k=1}^{j-1} l_{j,k}^2 \right)}, \qquad j = 2, \cdots, n \tag{A.6}$$

sowie

$$l_{i,j} = \left(\sigma_{i,j} - \sum_{k=1}^{j-1} l_{i,k} l_{j,k}\right)\Big/ l_{j,j}, \qquad j = 2,\cdots,n, \ i = j+1,\cdots,n \tag{A.7}$$

A.2 Berechnung der Wahrscheinlichkeit bivariater Normalverteilung (Prékopa, 1995)

Es werden zwei Zufallsvariablen mit korrelierter Standardnormalverteilung betrachtet. Sie haben die folgende Dichtefunktion

$$\varphi(\xi_1,\xi_2) = \frac{1}{2\pi\sqrt{(1-r^2)}} \exp\left[-\frac{1}{2(1-r^2)}\left(\xi_1^2 - 2r\xi_1\xi_2 + \xi_2^2\right)\right] \tag{A.8}$$

Die Wahrscheinlichkeit in den Bereichen $\xi_1 \leq x$, $\xi_2 \leq y$ ist zu berechen, nämlich

$$\Pr\{\xi_1 \leq x, \xi_2 \leq y\} = \Phi(x,y) = \int_{-\infty}^{x}\int_{-\infty}^{y} \rho(\xi_1,\xi_2) d\xi_1 d\xi_2$$

$$= \frac{1}{2\pi\sqrt{(1-r^2)}} \int_{-\infty}^{x}\int_{-\infty}^{y} \exp\left[-\frac{1}{2(1-r^2)}\left(\xi_1^2 - 2r\xi_1\xi_2 + \xi_2^2\right)\right] d\xi_1 d\xi_2 \tag{A.9}$$

Eine effiziente Berechnung dieser zweifachen Integration ist die Verwendung der Hermite-Polynome. Die Dichtefunktion wird also mit der folgenden Form beschrieben

$$\varphi(\xi_1,\xi_2) = \frac{1}{2\pi}\exp\left[-\frac{1}{2}\left(\xi_1^2 + \xi_2^2\right)\right] \sum_{k=0}^{\infty} \frac{r^k}{k!} H_k(\xi_1) H_k(\xi_2) \tag{A.10}$$

wobei

$$H_k(\xi_1) = (-1)^k e^{\frac{1}{2}\xi_1^2} \frac{d^k}{d\xi_1^k}(e^{-\frac{1}{2}\xi_1^2}), \ k = 0, 1, \cdots \tag{A.11}$$

die Hermit-Polynome sind. Die Integration von Gl. (A.11) anhand Gl. (A.9) ergibt

$$\Phi(x,y) = \frac{1}{2\pi}\exp\left[-\frac{1}{2}\left(x^2 + y^2\right)\right] \sum_{k=0}^{\infty} \frac{r^k}{k!} H_{k-1}(x) H_{k-1}(y) \tag{A.12}$$

Zur Berechnung von $\dfrac{r^k}{k!} H_{k-1}(x) H_{k-1}(y)$ definiert man

$$\phi_{1,k}(x) = \begin{cases} \dfrac{r}{1}\dfrac{r}{3}\cdots\dfrac{r}{k-1} H_k(x), & \text{wenn } k \text{ eine gerade Zahl ist} \\[2mm] \dfrac{r}{1}\dfrac{r}{3}\cdots\dfrac{r}{k} H_k(x), & \text{wenn } k \text{ eine ungerade Zahl ist} \end{cases} \tag{A.13}$$

$$\phi_{2,k}(y) = \begin{cases} \dfrac{r}{2}\dfrac{r}{4}\cdots\dfrac{r}{k}H_k(y), & \text{wenn } k \text{ eine gerade Zahl ist} \\[2mm] \dfrac{r}{2}\dfrac{r}{4}\cdots\dfrac{r}{k-1}H_k(y), & \text{wenn } k \text{ eine ungerade Zahl ist} \end{cases} \tag{A.14}$$

Es folgt

$$\frac{r^k}{k!}H_k(x)H_k(y) = \phi_{1,k}(x)\phi_{2,k}(y) \tag{A.15}$$

Auf der anderen Seite gibt es die folgenden Beziehungen

$$\phi_{1,k+1}(x) = \begin{cases} \dfrac{r}{k+1}x\phi_{1,k}(x) - \dfrac{r}{k+1}k\phi_{1,k-1}(x), & \text{wenn } k \text{ eine gerade Zahl ist} \\[6mm] x\phi_{1,k}(x) - r\phi_{1,k-1}(x), & \text{wenn } k \text{ eine ungerade Zahl ist} \end{cases} \tag{A.16}$$

$$\phi_{1,k+1}(y) = \begin{cases} \dfrac{r}{k+1}y\phi_{1,k}(y) - \dfrac{r}{k+1}k\phi_{1,k-1}(y), & \text{wenn } k \text{ eine gerade Zahl ist} \\[6mm] y\phi_{1,k}(y) - r\phi_{1,k-1}(y), & \text{wenn } k \text{ eine ungerade Zahl ist} \end{cases} \tag{A.17}$$

Diese zwei Gleichungen liefern eine Vorgehensweise zur Berechnung von Gl. (8.14), damit die gewünschte Wahrscheinlichkeit durch Gl. (8.11) berechnet werden kann. Bei der Initialisierung gibt es $H_{-1}(x) = -\sqrt{2\pi}\ e^{\frac{x^2}{2}}\ \Phi(x)$, $H_0(x) = 1$ und $H_1(x) = x$. Hierbei ist $\Phi(x)$ die Wahrscheinlichkeitsfunktion einer Zufallsvariable mit der Standardnormalverteilung.

A.3 Theorem für die maximale simultane Wahrscheinlichkeit einer multivariaten Normalverteilung (Li et al., 2002b)

Theorem: Für eine multivariate Normalverteilung wird der maximale Wert der simultanen Wahrscheinlichkeit erzielt, wenn

$$\mu_{y(i)} = \frac{y_{\min} + y_{\max}}{2}, \qquad i = 1, \cdots, N \tag{A.18}$$

Beweis: Sei die Dichtefunktion der Ausgangsvariablen

$$\varphi_N(\mathbf{y}) = \frac{1}{\sqrt{(2\pi)^N \det(\mathbf{R}_y)}}\ e^{-\frac{1}{2}(\mathbf{y}-\mathbf{\mu}_y)^T \mathbf{R}_y^{-1}(\mathbf{y}-\mathbf{\mu}_y)} = \gamma e^{f(\mathbf{y})} \tag{A.19}$$

wobei γ und $f(y)$ die entsprechende Konstante bzw. Funktion sind. Die simultane Wahrscheinlichkeit bedeutet

$$\Pr(\boldsymbol{\mu}_y) = \int_{y_{min}}^{y_{max}} \cdots \int_{y_{min}}^{y_{max}} \cdots \int_{y_{min}}^{y_{max}} \varphi_N(\mathbf{y}) dy(1) \cdots dy(i) \cdots dy(N) \tag{A.20}$$

Am Maximumspunkt gilt

$$\frac{\partial \Pr(\boldsymbol{\mu}_y)}{\partial \mu_y(i)} = 0, \qquad i = 1, \cdots, N \tag{A.21}$$

Da

$$\frac{\partial \varphi_N(\mathbf{y})}{\partial \mu_y(i)} = \gamma \; e^{f(\mathbf{y})} \frac{\partial f(\mathbf{y})}{\partial \mu_y(i)} \tag{A.22}$$

und aus Gl. (8.18) gilt

$$\frac{\partial f(\mathbf{y})}{\partial \mu_y(i)} = -\frac{\partial f(\mathbf{y})}{\partial y(i)} \tag{A.23}$$

Nach Gl. (8.19) und Gl. (8.20) ergibt sich

$$\int_{y_{min}}^{y_{max}} \cdots \int_{y_{min}}^{y_{max}} \left[\int_{y_{min}}^{y_{max}} \gamma e^{f(\mathbf{y})} df(\mathbf{y}) \right]_i dy(1) \cdots dy(i-1) dy(i+1) \cdots dy(N) = 0 \tag{A.24}$$

Das bedeutet

$$\int_{y_{min}}^{y_{max}} \cdots \int_{y_{min}}^{y_{max}} \int_{y_{min}}^{y_{max}} \cdots \int_{y_{min}}^{y_{max}} \varphi_{N-1} \big[y(1), \cdots, y(i-1), y(i+1), \cdots, y(N) \big]_{y(i)=y_{min}}$$
$$dy(1) \cdots dy(i-1) dy(i+1) \cdots dy(N)$$
$$= \int_{y_{min}}^{y_{max}} \cdots \int_{y_{min}}^{y_{max}} \int_{y_{min}}^{y_{max}} \cdots \int_{y_{min}}^{y_{max}} \varphi_{N-1} \big[y(1), \cdots, y(i-1), y(i+1) \cdots, y(N) \big]_{y(i)=y_{max}} \tag{A.25}$$
$$dy(1) \cdots dy(i-1) dy(i+1) \cdots dy(N)$$

also

$$\Phi_{N-1}[y(1), \cdots, y(i-1), y(i+1), \cdots y(N)]_{y(i)=y_{min}}$$
$$= \Phi_{N-1}[y(1), \cdots, y(i-1), y(i+1), \cdots y(N)]_{y(i)=y_{max}} \tag{A.26}$$

Weil Φ_{N-1} die Wahrscheinlichkeitsfunktion der N-1-dimensionalen korrelierten Variablen mit der Normalverteilung darstellt, ist sie kontinuierlich und symmetrisch. Da $y_{min} \neq y_{max}$, muss der Erwartungswert von $y(i)$ in der Mitte von Intervall $[y_{min}, y_{max}]$ liegen.

A.4 Analyse der Konvexität von Wahrscheinlichkeitsrestriktionen

Es wird ein NLP-Verfahren verwendet, um das relaxierte Optimierungsproblem zu lösen. Da ein solches Verfahren gradientenbasiert arbeitet, kann damit lediglich ein lokales Optimum gefunden werden, wenn das Optimierungsproblem nichtkonvex ist. Daher ist es sehr wichtig, die Konvexität des Problems zu analysieren. Dies bezieht sich insbesondere auf die Konvexität der Wahrscheinlichkeitsrestriktionen.

Die Konvexität einer Menge
Eine Menge C in n-dimensionalem Raum ist konvex, wenn es für jedes beliebige Paar $\mathbf{x}_1, \mathbf{x}_2 \in C$ mit $0 \le \lambda \le 1$ gilt:

$$\lambda \; \mathbf{x}_1 + (1-\lambda) \; \mathbf{x}_2 \in C . \tag{A.27}$$

Grafisch dargestellt bedeutet das, dass sich im Falle einer konvexen Menge auch die Linie zwischen $\mathbf{x}_1$ und $\mathbf{x}_2$ innerhalb der Menge befinden muss. Bei der Betrachtung von Optimierungsproblemen interpretiert man eine konvexe Menge als einen konvexen zulässigen Lösungsbereich.

Die Konvexität einer Funktion
Eine Funktion $f(\mathbf{x})$, wobei $\mathbf{x} \in C$ und C eine konvexe Menge darstellt, ist konvex, wenn für jedes Paar $\mathbf{x}_1, \mathbf{x}_2 \in C$ mit $0 \le \lambda \le 1$ gilt:

$$f[\lambda \; \mathbf{x}_1 + (1-\lambda) \; \mathbf{x}_2] \le \lambda \; f(\mathbf{x}_1) + (1-\lambda) \; f(\mathbf{x}_2) \tag{A.28}$$

Wenn aber

$$f[\lambda \; \mathbf{x}_1 + (1-\lambda) \; \mathbf{x}_2] \ge \lambda \; f(\mathbf{x}_1) + (1-\lambda) \; f(\mathbf{x}_2) \tag{A.29}$$

dann heißt die Funktion $f(x)$ konkav. Die Funktion $f(x)$ ist quasikonkav, wenn

$$f[\lambda \; \mathbf{x}_1 + (1-\lambda) \; \mathbf{x}_2] \ge \min \; [f(\mathbf{x}_1), f(\mathbf{x}_2)] \tag{A.30}$$

Eine quasikonkave Funktion $f(\mathbf{x})$ hat die Eigenschaft, dass die durch $f(\mathbf{x}) \ge b$, $-\infty < b < \infty$ gebildete Menge

$$\{\mathbf{x} \mid f(\mathbf{x}) \ge b, \; -\infty < b < \infty\} \tag{A.31}$$

konvex ist. Also umfasst die Ungleichung $f(\mathbf{x}) \ge b$ eine konvexe Menge bzw. einen konvexen zulässigen Bereich, wenn $f(\mathbf{x})$ quasikonkav ist.

Wenn $0 < \lambda < 1$, $f(\mathbf{x}) > 0$ und

$$f[\lambda \; \mathbf{x}_1 + (1-\lambda) \; \mathbf{x}_2] \ge [f(\mathbf{x}_1)]^{\lambda} \; [f(\mathbf{x}_2)]^{1-\lambda} \tag{A.32}$$

dann heißt die Funktion $f(x)$ logarithmisch konkav oder logkonkav. Es folgt weiterhin

$$\ln f[\lambda \; \mathbf{x}_1 + (1-\lambda) \; \mathbf{x}_2] \ge \lambda \ln \; [f(\mathbf{x}_1)] + (1-\lambda)\ln \; [f(\mathbf{x}_2)] \tag{A.33}$$

Nach Gl. (8.28) ist $\ln[f(\mathbf{x})]$ eine konkave Funktion, wenn $f(\mathbf{x})$ logkonkav ist. Da

$$[f(\mathbf{x}_1)]^\lambda \; [f(\mathbf{x}_2)]^{1-\lambda} \geq \min \; [f(\mathbf{x}_1), \; f(\mathbf{x}_2)] \tag{A.34}$$

ist eine logkonkave Funktion auch quasikonkav in der gleichen konvexen Menge. Das heißt, für einen beliebigen Wert b bildet ebenfalls die Ungleichung

$$f(\mathbf{x}) \geq b \tag{A.35}$$

eine konvexe Menge, wenn die Funktion $f(x)$ logkonkav ist. Eine weitere Eigenschaft einer logkonkaven Funktion ist, dass die Integration dieser Funktion ebenfalls logkonkav ist. Also ist die Funktion

$$g(\mathbf{x}) = \int f(\mathbf{x}, \mathbf{y}) \, d\mathbf{y} \tag{A.36}$$

logkonkav, wenn $f(\mathbf{x}, \mathbf{y})$ eine logkonkave Funktion darstellt (Boyd & Vandenberghe, 2004).

Konvexität von Wahrscheinlichkeitsfunktionen
Viele Dichtefunktionen stochastischer Variablen sind logkonkav. Zum Beispiel ist die Dichtefunktion von m-dimensional (multivariat) normalverteilten Zufallsvariablen

$$\rho_m(\boldsymbol{\xi}) = \frac{1}{\sqrt{(2\pi)^m \det(\varSigma)}} \exp\left[-\frac{1}{2}(\boldsymbol{\xi} - \boldsymbol{\mu})^T \varSigma^{-1}(\boldsymbol{\xi} - \boldsymbol{\mu}) \right] \tag{A.37}$$

logkonkav, da $-\dfrac{1}{2}(\boldsymbol{\xi} - \boldsymbol{\mu})^T \varSigma^{-1}(\boldsymbol{\xi} - \boldsymbol{\mu})$ konkav ist. Anhand Gl. (8.35) ergibt sich, dass die simultane Wahrscheinlichkeitsfunktion der Normalverteilung

$$F(\mathbf{z}) = \Pr\left\{ \xi_i \leq z_i, \; i = 1, \cdots, m \right\} = \int_{-\infty}^{z_1} \cdots \int_{-\infty}^{z_m} \rho(\mathbf{z}) dz_m \cdots dz_1 \tag{A.38}$$

ebenfalls logkonkav ist. Nach Gl. (8.30) und Gl. (8.34) bildet die simultane Wahrscheinlichkeitsrestriktion

$$\Pr\left\{ \xi_i \leq z_i, \; i = 1, \cdots, m \right\} \geq \alpha \tag{A.39}$$

für einen vorgegebenen Wert α, $0 < \alpha < 1$ eine konvexe Menge bezüglich der Entscheidungsvariablen $\mathbf{z}$. Das bedeutet, dass der durch Gl. (8.38) beschriebene zulässige Bereich konvex ist. Diese Aussage gilt auch dann, wenn α als Variable definiert wird, da die (lineare) Addition einer Variablen die Konvexität von Gl. (8.38) nicht verändert. Somit wird weiterhin garantiert, dass der zulässige Bereich der Wahrscheinlichkeitsrestriktion für linearen Ungleichungen, also

$$\Pr\left\{ \boldsymbol{\xi} \leq \mathbf{A}\mathbf{z} + \mathbf{b} \right\} \geq \alpha \tag{A.40}$$

ebenfalls konvex ist. In (Prékopa, 1995) erfolgt für allgemeine Fälle der Beweis, dass die Wahrscheinlichkeitsfunktion für nichtlineare Ungleichungen, also

$$F(\mathbf{z}) = \Pr\left\{ h_i(\mathbf{z}, \boldsymbol{\xi}) \geq 0, \; i = 1, \cdots, m \right\} \tag{A.41}$$

eine logkonkave Funktion ist, wenn die nichtlinearen Funktionen $h_i(\mathbf{z}, \xi)$, $i = 1, \cdots, m$, logkonkav sind und die stochastischen Variablen ξ eine logkonkave Dichtefunktion haben. In diesen Fällen stellt die simultane Wahrscheinlichkeitsrestriktion

$$\Pr\left\{ h_i(\mathbf{z}, \xi) \geq 0,\ i = 1, \cdots, m \right\} \geq \alpha \tag{A.42}$$

ebenfalls einen konvexen zulässigen Bereich dar. Wenn die Ungleichungen durch die Form $h_i(\mathbf{z}, \xi) \leq 0$, $i = 1, \cdots, m$, beschrieben werden, müssen die Funktionen $h_i(\mathbf{z}, \xi)$, $i = 1, \cdots, m$, logkonvex sein, um einen konvexen zulässigen Bereich abzusichern. Dieser wird analog zu Gl. (8.40) durch die Wahrscheinlichkeitsrestriktion

$$\Pr\left\{ h_i(\mathbf{z}, \xi) \leq 0,\ i = 1, \cdots, m \right\} \geq \alpha \tag{A.43}$$

beschrieben.

A.5 Kollokationsverfahren zur numerischen Integration (Finlayson, 1980)

Die Integration mit der folgenden Form ist zu berechnen

$$\Omega = \int_{v_0}^{v_f} \omega(v)\,dv \tag{A.44}$$

nämlich

$$\frac{d\Omega}{dv} = \omega(v),\ \Omega(v_0) = 0 \tag{A.45}$$

Das Integrationsintervall $[v_0, v_f]$ der Variable v wird zu Unterintervallen, d.h. $[v_l, v_{l+1}]$, $l = 1, \cdots, L$, diskretisiert. In jedem Intervall wird die Funktion der Integration mit den Lagrange-Funktionen approximiert, also

$$\Omega(v) = \sum_{j=0}^{NC} \Gamma_j(v)\,\Omega_j \tag{A.46}$$

wobei NC die Anzahl der Kollokationspunkte und Γ die Lagrange-Polynome sind

$$\Gamma_j(v) = \prod_{\substack{i=0 \\ i \neq j}}^{NC} \frac{v - v^{(i)}}{v^{(j)} - v^{(i)}} \tag{A.47}$$

Ω_j ist der Wert der Integration an dem Kollokationspunkt $v^{(j)}$. Die Kollokationspunkte sind die Nullpunkte der Legendre-Funktion. Die Ableitungen von Ω an den Kollokationspunkten können wie folgt berechnet werden

$$\left.\frac{d\Omega}{dv}\right|_{v_i} = \sum_{j=0}^{NC} \left.\frac{d\Gamma_j}{dv}\right|_{v_i} \Omega_j, \qquad i = 1, \cdots, NC \tag{A.48}$$

Aus Gl. (8.44) und Gl. (8.47) lassen sich die Werte der Integration an den Kollokationspunkten berechnen

$$\sum_{j=0}^{NC} \frac{d\Gamma_j}{dv}\bigg|_{v_i} \Omega_j = \omega(v_i), \qquad i = 1, \cdots, NC \tag{A.49}$$

Wenn $\omega(v_i)$ nichtlinear sind, muss das Gleichungssystem Gl. (8.48) mit Hilfe des Newton-Raphson-Verfahrens gelöst werden. Für die Kontinuität wird der Wert an dem letzten Kollokationspunkt eines Intervalls als der Anfangswert für das nächste Intervall definiert.

Literatur

Abel, O., J. Birk (2002), Echtzeitoptimierung verfahrenstechnischer Anlagen am Beispiel der Olefinproduktion, *at–Automatisierungstechnik*, 50, 586–596.

Acevedo, J., E. N. Pistikopoulos (1998), Stochastic optimization based algorithms for process synthesis under uncertainty, *Comp. Chem. Eng.* 22, 647–671.

Ahmed, S., N. V. Sahinidis (1998), Robust process planning under uncertainty, *Ind. Eng. Chem. Res.* 37, 1883–1892.

Allers, T., A. Eckert, D. Pan, T. Khuu (2003), Effektive Tools für eine effiziente Supply Chain-Gestaltung, *GVC/DECHEMA Jahrestagungen*, 16.–18., 09. 2003, Mannheim.

Allgöwer, F., T. A. Badgwell, J. S. Qin, J. B. Rawlings, S. J. Wright (1999), Nonlinear predictive control and moving horizon estimation – An introductory overview, *Advances in Control – High lights of ECC'99*, 391–449, Springer, Berlin.

Arellano-Garcia, H., R. Henrion, P. Li, A. Möller, W. Römisch, G. Wozny (1998), A model for the online optimization of integrated distillation columns under stochastic constraints. DFG-Schwerpunktprogramm *"Echtzeitoptimierung großer Systeme"*, Preprint 98–32.

Arellano-Garcia, H., W. Martini, M. Wendt, P. Li, G. Wozny (2003a), Nichtlineare stochastische Optimierung unter Unsicherheiten, *Chem.-Ing.-Tech.*, 72, 814–822.

Arellano-Garcia, H., W. Martini, M. Wendt, P. Li, G. Wozny (2003b), Chance constrained batch distillation process optimization under uncertainty, *International Symposium on Foundations of Computer-Aided Process Operations*, Coral Springs, Florida, Jan. 12.–15., 2003, Proceedings pp. 609–612.

Arellano-Garcia, H., W. Martini, M. Wendt, P. Li, G. Wozny (2004), Evaluation strategies of optimized batch processes under uncertainties by chance constrained programming, *8th International Symposium on Process Systems Engineering*, Jan. 5.–10. 2004, Kunming, Proceedings pp. 148–153.

Bansal, V., J. D. Perkins, E. N. Pistikopoulos (2000), Flexibility analysis and design of linear systems by parametric programming, *AIChE J.*, 46, 335–354.

Bansal, V., J. D. Perkins, E. N. Pistikopoulos (2002), Flexibility analysis and design using a parametric programming framework, *AIChE J.*, 48, 2851–2868.

Bates, D. M., D. G. Watts (1988), Nonlinear Regression Analysis and its Applications, Wiley.

Bellman, R. (1957), *Dynamic Programming*, Princeton Univ. Press, Princeton, New Jersey.

Berning, G., M. Brandenburg, K. Guumlrsoy, J. Kussi, V. Mehta, F.-J. Tölle (2003), An Integrated System Solution for Supply Chain Optimization in the Chemical Process Industry, Foundations of Computer-Aided Process Operations, 12.–15. 01. 2003, Florida.

Biegler, L. T., A. M. Cervantes, A. Wächter (2002), Advances in simultaneous strategies for dynamic process optimization, *Chem. Eng. Sci.*, 57, 575–593.

Biegler, L. T., I. E. Grossmann, A. W. Westerberg (1997), *Systematic Methods of Chemical Process Design*, Prentice Hall, New Jersey.

Birge, J. R., F. Louveaux (1997), *Introduction to Stochastic Programming*, Springer, New York.

Blass, E. (1997), *Entwicklung verfahrenstechnischer Prozesse*, 2. Auflage, Springer, Berlin.

Bock, H. G., J. P. Schlöder, V. H. Schulz (1995), Numerik großer Differentiell-Algebraischer Gleichungen – Simulation und Optimierung, in *Prozesssimulation* (Hrsg.: H. Schuler), VCH-Verlag, Weinheim, S. 35–77.

Brooke, A., D. Kendrik, A. Meeaus (1988), *GAMS – A User's Guide*, Scientific Press, Redwood City.

Boyd, S., L. Vandenberghe (2004), *Convex Optimization*, Cambridge University Press, Cambridge.

Calafiore, G. C., F. Dabbene, R. Tempo (2000), Randomized algorithms for probabilistic robustness with real and complex structured uncertainty, *IEEE Trans. Auto. Contr.*, 45, 2218–2235.

Calafiore, G., F. Dabbene (2002), A probabilistic framework for problems with real structured uncertainty in systems and control, *Automatica*, 38, 1265–1276.

Camacho, E. F., C. Bordons (1999), *Model Predictive Control*, Springer, Berlin.

Cervantes, A. M., L. T. Biegler (1998), Large-scale DAE optimization using a simultaneous NLP formulation, *AIChE J.*, 44, 1038–1050.

Chan, P., C.-W. Hui, W.-K. Li, H. Sakamoto, K. Hirata, P. Li (2006), Long-term electricity contract optimization with demand uncertainties, *Energy*, 31(2006), 2133–2149.

Chaudhuri P., U. Diwekar (1999), Synthesis approach to the determination of optimal waste blends under uncertainty, *AIChE J.*, 45, 1671–1687.

Clay, R. L., I. E. Grossmann (1994), Optimization of stochastic planning models, *Chem. Eng. Res. & Des.*, 72A, 415–419.

Clay, R. L., I. E. Grossmann (1997), A Disaggregation algorithm for the optimization of stochastic planning models, *Comp. Chem. Eng.*, 21, 751–774.

Conn, A. R., N. I. M. Gould and Ph. L. Toint (1992), *LANCELOT: a Fortran package for large-scale nonlinear optimization*, release A, Series in Computational Mathematics **17**, Springer, Berlin.

Corana, A., M. Marchesi, C. Martini, S. Ridella (1987), Minimizing multimodal functions of continuous variables with the simulated annealing algorithm. *ACM Trans. Math. Soft.*, 13, 262–280.

Cussler, E. L., G. D. Moggridge (2001), *Chemical Product Design*, Cambridge University Press, Cambridge.

Devries, D. K., P. M. J. Vandenhof (1995), Quantification of uncertainty of uncertainty in transfer function estimation – a mixed probabilistic– worst-case approach, *Automatica*, 31, 543–557.

Diwekar, U. M. (1995), Batch Distillation: Simulation, Optimal Design and Control, Taylor & Francis, Washington DC.

Diwekar, U. M.; J. R. Kalagnanam (1997), Efficient sampling technique for optimization under uncertainty, *AIChE J.*, 43, 440.

Diwekar, U. M., E. S. Rubin (1994), Parameter design methodology for chemical processes using a simulator, *Ind. Eng. Chem. Res.*, 33, 292–298.

Diehl, M., I. Uslu, R. Findeisen, S. Schwarzkopf, F. Allgöwer, H. G. Bock, T. Bürner, E. D. Gilles, A. Kienler, J. P. Schlöder, E., Stein (2001), Real-time Optimization for large-scale processes: nonlinear model predictive control of a high purity distillation column, *Online Optimization of Large Scale Systems*, Grötschel eds., Springer, 363–384.

Edgar, Th. F., D. M. Himmelblau, L. S. Lasdon (2001), *Optimization of Chemical processes*, 2nd edition, McGraw-Hill, New York.

Fan, M. K. H., A. L. Tits (1992), A measure of worst-case H-infinity performance and of largest acceptable uncertainty, *Sys. Contr. Lett.*, 18, 409–421.

Fialho, I. J., T. T. Georgiou (1999), Worst case analysis of nonlinear systems, *IEEE Trans. Auto. Contr.*, 44, 1180–1196.

Finlayson, B. A. (1980), *Nonlinear Analysis in Chemical Engineering.* McGraw-Hill, New York.

Fishman, G. (1999), Monte Carlo: Concepts, Algorithms, and Applications, Springer, New York.

Floudas, C. A. (1995), Nonlinear and Mixed-Integer Optimization: Fundamentals and Applications, Oxford University Press, Oxford.

Floudas, C. A., Z. H. Gümüs, M. G. Ierapetritou (2001), Global optimization in design under uncertainty: feasibility test and flexibility index problems, *Ind. Eng. Chem. Res.*, 40, 4267–4282.

Garcia, C. E., A.M. Morshedi (1986), Quadratic programming solution of dynamic matrix control, *Chem. Eng. Commun.*, 46, 335–347.

Grossmann, I. E., C. A. Floudas (1987), Active constraint strategy for flexibility analysis in chemical processes, *Comp. Chem. Eng.*, 11, 675–693.

Grossmann, I. E., M. Morari (1984), Operability, resilience and flexibility – process design objectives for a changing world, Proc. Int. Conf. On Foundations of Computer-Aided Process Design, *CACHE Publications*, 931–1010.

Grossmann, I. E., R. W. H. Sargent (1978), Optimum design of chemical plants with uncertain parameters, *AIChE J.*, 24, 1021–1029.

Gupta, A., C. D. Maranas (2000), A Two-stage modeling and solution framework for multisite midterm planning under demand uncertainty, *Ind. Eng. Chem. Res.*, 39, 3799–3813.

Hai, R. (2004), Durchführbarkeitsanalyse und Optimaldesign für verfahrenstechnische Prozesse unter Unsicherheiten, *Diplomarbeit*, Technische Universität Berlin.

Halemane, K. P., I. E. Grossmann (1983), Optimal process design under uncertainty, *AIChE J.*, 29, 425–435.

Hanke, M., P. Li (2000), Simulated annealing for the optimization of batch distillation processes, *Comp. & Chem. Eng.*, 24, 1–8.

Hengartner, W., R. Theodorescu (1978), *Einführung in die Monte-Carlo-Methode*, Carl Hanser Verlag, München.

Henrion, R. (2002), Einführung in Methoden der stochastischen Optimierung, Kapitel 8/9 des Kurshandbuchs zum DECHEMA-Weiterbildungskurs „*Optimierung verfahrenstechnischer Prozesse*", (Hrsg. G. Wozny), 23.-25. Sept. 2002, TU Berlin.

Henrion, R., P. Li, A. Möller, M. Steinbach, M. Wendt, G. Wozny (2001), Stochastic optimization for chemical processes under uncertainty, *Online Optimization of Large Scale Systems*, Grötschel et al. eds., Springer, 455–476.

Henrion R., W. Römisch (1999), Metric regularity and quantitative stability in stochastic programs with probabilistic constraints, *Mathematical Programming*, 84, 55–88.

Hong, W. R., S. Q. Wang, P. Li, G. Wozny, L. T. Biegler (2006), A quasi-sequential approach to large-scale dynamic optimization problems, *AIChE Journal*, 52, 255–268.

Ierapetritou, M. G., E. N. Pistikopoulos, C. A. Floudas (1996), Operational planning under uncertainty, *Comp. Chem. Eng.*, 20, 1499–1516.

IMSL (1987), MATH/Library, User's Manual, Houston, Texas.

Jobson, J. (1991), *Applied Multivariate Data Analysis*, Springer, Berlin.

Johnston, L. P. M., M. A. Kramer (1998), Estimating state probability distributions from noisy and corrupted Data, *AIChE J.*, 44, 591–602.

Kall, P., S. W. Wallace (1994), *Stochastic programming*, New York, Wiley.

Kim K. J., U. M. Diwekar (2002), Efficient combinatorial optimization under uncertainty. 1. Algorithmic development, *Ind. Eng. Chem. Res.*, 41, 1276–1284.

Kirkpatrick, S., C. D. Gelatt, M. P. Vecchi (1983), Optimization by simulated annealing, *Science*, 220, 671–680.

Kothare, M. V., V. Balakrishnan, M. Morari (1996), Robust constrained model predictive control using linear matrix inequalities, *Automatica*, 32, 1361–1379.

Krissmann, J. (2003), Systematische Analyse und Optimierung der Supply Chain unter Anwendung des SCOR-Modells, GVC/DECHEMA Fachausschuss „*Prozess- und Anlagentechnik*", 02.–04. 11. 2003, Weimar.

Kronseder, Th., O. von Stryk, R. Bulersch, A. Kröner (2001), Towards nonlinear model predictive control of large-scale process models with application to air separation plants, *Online Optimization of Large Scale Systems*, Grötschel et al., eds., Springer, 385–412.

Kyoto Protocol (1997), *The United Nations Framework Convention on Climate Change*, Kyoto, 11. Dec. 1997, http://unfccc.int/resource/convkp.html.

Leimkühler, H. J. (2002), Stoffstromsimulation für einen integrierten Standort der chemischen Industrie, GVC/DECHEMA Fachausschuss „*Prozess- und Anlagentechnik*", 18.–19. 11. 2002, Wurzburg.

Li, P., G. Wozny (1997), Dynamische Optimierung großer chemischer Prozesse mit Kollokationsverfahren am Beispiel Batch-Destillation, *at-Automatisierungstechnik*, 45, 136–143.

Li, P. (1998), Entwicklung optimaler Führungsstrategien für Batch-Destillationsprozesse, Fortschritt-Bericht, Reihe 3, Nr. 560, VDI-Verlag.

Li, P. (2005), *Prozessoptimierung*, Manuskript zu einem Lehrbuch, in Bearbeitung.

Li, P., H. Arellano-Garcia, G. Wozny, E. Reuter (1998a), Optimization of a semibatch distillation process with model validation on the industrial site, *Ind. Eng. Chem. Res.*, 37, 1341–1350.

Li, P., H. P. Hoo, G. Wozny (1998b), Efficient simulation of batch distillation processes by using orthogonal collocation, *Chem. Eng. Technol.*, 21, 853–862.

Li., P., K. Löwe, H. Arellano-Garcia, G. Wozny (2000a), Integration of simulated annealing to a simulation tool for dynamic optimization of chemical processes, *Chem. Eng. Proc.*, 39, 357–363.

Li, P., M. Wendt, G. Wozny (2000b), Robust model predictive control under chance constraints, *Comp. Chem. Eng.*, 24, 829–834.

Li, P., M. Wendt, G. Wozny (2002a), A probabilistically constrained model predictive controller, *Automatica*, 38, 1171–1176.

Li, P., M. Wendt, H. Arellano-Garcia, G. Wozny (2002b), Optimal operation of distillation processes under uncertain inflows accumulated in a feed tank, *AIChE J.*, 48, 1198–1211.

Li, P., M. Wendt, G. Wozny (2003), Optimal operations planning under uncertainty by using probabilistic programming, *International Symposium on Foundations of Computer-Aided Process Operation (FOCAPO)*, Coral Springs, Florida, Jan. 12–15, 2003, Proceedings pp. 289–292.

Li, P., M. Wendt, G. Wozny (2004a), Optimal planning for chemical engineering processes under uncertain market conditions, *Chem. Eng. Technol.*, 27, 641–651.

Li, P., R. Hai, G. Wozny (2004b), Feasibility analysis and optimal design using a chance constrained programming framework, *International Symposium on Foundation of Computer-Aided Process Design (FOCAPD)*, July 11–16, 2004, Princeton, Proceedings pp. 555–559.

Li, P., M. Wendt, G. Wozny (2004c), Optimal production planning under uncertain market conditions, *International Symposium on Process Systems Engineering (PSE8)*, Jan. 5–10, 2004, Kunming, Proceedings pp. 511–516.

Li, W.-K., C.-W. Hui, P. Li, A.-X. Li (2004), Refinery planning under uncertainty, *Ind. Eng. Chem. Res.*, 43, 6742–6755.

Loeve, M., *Probability Theory*, Van Nostrand-Reinhold, Princeton, 1963.

Ma, D. L., S. H. Chung, R. D. Braatz (1999), Worst-case performance analysis of optimal batch control trajectories, *AIChE J.*, 45, 1469–1476.

Marino, R., P. Tomei (1993), Robust stabilization of feedback linearizable time-varying uncertainty nonlinear systems, *Automatica*, 29, 181–189.

Marrison, Ch. I., R. F. Stengel (1997), Robust Control System Design Using Random Search and Genetic Algorithms, *IEEE Trans. Auto. Contr.*, 42, 835–839.

Maybeck, P. S., *Stochastic Models, Estimation, and Control*, Nevtech, Arlington, 1994.

Mayne, D. Q., J. B. Rawlings, C. V. Rao, P. O. M. Scokaert (2000), Constrained model predictive control: Stability and optimality, *Automatica*, 36, 789–814.

Morari, M., J. H. Lee, Model predictive control: past, present and future (1999), *Comp. Chem. Eng.*, 23, 667–682.

Morari, M., E. Zafiriou (1989), *Robust Process Control*, Prentice Hall.

Mujtaba, I. M. (2004), *Batch Distillation Design and Operation*, Imperial College Press, London.

Muske, K. R., J.B. Rawlings (1993), Model predictive control with linear models, *AIChE J.*, 39, 262–287.

Negiz, A., A. Cinar (1997), Statistical monitoring of multivariabe dynamic processes with state space models, *AIChE J.*, 43, 2002–2020.

Nocedal, J., S. J. Wright (1999), *Numerical Optimization*, Springer, New York.

Ostrovsky, G. M., Y. M. Volin, E. I. Barit, M. M. Senyavin (1994), Flexibility analysis and optimization of chemical plants with uncertain parameters, *Comp. Chem. Eng.*, 18, 755–767.

Ostrovsky, G. M., L. E. K. Achenie, Y. P. Wang, Y. M. Volin (2000), A new algorithm for computing process flexibility, *Ind. Eng. Chem. Res.*, 39, 2368–2377.

Papoulis, A. (1965), Probability, Random Variables, and Stochastic Processes, McGraw-Hill, New York.

Pearson, R. K. (2001), Exploring Process Data, *J. Process Control*, 11, 179–194.

Petkov, S. B., C. D. Maranas (1998), Design of single product campaign batch plants under demand uncertainty, *AIChE J.*, 44, 896–911.

Pistikopoulos, E. N., I. E. Grossmann (1988a), Evaluation and Redesign for Improving Flexibility in Linear Systems with Infeasible Nominal Conditions, *Comp. Chem. Eng.*, 12, 841–843.

Pistikopoulos, E. N., I. E. Grossmann (1988b), Optimal Retrofit Design for Improving Processes Flexibility in Linear Systems *Comp. Chem. Eng.*, 12, 719–731.

Pistikopoulos, E. N., T. A. Mazzuchi (1990), A novel flexibility analysis approach for processes with stochastic parameters, *Comp. Chem. Eng.*, 14, 991–1000.

Pistikopoulos, E. N., M. G. Ierapetritou (1995), Novel approach for optimal process design under uncertainty, *Comp. Chem. Eng.*, 19, 1089–1110.

Polyak, B. T., R. Tempo (2001), Probabilistic robust design with linear quadratic regulators, *Sys. Contr. Lett.*, 43, 343–353.

Pontryagin, L. S., V. G. Boltyanskii, R. V. Gamkrelidze, E. F. Mischenko (1962), *The Mathematical Theory of Optimal Processes*, Wiley (Interscience), New York.

Prékopa, A., *Stochastic Programming*, Kluwer Academic Publishers, Dordrecht, 1995.

Prékopa, A., T. Szántai (1978), Flood control reservoir system design using stochastic programming. *Mathematical Programming Study*, 9, 138–151.

Qin, S. J., T. A. Badgwell (1996), An overview of industrial model predictive control technology, *Proceedings of CPC-V*, 232–256, *AIChE*.

Rachmat, M. (2000), Prozessdesign unter Unsicherheiten durch stochastische Simulation und Optimierung, *Diplomarbeit*, Technische Universität Berlin.

Ray, L. R., R. F. Stengel (1993), A Monte-Carlo approach to the analysis of control system robustness, *Automatica*, 29, 229–236.

Reuter, E. (1994), *Simulation und Optimierung einer chemischen Reaktion mit überlagerter Rektifikation*, VDI Fortschritt-Berichte, Reihe 3: Verfahrenstechnik, Nr. 394.

Richalet, J. (1993), Industrial applications of model based predictive control, *Automatica*, 29, 1251–1274.

Rooney, W. C., L. T. Biegler (1999), Incorporating joint confidence regions into design under uncertainty, *Comp. Chem. Eng.*, 23, 1563–1575.

Rooney, W. C., L. T. Biegler (2001), Design for model parameter uncertainty using nonlinear confidence regions, *AIChE J.*, 47, 1794–1804.

Rooney, W. C., L. T. Biegler (2003), Optimal process design with model parameter uncertainty and process variability, *AIChE J.*, 49, 438–449.

Rooy, H. S., N. V. Sahinidis (1995), Global optimization of nonconvex NLPs and MINLPs with applications in process design, *Comput. Chem. Eng.* 19, 551–562.

Sachs, L. (1968), *Statistische Auswertungsmethoden*, Springer, Berlin.

Sand, G., S. Engell (2004), Modeling and solving real-time scheduling problems by stochastic interger programming, *Comput. Chem. Eng.* 28, 1087–1103.

Schittkowski, K. (1985), NLPQL: A FORTRAN subroutine solving constrained nonlinear programming problems, *Ann. Oper. Res.*, 5, 485–500.

Schwarm, A. T., M. Nikolaou (1999), Chance-constrained model predictive control, *AIChE J.*, 45, 1743–1752.

Scokaert, P. O. M., J. B. Rawlings (1999), Feasibility issues in linear model predictive control, *AIChE J.*, 45, 1649–1659.

Shah, N., C. C. Pantelides (1992), Design of multipurpose batch plants with uncertain product requirements, *Ind. Eng. Chem. Res.*, 31, 1325–1337.

Shobrys, D. E., D. C. White (2000), Planning, scheduling and control systems: Why can they not work together? *Comp. Chem. Eng.*, 24, 163–173.

Stengel, R. F., L. R. Ray (1991), Stochastic robustness of linear time-invariant control systems, *IEEE Trans. Auto. Contr.*, 36, 82–87.

Stoyan, D. (1993), Stochastik für Ingenieure und Naturwissenschaftler, Akademie-Verlag, Berlin.

Straub, D. A., I. E. Grossmann (1993), Design optimization of stochastic flexibility, *Comp. Chem. Eng.*, 17, 339–354.

Subrahmanyam, S., J. F. Pekny, G. V. Reklaitis (1994), Design of batch chemical plants under market uncertainty, *Ind. Eng. Chem. Res.*, 33, 2688–2701.

Subramanian, D., J. F. Pekny, G. V. Reklaitis, G. E. Blau (2003), Simulation-optimization framework for stochastic optimization of R&D pipeline management, *AIChE J.*, 49, 96–112.

Swaney, R. E., I. E. Grossmann (1985a), An index for operational flexibility in chemical process design. Part I: formulation and theory, *AIChE J.*, 31, 621–630.

Swaney, R. E., I. E. Grossmann (1985b), An index for operational flexibility in chemical process design. Part II: computational algorithms, *AIChE J.*, 31, 631–641.

Szántai, T. (1988), A computer code for solution of probabilistic-constrained stochastic programming problems. In: *Numerical Techniques for Stochastic Optimization* (Y. Ermolive & R. J.-B. Wets, eds.), Springer, New York, 229–235.

Timpe, C., B. Brockmüller, A. Schreieck (2003), Hybrid-Methoden zur Produktionsplanung in einer Supply Chain, *GVC/DECHEMA Jahrestagungen*, 16.–18. 09. 2003, Mannheim.

Tovi, H., T. Herzberg (1997), Estimation of uncertainty in dynamic simulation results, *Comp. Chem. Eng.*, 21, S181–S186.

Turky, J. (1977), *Exploratory Data Analysis*, Addison-Wesley.

Uryasev, S. (2000), Probabilistic Constrained Optimization: Methodology and Applications, Kluwer Academic Publishers, Dordrecht.

Vanderbei, R. J. (2001), *Linear Programming: Foundations and Extensions*, Kluwer Academic Publishers, 2nd edition, Dordrecht.

Van Laarhoven, P. J. M., E. H. L. Aarts (1987), *Simulated Annealing: Theory and Application*, Kluwer Academic Pablishers, Dordrecht.

Vasquez, V. R., W. B. Whiting (2000), Uncertainty and sensitivity analysis of thermodynamic models using equal probability sampling, *Comput. Chem. Eng*, 23, 1825–1841.

Vidyasagar, M., V. D. Blondel (2001), Probabilistic solutions to some NP-hard matrix problems, *Automatica*, 37, 1397–1405.

Vidyasagar, M. (2001), Randomized Algorithms for robust controller synthesis using statistical learning theory, *Automatica*, 37, 1515–1528.

Vidyasagar, M. (1998), Statistical learning theory and randomized algorithms for control, *IEEE Contr. Sys. Mag.*, 18, 69–85.

Wang, Q., R. F. Stengel (2002), Robust control of nonlinear systems with parametric uncertainty, *Automatic*, 38, 1591–1599.

Wendt, M., P. Li, G. Wozny (2002), Nonlinear chance constrained process optimization under uncertainty, *Ind. Eng. Chem. Res.*, 41, 3621–3629.

Wendt, M., P. Li, G. Wozny (2000), Batch distillation optimization with a multiple time-scale sequential approach for strong nonlinear processes, *Computer-Aided Chemical Engineering (ESCAPE 10)*, 8, 121–126.

Wendt, M., R. Königseder, P. Li, G. Wozny (2003), Theoretical and experimental studies on startup strategies for a heat-integrated distillation column system, *Chem. Eng. Res. Des.*, Trans IChemE, Part A, 81, 153–161.

Wets, R. J. B. (1994), Challenges in Stochastic Programming, *IIASA Working Paper*, WP-94–032, Laxenburg.

Wozny, G., P. Li (2000), Planning and optimization of dynamic plant operation, *Appl. Therm. Eng.*, 20, 1393–1407.

Wozny, G., P. Li (2004), Optimization and experimental verification of startup policies for distillation columns, *Comp. Chem. Eng.*, 28, 253–265.

Xin Y, W. B. Whiting (2000), Case studies of computer-aided design sensitivity to thermodynamic data and models, *Ind. Eng. Chem. Res.*, 39, 2998–3006.

Zheng, A., M. Morari (1995), Stability of model predictive control with mixed constraints, *IEEE Trans. Auto. Contr.*, 40, 1818–1823.

Sachwortverzeichnis

www.ingramcontent.com/pod-product-compliance
Lightning Source LLC
Chambersburg PA
CBHW081107220326
41598CB00038B/7261